浙江省普通本科高校"十四五"重点立项建设教材

普通高等教育新工科机器人工程系列教材

机器人设计

主　编　兰　虎　崔　海　刘同亮

副主编　温建明　潘　睿　刘中中　徐钧林

参　编　樊　俊　邵金均　陈煜达　郑红艳

　　　　伍春毅　沈添淇　屠关阳　李　瑞

机械工业出版社

本书是面向机器人工程技术人员新职业，结合培养创新型专业技术人才的教学规律和学生成长规律，融入编者十余载对机器人研发设计、集成应用的实践总结及教学经验编写的。

全书共 5 章，涵盖机器人结构、控制、感知等共性关键技术和集成机器人系统联调技术，包括机器人概述、机器人机械系统设计、机器人控制系统设计、机器人视觉系统设计以及机器人系统联调章节。本书依据智能机器人产品交付构建内容体系，秉持"目标牵引、任务驱动、成果导向"教学原则，通过学习目标、学习导图、大国重器、知识讲解、设计（集成）案例、本章小结、拓展阅读和知识测评等闭环式教学设计，促进学生智能装备（产品）设计领域的知识学习、能力培养及素养提升。

为方便"教"和"学"，本书配套课程大纲、多媒体课件、知识测评答案和微视频动画（采用二维码技术呈现，扫描书中二维码可直接观看视频内容）等数字资源包，凡选用本书作为教材的教师均可登录机械工业出版社教育服务网（http://www.cmpedu.com）以教师身份注册后下载。

本书内容丰富，结构清晰，形式新颖，术语规范，既适合作为机器人相关专业的本科高年级学生及研究生的教材，也可作为相关科研人员与工程技术人员的参考用书。

图书在版编目（CIP）数据

机器人设计 /兰虎，崔海，刘同亮主编. −− 北京：机械工业出版社，2025.4. −− (普通高等教育新工科机器人工程系列教材). −− ISBN 978-7-111-78004-5

Ⅰ. TP242

中国国家版本馆CIP数据核字第2025NM7297号

机械工业出版社（北京市百万庄大街22号　邮政编码100037）

策划编辑：余　皞　　　　　　责任编辑：余　皞　赵亚敏
责任校对：薄萌钰　李　婷　　封面设计：张　静
责任印制：刘　媛
三河市宏达印刷有限公司印刷
2025年6月第1版第1次印刷
184mm×260mm・14印张・345千字
标准书号：ISBN 978-7-111-78004-5
定价：49.80元

电话服务　　　　　　　　　　网络服务
客服电话：010-88361066　　机 工 官 网：www.cmpbook.com
　　　　　010-88379833　　机 工 官 博：weibo.com/cmp1952
　　　　　010-68326294　　金 书 网：www.golden-book.com
封底无防伪标均为盗版　　机工教育服务网：www.cmpedu.com

前　言

随着信息化、工业化不断融合，以机器人科技为代表的智能产业蓬勃兴起，成为新时代科技创新的一个重要标志。党中央、国务院高度重视机器人产业发展，强调"不仅要把我国机器人水平提高上去，而且要尽可能多地占领市场""推动机器人科技研发和产业化进程，使机器人科技及其产品更好为推动发展、造福人民服务"，这为新时代新征程机器人产业高质量发展提供了根本遵循和行动指南。

随着智能制造工程的深入推进，我国制造业重点领域的龙头企业基本完成了数字化、网络化改造，大多数企业引入了"机器人化"的数字工具和工业软件，建设了数字化车间和智能工厂。以机器人工程技术人员为代表的数字人才，作为加快建设制造强国的基础性、战略性支撑，其需求显著增加而供给却明显不足，在人才供给数量和培养质量上，均难以满足数字经济高质量发展的需求。

在此背景下，针对工程教育理科化、教学内容滞后化等制造企业对高等院校人才培养反映最强烈的问题，通过产教融合、科教融汇、校际协同的形式，融入编者十余载对机器人研发设计、集成应用的实践总结及教学经验，编写了本书。本书特点如下。

1. 锚定数字职业方向，做好教材体系建设

根据智能制造工程技术人员国家职业技术技能标准，结合作者对工业机器人应用的实践总结及教学经验，面向智能装备与产线开发和应用两个职业方向，构建体现新时代类型特色的精品套系教材，包括《工业机器人技术及应用》和《工业机器人技术及应用》第2版，以及《工业机器人基础》《焊接机器人编程及应用》等。这些书均立足高等教育教学规律和学生成长规律，结合机器人工程技术人员新职业及职业标准要求编写。

2. 立足课证赛岗融通，做"优"任务知识体系

及时将行业、企业的焊接新技术、新工艺、新装备等创新要素纳入课程教学内容，将高校、企业承办的热点焊接赛事和工程案例等编入教材，深度对接教育部"1+X"证书制度试点工作，通过机器人与焊接工艺深度融合、通用行业知识与专业品牌实践深度融合，并以任务模块为载体，打破传统学科知识体系的实践导向教材编写体例，强化课程教材的科学性、前瞻性和适应性。

3. 增强学习过程互动，做"活"理实虚一体化

遵循职业岗位工作过程，以学生学习过程为中心，教材的每章基本都设置学习目标、学习导图、大国重器、知识讲解、设计（集成）案例、本章小结、拓展阅读和知识测评等八

大互动教学环节，让教学方法"活"起来。学习目标与学习导图，给学生一张标有目的地的"知识地图"，让他们了解各章学习内容的同时，将知识点之间的内在联系梳理清楚，不断激发学生的求知欲；任务提出与知识准备，提炼与项目内容相适应的工程案例和知识储备，任务需求牵引，明晰学习专业知识的内生力；针对作业质量优化，提供不同的"虚实嫁接"解决方案或设置开放性问题，供学生开展研讨，加深对知识的理解，培养工程思维、语言表达能力和批判精神；拓展阅读，列出项目涉及领域的前沿技术和软件工具等，方便学生开展探索式学习；知识测评，对项目的重要知识点进行练习测试，也方便学生期末复习。

4. 面向移动泛在学习，做"强"立体资源配套

主动适应"互联网+"发展新形势，广泛谋求校企、校校合作，采取多元合作共同开发富媒体新形态教材。借助国家级智能制造产教融合实训基地，集聚典型工程案例、竞赛任务、微视频等数字教学资源。本书中所有任务均源自工程案例和竞赛任务，并配套有电子教案、多媒体课件、习题答案、仿真及微视频动画等立体资源，满足学生随时随地利用碎片化时间学习的要求，有效夯实教材的实用性。

本书由浙江师范大学兰虎、浙江纺织服装职业技术学院崔海、浙江师范大学刘同亮担任主编。第1章由兰虎、刘同亮共同编写，第2章由浙江师范大学刘中中、徐钧林和伍春毅共同编写，第3章由崔海、浙江师范大学温建明、邵金均和屠关阳共同编写，第4章由浙江师范大学潘睿、沈添淇和李瑞共同编写，第5章由浙江师范大学樊俊和陈煜达共同编写。兰虎负责全书统稿，金华职业技术大学郑红艳、徐钧林和屠关阳负责教材配套数字资源开发。

从目标决策、体系构建、内容重构、教学设计、项目遴选、形式呈现、合同签订、定稿出版，本书的开发工作历时两年之久，衷心感谢参与本书编写的所有同仁的呕心付出！特别感谢高等教育科学研究规划课题（23SZH0202）、浙江省教育厅科研项目（Y202353534）、浙江省高等教育"十四五"教学改革项目（jg20220132）、浙江省普通本科高校"十四五"首批"四新"重点教材建设项目（浙高教学会〔2023〕1号）和浙江师范大学教材建设基金等给予的支持！感谢金华慧研科技有限公司给予的教材资源支持！

由于编者水平有限，书中难免有不当之处，恳请读者批评指正，可将意见和建议反馈至E-mail：lanhu@zjnu.edu.cn。

兰　虎

目　　录

第 1 章

Chapter

机器人概述

机器人（Robot，GB/T 12643—2013）是具有两个或两个以上可编程的轴，以及一定程度的自主能力，可在其环境内运动以执行预期的任务的执行机构。它集现代制造技术、新材料技术和信息控制技术为一体，是智能制造装备的代表性产品，其研发、制造、应用成为衡量一个国家科技创新和高端制造业水平的重要标志，世界制造强国均予以高度重视。

本章通过介绍机器人的基本分类、产业布局和人才队伍三方面内容，帮助学习者及从业人员科学认识机器人，厘清基本概念，了解应用边界，明确产业生态及发展态势，掌握机器人数字职业演变与发展规律，以系统性、全局性推进机器人产业高素质人才自主培养。

【学习目标】

知识学习

1）能够辨识机器人类别及其应用场景。

2）能够阐明机器人产业生态和区域发展态势。

3）能够描述机器人工程技术人员等数字职业的主要工作任务。

素养提升

1）科学认识人机共融新时代，增强适应发展的终身学习意识，提升自我选择的学习兴趣和勤奋刻苦的学习动力。

2）学习机器人先进制造装备和技术，了解战略性新兴产业国际前沿动态和国内机器人产业发展"卡脖子"问题，树立"学以致用、学以报国"的信念。

【学习导图】

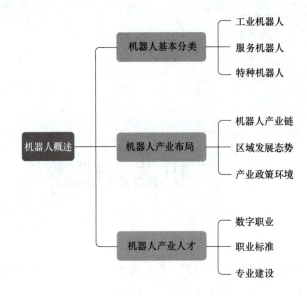

机器人概述
- 机器人基本分类
  - 工业机器人
  - 服务机器人
  - 特种机器人
- 机器人产业布局
  - 机器人产业链
  - 区域发展态势
  - 产业政策环境
- 机器人产业人才
  - 数字职业
  - 职业标准
  - 专业建设

 【大国重器】

你好，机器人!

机器人正生产机器人! 寒冬时节，沈阳新松机器人公司里，上百只通红的"手臂"，正在精准地抓取零部件、灵活地自动涂胶、轻松操作底座腰座总装——它们是机器人，而它们正在生产的，也是机器人。

随着信息化、工业化不断融合，以机器人科技为代表的智能产业蓬勃兴起，成为现代科技创新的一个重要标志。

当前，我国已将机器人和智能制造纳入了国家科技创新的优先重点领域，正大力推动机器人科技研发和产业化进程，使机器人科技及其产品助力高质量发展、服务百姓生活。

机器助人：制造业好帮手

走进沈阳华晨宝马铁西工厂，偌大的车间里人迹寥寥。在这里，近 2000 台六轴、七轴的工业机器人才是工作的主体，生产自动化率高达 95%。

在焊接工位，几台巨大的黄色机器人正在"手舞足蹈"，它们按照定制好的运行轨迹开展工作，从一个点位迅速到达另一个点位，精确控制点焊精度，并自动更换焊枪。

一辆宝马轿车从始至终要完成 6000 多个焊点，使用 9 种焊接法，其实背后是一套顶级大数据系统在支撑运行。在这里，每一台机器人都各司其职，协调联动，大大提高了生产的智能化水平和效率。

工业领域是机器人最初的"用武之地"，机器人往往可以代替人类做一些比较危险或难以控制精度的工作。譬如涂料行业，机器人可以没有顾虑地接触危险化学品。在制造业中，工业机器人发挥着越来越重要的作用，与此同时，机器人自身也在追求着"更快、更高、更强"。

机器换人：各行业"生力军"

近年来，随着用工成本持续上升，一些制造企业倾向于通过加快"机器换人"步伐，减少人力资源投入。值得注意的是，不仅制造业领域如此，农业领域也在发生着"机器换人"。

在第十七届中国国际农产品交易会上，一款能够实现"鸡脸识别"的畜禽巡检机器人亮相，引起不少参展观众啧啧称奇。这种机器人只要在鸡舍里"转悠"一圈，就能给鸡群"量体温"，并且快速捕捉到体温异常的鸡，帮助管理人员在"茫茫鸡海"里精准定位。

由于携带多个传感装置，这种巡检机器人不仅可以将周围物体的温度信息实时呈现在屏幕上，还能够搜集鸡舍任意位置的温度、湿度等环境数据。同时，通过机器人的前置摄像头，还可以监控鸡的眼神和鸡冠，并以此记录和分析其健康状况。只要设定机器人的巡检路线和频次，所有信息一目了然，从而减轻人工逐只巡检的压力。

随着我国城镇化进程的推进，农村劳动力将不断减少，机器人或许可以填补空缺，成为新的"职业农民"。近年来，许多地方陆续出台鼓励政策，加快推进农业领域"机器换人"。

机器为人：赋能美好生活

近年来，医疗机器人的应用需求快速增长。得益于 5G 网络的支持，手术机器人也正得到越来越广泛的应用。

2019 年 8 月 27 日，天津市第一中心医院骨科远程手术中心通过远程系统控制平台，与北京积水潭医院连接，完成了天津首个骨科机器人 5G 远程手术。据天津市第一中心医院统计，骨科主任姜文学团队自 2017 年 7 月起至 2019 年 10 月中旬，共在骨科手术机器人辅助下完成手术 40 例。

在广州珠江新城的一家机器人中餐厅旗舰店中，从中央厨房到冷链运输，再到店面餐饮，都由机器人全系统搭建与运营。机器人"下厨"，每个汉堡从下单到出餐只要一分多钟时间，效率远高于传统模式。

几百年来，从蒸汽机到计算机，历次工业革命不断解放生产力，推进社会的进步与发展。这次，让我们拥抱机器人时代吧！

 【知识讲解】

1.1 机器人基本分类

机器人既是新兴技术的重要载体和现代产业的关键装备，也是人类生产生活的重要工具和应对人口老龄化的得力助手。根据应用环境不同，机器人可分为工业机器人、服务机器人和特种机器人三大类。

1. 工业机器人

工业机器人（Industrial Robot，GB/T 12643—2013）是一种面向工业领域且具有一定程度的自主能力，可在其环境内运动以执行预期任务的可编程执行机构。自 20 世纪诞生之日起，工业机器人在工业自动化（包括但不限于制造、检验、包装和装配等）中已被广泛使用。得益于我国庞大的制造业体量和相关政策扶持，通过深耕行业应用、拓展新兴应用、做强特色应用等"机器人+"应用行动，我国工业机器人产业发展保持良好的势头，连续 9 年成为全球最大的工业机器人消费国。2021 年我国制造业机器人密度达到 322 台/万人，是全

4

球平均水平（141台/万人）的2倍以上。

发展工业机器人是在不违背"机器人三原则"的前提下，让其协助或替代人类去完成人不愿干、人干不了、人干不好的工作，把人力从劳动强度大、工作环境差、危险系数高的低水平重复性工作中解放出来，实现生产的自动化、智能化和柔性化，推动行业数字化转型。从应用领域看，工业机器人可分为搬运机器人、焊接机器人、涂装机器人、加工机器人、装配机器人、洁净机器人等，每一大类又囊括若干小类。

（1）**搬运机器人** 搬运机器人（Handling Robot，JB/T 5063—2014）是在食品制造、烟草制品、医药制造、橡胶和塑料制品、金属制品、汽车制造等行业，用于辅助或取代搬运装卸工人完成取料、装卸、传递、码垛等任务的工业机器人，如图1-1所示。

（2）**焊接机器人** 焊接机器人（Welding Robot，GB/T 20723—2006、GB/T 20722—2006、GB/T 14283—2008）是在铁路、船舶、航空航天、汽车制造、通用设备制造、专用设备制造等行业，用于辅助或代替焊工完成弧焊、激光焊接、点焊、摩擦焊等所有金属和非金属材料连接任务的工业机器人，如图1-2所示。

图1-1 搬运机器人

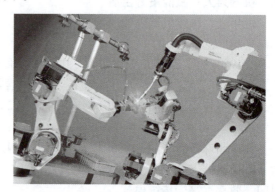

图1-2 焊接机器人

（3）**涂装机器人** 涂装机器人（Spray-painting Robot，JB/T 9182—2014）是在铁路、船舶、航空航天、汽车制造、家具制造、陶瓷制品等行业，用于喷漆、涂胶、封釉等作业的工业机器人，如图1-3所示。

（4）**加工机器人** 加工机器人（Processing Robot，GB/T 20722—2006）是在铁路、船舶、航空航天、汽车制造、金属制品等行业，用于切割、铣削、磨削、抛光、去毛刺等作业的工业机器人，如图1-4所示。

图1-3 涂装机器人

图1-4 加工机器人

（5）**装配机器人** 装配机器人（Assembly Robot，GB/T 26154—2010）是在汽车制造、通用设备制造、专用设备制造、仪器仪表制造等行业，用于辅助或替换人类完成零部件安装、拆卸、装配、修复等任务的工业机器人，如图 1-5 所示。

（6）**洁净机器人** 洁净机器人（Clean-room Robot，GB/T 37416—2019）是在洁净室使用的，在电子器件制造、医药制造、食品制造等行业执行搬运等任务的工业机器人。目前商用的洁净机器人多为垂直关节型和平面关节型机器人，如图 1-6 所示。

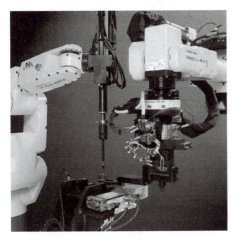

图 1-5 装配机器人

图 1-6 洁净机器人

综上，现阶段机器人在制造业中的应用主要是模仿人的肢体动作，如手臂的仰俯/伸缩、手腕的扭转/弯曲等。除替代体力劳动外，工业机器人正处在"机器"向"人"进化的关键时期，人的形体、人的智慧、人的灵巧性正被赋予它，如图 1-7 和图 1-8 所示。一旦机器人智能性、易用性、安全性和交互性等方面的技术取得突破，智能化的"机器人大军"将向我们走来。届时，工业生产中太脏、太累、太危险、太无聊、太精细等人类不愿干、干不了、干不好的工作，都将成为机器人"硬汉"大显身手的舞台。从浩瀚太空到万里深海，从工厂车间到田间地头，从国之重器到百姓生活，人类将正式步入与机器人和谐共融的缤纷多彩新世界。

图 1-7 人机协作单臂机器人

图 1-8 人机协作双臂机器人

2. 服务机器人

相较在工业领域深耕60余载的工业机器人，服务机器人是机器人家族中的一位年轻成员。作为一种半自主或全自主工作的机器人，服务机器人（Service Robot，GB/T 41431—2022）能为人类或设备提供有价值的服务，但不包含工业性操作。通常服务机器人是可移动的。某些情况下，服务机器人包含一个可移动平台，上面安装有一条或数条"手臂"，其操控模式与工业机器人相同。疫情之下，各行业使用机器人的意愿进一步提升，全球服务机器人产业发展按下"快进键"。例如，抗疫系列机器人成为疫情防控的新生力量，"无接触"的无人配送已成为新焦点，服务机器人的应用场景和服务模式正不断拓展，推动市场规模持续增长。按照用途划分，服务机器人可分为个人/家用服务机器人和公共服务机器人两类。

个人/家用服务机器人（Personal/Household Service Robot，GB/T 39405—2020）是在家居环境或类似环境下使用的，以满足使用者生活需求为目的的服务机器人。个人/家用服务机器人按其使用用途可分为家政机器人、教育娱乐机器人、养老助残机器人、个人运输机器人和安防监控机器人等。

（1）**家政机器人**　家政机器人（Domestic Task Robot，GB/T 41431—2022）是代替或帮助人类完成家政工作的家用机器人，如图1-9所示。

（2）**教育娱乐机器人**　教育娱乐机器人（Education and Entertainment Robot，GB/T 41431—2022）是为人类提供教育功能和/或娱乐功能的家用机器人，如图1-10所示。

图1-9　家政机器人

图1-10　教育娱乐机器人

（3）**养老助残机器人**　养老助残机器人（Elderly and Handicap Assistance Robot，GB/T 41431—2022）是针对老年人、残疾人等特殊人群有别于普通人群的特征（如身体、精神、认知等方面的缺失），代替或帮助其在生活中完成日常任务的家用机器人，如图1-11所示。

（4）**个人运输机器人**　个人运输机器人（Personal Transportation Robot，GB/T 41431—2022）是作为代步工具，承载运送人类的家用机器人，如图1-12所示。

（5）**安防监控机器人**　安防监控机器人（Security and Surveillance Robot，GB/T 41431—2022）是代替或帮助人类完成安全防护和监控工作的家用机器人，如图1-13所示。

图1-11　养老助残机器人

图 1-12　个人运输机器人　　　　图 1-13　安防监控机器人

公共服务机器人（Public Service Robot，GB/T 37283—2019）是在住宿、餐饮、金融、清洁、物流、教育、文化和娱乐等领域的公共场合为人类提供一般服务的商用机器人。公共服务机器人按其使用用途可分为餐饮机器人、讲解导引机器人、多媒体机器人、公共游乐机器人和公共代步机器人等。

（1）**餐饮机器人**　餐饮机器人（Catering Robot）是一种定位于酒店餐饮服务或展馆迎宾服务用的机器人，可实现与顾客和环境的实时互动，并提供迎宾、点菜、烹饪、送餐等服务，如图 1-14 所示。

（2）**讲解导引机器人**　讲解导引机器人（Interpretive and Guidance Robot）是一种配备影像、语音、触觉等各式传感器和智慧大脑的机器人，可实现与人类和环境的实时互动，位置移动，并提供智能讲解、接待导引、咨询互动、移动宣传、实时安防、统计监测等服务，如图 1-15 所示。

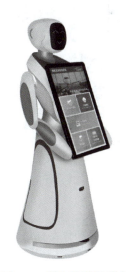

图 1-14　餐饮机器人　　　　图 1-15　讲解导引机器人

（3）**多媒体机器人**　多媒体机器人（Multimedia Robot）是针对多媒体会议，提供迎宾礼仪、智能语音、信息服务、导航服务、人脸识别、自动充电等功能的服务机器人，如图 1-16 所示。

（4）**公共游乐机器人**　公共游乐机器人（Public Amusement Robot）是在公园、商场等游乐场所，经过人机化的外形改造及硬件设计，并具有相关的娱乐形式的一种用途广泛、老少皆宜的服务机器人，如图1-17所示。

（5）公共代步机器人　公共代步机器人（Public Walking Robot）是一种配备激光距离传感器、陀螺仪、主动悬架系统和全球定位系统，只需乘客通过车载触摸屏地图输入目的地，就能够自动接送乘客，且乘坐者无需驾照的智能交通机器人，如图1-18所示。

图1-16　多媒体机器人

图1-17　公共游乐机器人

图1-18　公共代步机器人

当前，基于信息、材料、传感等多种技术迭代与产业应用的融合创新，服务机器人愈加智能和灵活，机器人能力边界持续拓展，从感知智能向认知智能、从智能单机向智能系统加速演进。机器人企业针对特定应用场景，深度融合人机交互、3D视觉、激光雷达等技术创新研发新型产品并将之投入商业使用，产生的行业新兴增长点已初具规模，如图1-19和图1-20所示。

图1-19　无人配送机器人

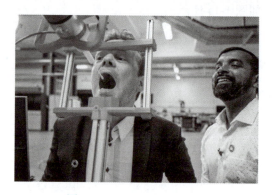
图1-20　咽拭子采样机器人

3. 特种机器人

为有效应对各种复杂环境任务和重大突发事件，确保人民生命安全和身体健康，全球相关科研机构及创新企业加大了对极端环境、救灾抢险等特种机器人的研发力度。我国在应对地震、洪涝灾害、极端天气，以及矿难、火灾、安防等公共安全事件中，对特种机器人有着突出的需求。2017年以来，我国特种机器人市场年均增长率超过30%。

特种机器人（Special Robot，GB/T 36239—2018）是应用于专业领域，一般由经过专门培训的人员操作或使用的，辅助和/或替代人执行任务的机器人。特种机器人按其所应用的主要行业可分为农业机器人、电力机器人、建筑机器人、物流机器人、医用机器人、护理机器人、康复机器人、安防机器人、军用机器人、救援机器人、空间机器人、核工业机器人、矿业机器人、石油化工机器人和市政工程机器人等。

（1）农业机器人　农业机器人（Agricultural Robot，GB/T 36239—2018）是用于农业领域（包括种植业、林业、畜牧业、农副业、渔业等产业）各生产环节的机器人，如图 1-21 所示。

（2）电力机器人　电力机器人（Electric Power Robot，GB/T 36239—2018）是在电力行业，用于电力生产、传输、使用等各环节的机器人，如图 1-22 所示。

图 1-21　农业机器人

图 1-22　电力机器人

（3）建筑机器人　建筑机器人（Construction Robot，GB/T 36239—2018）是在建筑行业，用于工程施工、装饰、修缮、检测等环节的机器人，如图 1-23 所示。

（4）物流机器人　物流机器人（Logistics Robot，GB/T 36239—2018）是在仓储、物流、运输行业，用于货物输送、分拣、检测等作业的机器人，如图 1-24 所示。

图 1-23　建筑机器人

图 1-24　物流机器人

（5）医用机器人　医用机器人（Medical Robot，GB/T 36239—2018）是在医疗卫生领域，用于诊断、治疗、手术、医用培训等各环节的机器人，如图 1-25 所示。

（6）护理机器人　护理机器人（Nursing Robot，GB/T 36239—2018）是用于帮助或辅助照料病人、老年人、儿童、残障人士等日常生活的机器人，如图 1-26 所示。

（7）康复机器人　康复机器人（Rehabilitation Robot，GB/T 36239—2018）是用于辅助人体功能障碍或失能人员进行康复评估、康复训练，以实现人体功能恢复、重建、增强等的机器人，如图 1-27 所示。

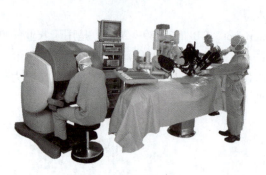

图 1-25 医用机器人

图 1-26 护理机器人

（8）**安防机器人** 安防机器人（Security and Defense Robot，GB/T 36239—2018）是在安保、警用、消防等安全防护领域，用于巡逻、侦查、排爆、处突、灭火、排烟、破拆、洗消、搜救、搬运等功能的机器人，如图 1-28 所示。

图 1-27 康复机器人

图 1-28 安防机器人

（9）**军用机器人** 军用机器人（Military Robot，GB/T 36239—2018）是用于国防军事领域，可以执行战场侦察、武装打击、作战物资输送、通信中继和电子干扰、核生化及爆炸物处理、精确引导与毁伤评估等多种作战任务的机器人，如图 1-29 所示。

（10）**救援机器人** 救援机器人（Rescue Robot，GB/T 36239—2018）是在危险或救援人员难以开展救援作业的环境中，用于辅助或代替救援人员完成幸存者搜救、环境探测等任务的机器人，如图 1-30 所示。

（11）**空间机器人** 空间机器人（Space Robot，GB/T 36239—2018）是在太空中进行试验、操作、探测等活动的机器人，如图 1-31 所示。

（12）**核工业机器人** 核工业机器人（Nuclear Robot，GB/T 36239—2018）是在核技术应用、核燃料循环等核工业应用领域，用于检查、维护、应急处置、退役等任务的机器人，如图 1-32 所示。

（13）**矿业机器人** 矿业机器人（Mining Robot，GB/T 36239—2018）是在矿业生产领域，用于地质勘查、矿井（场）建设、采掘、运输、洗选等生产环节，以及用于安全检测等作业的机器人，如图 1-33 所示。

（14）**石油化工机器人** 石油化工机器人（Petrochemical and Chemical Robot，GB/T 36239—2018）是在石油加工、化学工业等领域，服务于生产、存储、输送、检测、清洗等环节的机器人，如图 1-34 所示。

图 1-29　军用机器人

图 1-30　救援机器人

图 1-31　空间机器人

图 1-32　核工业机器人

（15）市政工程机器人　市政工程机器人（Municipal Engineering Robot，GB/T 36239—2018）是在市政工程项目的施工与维保环节，用于设备与设施的安装、检修、维护、保养、检测等作业的机器人。

图 1-33　矿业机器人

图 1-34　石油化工机器人

　　近年来，全球特种机器人整机性能持续提升，机器人的自主性和对环境的适应能力不断增强，已能够胜任定位、导航、避障、跟踪、场景感知识别、行为预测等复杂工作，在深海探测、空间探索、紧急救援、防恐防暴等诸多领域释放更大价值，如图 1-35 所示。此外，伴随仿生新材料、刚柔耦合结构、柔性传感器等新技术的创新发展，传统刚性结构特种机器人的外在形态和制动方式将不断进步，进一步拓展应用范围，如图 1-36 所示。

图 1-35　水下机器人

图 1-36　仿生机器人

1.2　机器人产业布局

当前，数字经济发展速度之快、辐射范围之广、影响程度之深前所未有，为世界经济发展增添了新动能、注入了新活力。机器人作为数字经济时代最具标志性的工具，正在深刻改变着人类的生产和生活方式。机器人产业发展日新月异，新技术、新产品、新应用层出不穷，新生态加速构建，为推动全球经济发展、造福人类提供动力。

1. 机器人产业链

在千行百业数字化转型的巨大需求牵引之下，全球机器人行业创新机构与企业围绕技术研发和场景开发不断探索，在汽车制造、电子制造、仓储运输、医疗康复、应急救援等领域的应用不断深入拓展，推动机器人产业持续蓬勃发展。国际机器人联合会（IFR）统计的数据（图 1-37）显示，2022 年全球机器人市场规模已达到 513 亿美元，2017 年至 2022 年的年均增长率达到 14%。其中，工业机器人市场规模已达到 195 亿美元，服务机器人已达到 217 亿美元，特种机器人近 100 亿美元。截止到 2024 年，全球机器人市场规模已突破 650 亿美元。

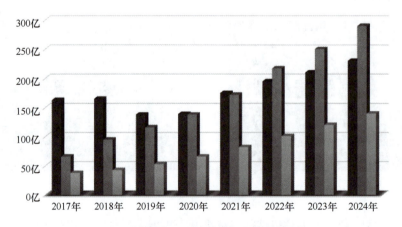

图 1-37　2017—2024 年全球机器人销售额

从机器人研发、制造和应用看，整个机器人产业链主要由核心零部件生产、机器人制造、系统集成和行业应用（终端客户）四大环节构成。其中，机器人核心零部件生产企业处于产业链的上游，负责提供机器人关键零部件，包括高精密减速器（约占机器人成本30%）、高性能机器人专用伺服电动机及驱动器（约占机器人成本20%）、高速高性能控制器（约占机器人成本10%）、传感器和末端执行器等；中游是机器人制造企业，负责机器人本体的设计和生产（约占机器人成本20%~30%），采购或自制零部件，以组装方式制造机器人，然后通过经销商、代理商、贸易商等销售给系统集成商；下游是系统集成商，直接面向各行业终端客户，根据不同的应用场景及用途进行有针对性的系统集成和软件二次开发。如图1-38所示是机器人产业链中比较有影响力的"隐形冠军"企业。

图 1-38　机器人产业链生态

由图1-38不难看出，日本和欧洲是全球机器人市场的两大主角，并且基本实现高精密减速器、高性能机器人专用伺服电动机及驱动器等核心零部件完全自主化。尤其是日本，自20世纪60年代末从美国引进机器人技术后，已发展成为世界机器人第一大生产国，拥有浓厚的机器人文化，其生产的工业机器人约占全球60%的市场份额，代表企业有Fanuc、Yaskawa-Motoman、Panasonic、OTC、Kawasaki、Nachi等；欧洲则占据全球工业机器人生产约30%的市场份额，代表企业有瑞士ABB、德国Reis、意大利COMAU等。

相比之下，国内机器人产业链的发展是一个任重道远的过程。整体来看，目前我国大部分机器人企业集中在集成领域，加工组装企业占多数。在核心及关键技术的原创性研究、高可靠性基础功能部件、系统工艺应用解决方案以及主机批量生产等方面，距发达国家仍有差距。在关键部

14

件方面，高精密减速器、高性能机器人专用伺服电动机及驱动器等关键部件大量依赖进口。

2. 区域发展态势

自 1954 年世界上首台工业机器人诞生以来，全球主要工业发达国家已建立完善的机器人产业体系，核心技术与产品应用均处于国际领先地位，并形成了少数几家占据全球主导地位的工业机器人龙头企业，即被业界誉为工业机器人"四大家族"的瑞士 ABB、德国 KUKA（2017 年被我国美的集团收购）、日本 Fanuc 和 Yaskawa-Motoman。国内机器人产业的发展可追溯到 20 世纪 80 年代，当时科技部将工业机器人列入了科技攻关计划，原机械工业部牵头组织点焊、弧焊、涂装、搬运等型号的工业机器人攻关，其他部委也积极立项支持，形成我国工业机器人第一次高潮。其后，由于市场需求的原因，机器人自主研发和产业化经历了长期的停滞。2010 年以后，我国机器人装机容量逐年递增，开始面向机器人全产业链发展。"十三五"以来，通过持续创新、深化应用，我国机器人技术水平持续提升，运动控制、高性能伺服驱动、高精密减速器等关键技术和部件加快突破，整机功能和性能显著增强。

另一方面，目前国际上服务机器人和特种机器人的技术研发主要由美国、日本、中国、德国、韩国等五国主导。国内服务机器人和特种机器人的发展滞后于工业机器人，与日本、美国等工业发达国家相比，技术研发起步较晚，绝对差距尚大；但相比工业机器人而言，国内外差距较小。服务机器人和特种机器人一般都要结合特定需求市场进行研发，本土企业更容易结合特定的环境和文化研究而占据良好的市场定位，从而保持一定的竞争优势；此外，国际上服务机器人和特种机器人也属于新兴产业，大部分服务和特种机器人公司成立的时间较短，所以我国的服务机器人和特种机器人产业面临着较大的机遇和发展空间。

结合机器人产业实地发展基础及特点，国内机器人产业现已形成六大区域集群，即珠三角地区、长三角地区、京津冀地区、东北地区、中部地区和西部地区，见表 1-1。其中，长三角地区、珠三角地区在我国机器人产业发展中基础相对雄厚，京津冀地区机器人产业逐步发展壮大，东北地区虽具有一定的机器人产业先发优势，但近年来产业整体表现较为有限，中、西部地区机器人产业发展表现出相当的后发潜力。

表 1-1 国内机器人产业集群的区域发展态势

集群所在区域	机器人产业集群发展态势
长三角地区	产业规模：具有较为完整的机器人产业链条，形成以大带小、以点带面的规模化发展模式，并涌现出一批特色产业园，如苏州吴中机器人产业园、苏深机器人协同创新产业基地、昆山高新区机器人产业园、常州机器人产业园、南京麒麟机器人产业园、上海机器人产业园、浦东机器人产业园、杭州机器人产业园等
	产业结构：机器人核心零部件、本体制造等环节国产化进程持续加速，南通振康、绿的谐波已实现核心零部件大批量生产，埃斯顿、节卡、新时达等均立足本区域开展特色业务布局，支撑机器人自主品牌长效发展
	产业集聚：形成以上海、昆山、无锡、常熟、徐州、南京为代表的产业集群，众多全球机器人巨头企业及国内龙头品牌在长三角地区设有总部基地或研发中心，拥有绿的谐波、节卡、图灵、钛米、国自、上海高仙、铭赛、徐工传动、禾川等一批专精特新"小巨人"企业。截至 2022 年 7 月，长三角地区机器人相关企业数量达 4547 家，其中上海 1118 家、江苏 2254 家、浙江 1175 家
	创新能力：区域经济基础雄厚，就业条件优良，吸引全国各地人才在此汇集发展，同时聚集了国家机器人检测与评定中心（总部）、南京机器人研究院、昆山工研院工业机器人研究所、浙江省机电设计研究院、中国（浙江）机器人及智能装备创新中心、浙江大学机器人研究院、上海交通大学机器人研究所、复旦大学机器人研究院、之江实验室等高水平研究机构。截至 2022 年 7 月，长三角地区机器人产业技术专利累积达 57192 件

集群所在区域	机器人产业集群发展态势
珠三角地区	产业规模：制造业规模庞大，已形成从关键零部件到整机和应用的完整机器人产业链，建成南山机器人产业园、智能机器人产业园、宝安机器人制造产业园，如黄埔智能装备价值创新园、大岗先进制造业基地等机器人产业园
	产业结构：在生产机器人所需的精密机加工、电子设计、工艺装配等方面具有一定技术优势，拥有广州数控、利迅达机器人等自主品牌企业
	产业集聚：以广州、深圳、佛山、东莞等地为核心，不断推动工业机器人在高端制造及传统支柱产业的示范应用，深耕商用服务机器人赛道，拥有机器人专精特新"小巨人"企业近40家。截至2022年7月，珠三角地区机器人相关企业达2643家
	创新能力：拥有华南理工大学、中国科学院深圳先进技术研究所、广州机械科学研究院、广州智能装备研究院、华南智能机器人创新研究院、广东省智能机器人研究院等院所机构。截至2022年7月，珠三角地区机器人产业技术专利累积达79844件
京津冀地区	产业规模：积极筹建特色化的机器人产业园区与创新基地，形成优势互补、差异化发展的格局，如北京中关村机器人产业创新中心、亦庄机器人产业园、天津滨海机器人产业园、天津新松智慧产业园、河北香河机器人产业园、沧州机器人产业园、唐山机器人产业园、石家庄机器人产业园等
	产业结构：在软件和信息服务业保持全国领先，人工智能、云计算、大数据等领域的新成果不断涌现，对培育发展以智能机器人为核心的高精尖产业生态具有极大促进作用
	产业集聚：京津冀协同发展战略实施以来，形成以高端工业机器人、服务机器人和特种机器人为主要方向的产业链条，拥有遨博、云迹、锐洁、天智航、康力优蓝等一批机器人专精特新"小巨人"企业。截至2022年7月，京津冀地区机器人相关企业达995家，其中，北京466家，天津235家，河北294家
	创新能力：京津冀地区长期以来一直是国内人才集聚的高地，拥有清华大学、北京航空航天大学机器人研究所、北京理工大学智能机器人研究所、北京机械工业自动化研究所、机械科学研究总院、中国科学院自动化研究所、北京科技大学机器人研究所、天津大学机器人与自主系统研究所、南开大学机器人与信息自动化研究所、河北工业大学机器人及自动化研究所、中国民航大学机器人研究所等机器人领域重点高校和科研院所。截至2022年7月，京津冀地区机器人产业技术专利累积达36200件
东北地区	产业规模：通过龙头企业的产业链整合与集聚能力，重点打造集本体整机制造、零部件研发生产、应用系统集成于一体的产业园区与制造基地，比如哈尔滨哈南机器人产业园、沈阳机器人产业园等
	产业结构：形成从零部件到整机的产业链体系，地区越来越多的企业对机器人运动控制结构、机电传动装置等核心零部件重点布局
	产业集聚：作为老工业基地，具有较为完整的装备制造业体系，在汽车、高端机床、数控设备等领域集聚一批行业龙头企业，为机器人发展提供了良好的沃土，拥有新松、哈工大机器人等龙头企业。截至2022年7月，东北地区机器人相关企业达915家，其中，黑龙江255家，吉林194家，辽宁466家
	创新能力：拥有中科院沈阳自动化研究所、机器人技术与系统国家重点实验室、机器人协同创新中心、国家机器人检测与评定中心、哈尔滨工业大学机器人研究所、机器人技术国家工程研究中心等研究机构。截至2022年7月，东北地区机器人产业技术专利累积达13383件
中部地区	产业规模：机器人产业起步较晚，但通过一系列扶持政策，打造了诸多机器人骨干企业，整体推动区域内机器人产业向高端化、集群化、智能化迈进，现已建成芜湖国家级机器人产业园、合肥机器人产业园等园区
	产业结构：基本形成集研发、关键零部件、本体于一体的产业链发展态势

（续）

集群所在区域	机器人产业集群发展态势
中部地区	产业集聚：机器人产业集聚度逐年提高，引进的头部企业对资源的集聚吸引作用渐显，拥有埃夫特等龙头企业。截至 2022 年 7 月，中部地区机器人相关企业达 2014 家，其中，安徽 496 家，河南 442 家，湖南 423 家，湖北 333 家，山西 170 家，江西 150 家
	创新能力：拥有华中科技大学、武汉大学、武汉理工大学、国家数控系统工程研究中心、南昌大学、中南大学、长沙智能机器人研究院等研究机构。截至 2022 年 7 月，中部地区机器人产业技术专利累积达 34880 件
西部地区	产业规模：先进制造业发展水平滞后，目前主要根据自身资源禀赋实现机器人产业的单点突破，以对外引进龙头企业和产业园区建设为主，逐步发挥产业规模的集聚效应，现已建成两江新区机器人产业基地、永川区机器人产业基地、人工智能与机器人产业基地、北部生态新区机器人产业园等
	产业结构：基于机器人产业后发优势，逐步打造集研发生产、系统集成、零部件配套、智能化改造和示教培训于一体的机器人及智能装备产业链
	产业集聚：机器人产业起步较晚，虽然总体仍落后于其他集聚区，但相比于已往已有明显提升。截至 2022 年 7 月，西部地区机器人相关企业达 1422 家，其中，四川 313 家、重庆 232 家
	创新能力：长期以来，人才匮乏是困扰西部地区制造产业发展的顽疾之一，机器人产业也不例外，但聚集了中科院重庆绿色智能研究院、西安交通大学人工智能与机器人研究所、西北工业大学、电子科技大学、兰州大学、四川大学机器人研究所、重庆大学机器人学院、重庆固高科技长江研究院等知名研究机构。截至 2022 年 7 月，西部地区机器人产业技术专利累积达 25600 件

3. 产业政策环境

新一轮科技革命和产业变革加速演进，新一代信息技术、生物技术、新能源、新材料等与机器人技术深度融合，机器人产业迎来升级换代、跨越发展的窗口期。为进一步抢占国际市场，提升高端制造业在全球的竞争性地位，世界主要工业发达国家均将机器人作为抢占科技产业竞争的前沿和焦点，加紧谋划布局，如德国"工业 4.0"战略、美国"机器人发展路线图"、日本"机器人新战略"、韩国"机器人未来战略"等。

我国经济已由高速增长阶段转向高质量发展阶段，国家站在历史的新高度，从战略全局出发，明确提出实施"制造强国"战略的第一个十年的行动计划，将"高档数控机床和机器人"作为大力推动的重点领域之一，并在重点领域技术创新路线图中明确未来十年机器人产业的发展重点主要为两个方向：一是开发工业机器人本体和关键零部件系列化产品，推动工业机器人产业化及应用，满足我国制造业转型升级的迫切需求；二是突破智能机器人关键技术，开发一批智能机器人，积极应对新一轮科技革命和产业变革的挑战。此后，国家和各级地方政府不断推出越来越全面、细化的产业扶持政策，夯实机器人产业高质量发展基础，增强机器人产业创新能力，促使我国早日成为全球机器人技术创新策源地、高端制造集聚地和集成应用新高地。

1.3 机器人产业人才

功以才成，业由才广。人才是机器人新兴产业发展的基础性、战略性支撑资源。《制造业人才发展规划指南》对"高档数控机床和机器人"重点领域的人才总量预测是 900 万，人才缺口预测 450 万。当前及未来一个时期的紧要任务，就是为机器人产业输送"顶梁柱"式人才——创新型技术领军人才和大国工匠型人才，为实现制造强国战略目标提供人才保证，促进中国制造实现转型升级。

1. 数字职业

《中华人民共和国国民经济和社会发展第十四个五年规划和 2035 年远景目标纲要》指出"加快数字化发展　建设数字中国"，并对数字经济、数字社会、数字政府建设等做出了系统部署。众多数字职业在数字化发展趋势下被催生，数字领域从业人员规模逐渐壮大，已成为驱动我国数字经济发展的中坚力量。为了适应当前职业领域的新变化，更好地满足优化人力资源开发管理、促进就业创业、推动国民经济结构调整和产业转型升级等需要，2021年 4 月人力资源和社会保障部、国家市场监督管理总局、统计局牵头组建了国家职业分类大典修订工作委员会，启动 2015 年版《中华人民共和国职业分类大典》修订工作。

与 2015 年版大典相比，2022 年版《中华人民共和国职业分类大典》在保持八大类不变的情况下，净增 158 个新职业，现在职业数达到 1639 个，并首次增加"数字职业"标识（标识为 S，共标识数字职业 97 个，占职业总数 6%）。机器人作为数字经济时代最具标志性的工具，属于数字经济及其核心产业统计分类第一大类"数字产品制造业"（代码010401——工业机器人制造，010402——特殊作业机器人制造，010407——服务消费机器人制造），行业职业具有显著数字特征，予以标注，见表 1-2。

表 1-2　2022 年版《中华人民共和国职业分类大典》数字职业（机器人产业）

序号	职业编码	职业名称	主要工作任务
1	2-02-38-10	机器人工程技术人员	从事机器人结构、控制、感知技术和集成机器人系统及产品研究、设计的工程技术人员。主要工作任务： 1）研究、开发机器人结构、控制、感知等相关技术 2）研究、规划机器人系统及产品整体架构 3）设计、开发机器人系统，制订产品解决方案 4）研发、设计机器人功能与结构，以及机器人控制器、驱动器、传动系统等关键零部件 5）研究、设计机器人控制算法、应用软件、工艺软件或操作系统、信息处理系统 6）运用数字仿真技术分析机器人产品、系统制造及运行过程，设计生产工艺并指导生产 7）制订机器人产品或系统质量与性能的测试与检定方案，进行产品检测、质量评估 8）提供机器人相关技术咨询和技术服务，并指导应用 9）制订机器人产品、系统、工艺、应用标准和规范
2	4-04-05-07	服务机器人应用技术员	在家用服务、医疗服务和公共服务等领域，从事服务机器人的集成、实施、优化、维护和管理的人员。主要工作任务： 1）分析服务机器人在家用服务、医疗服务、公共服务等应用场景的需求，提出应用方案 2）对服务机器人环境感知、运动控制、人机交互等系统进行适配、安装、调试与故障排除 3）进行服务机器人应用系统的参数调测和部署实施 4）对服务机器人的运行效果进行监测、分析、优化与维护 5）提供服务机器人相关技术咨询和技术服务等

（续）

序号	职业编码	职业名称	主要工作任务
3	6-31-07-01	工业机器人系统运维员	使用工具、量具、检测仪器及设备，进行工业机器人、工业机器人工作站或系统的数据采集、状态监测及运维的人员。主要工作任务： 1）检查、诊断工业机器人本体、末端执行器、周边装置等机械系统 2）检查、诊断工业机器人电控系统、驱动系统、电源及线路等电气系统 3）进行工业机器人、工业机器人工作站或系统零位校准、防尘、更换电池、更换润滑油等维护保养 4）使用测量设备采集工业机器人、工业机器人工作站或系统运行参数、工作状态等数据，进行监测 5）分析、诊断与维修工业机器人工作站或系统的故障 6）编制工业机器人系统运行维护、维修报告
4	6-31-07-02	工业视觉系统运维员	从事智能装备视觉系统选型、安装调试、程序编制、故障诊断与排除、日常维修与保养作业的人员。主要工作任务： 1）进行相机、镜头、读码器等视觉硬件选型、调试、维护 2）进行物体采像打光 3）标定视觉系统精度 4）标定视觉系统和第三方系统坐标 5）集成视觉应用系统和主控工业软件，嵌入通信系统 6）确认和抓取采像过程中的物体特征 7）识别和分析系统运行过程中的图像优劣，判断和解决问题 8）设计小型样例程序，验证工艺精度 9）进行更换视觉硬件后的系统重置、调试和验证
5	6-31-07-03	工业机器人系统操作员	使用示教器、操作面板等人机交互设备和工具，对工业机器人、工业机器人工作站或系统进行装配、编程、调试、工艺参数更改等作业的人员。主要工作任务： 1）进行作业准备 2）识记装配图、电气图、工艺文件，使用工具、仪器等进行工业机器人工作站或系统装配 3）使用示教器、计算机、组态软件等工具，对工业机器人、可编程逻辑控制器、人机交互界面、电动机等设备和视觉、位置等传感器，进行程序编制、单元功能调试和生产联调 4）使用示教器、操作面板等人机交互设备，进行生产过程的参数设定与修改、菜单功能的选择与配置、程序的选择与切换 5）进行工业机器人系统工装夹具等装置的检查、确认、更换与复位 6）监控工业机器人工作站或系统状态，进行相应操作，处理异常情况 7）填写设备装调、操作等记录

　　机器人工程技术人员、服务机器人应用技术员、工业机器人系统运维员等新职业，紧跟时代发展步伐，涵盖机器人产业完整链条发展所需的数字人才队伍。上述数字新职业的发布，既是从国家层面对机器人从业人员职业的肯定，为行业人才的选用与培养明确方向，也是机器人领域企业和从业人员立足新起点、树立新理念、迎接新挑战、谋划新发展过程中具有里程碑意义的大事，同时还是落实国家大力发展机器人产业，推进创新型技术领军人才和大国工匠型人才建设的重要举措。应根据数字职业标识，推进机器人领域职业标准开发、专业设置与课程资源体系建设，以全面提高机器人产业"顶梁柱"式人才队伍自主培养。

2. 职业标准

　　职业标准由人力资源和社会保障部发布，是基于职业分类对职业所需要的知识和技能做出的规定和要求，也是开展职业教育培训和人才技能鉴定评价的基本依据，当前一般指国家职业（技术）技能标准。《中华人民共和国劳动法》第六十九条规定："国家确定职业分类，对规定的职业制定职业技能标准，实行职业资格证书制度，由经备案的考核鉴定机构负责对劳动者实施职业技能考核鉴定。"在职业标准基础上实施的职业资格证书制度，不仅体现职业能力要求，也代表着能否进入一个职业的准尺。随着"放管服"改革要求和经济社会发展，除部分职业外，国家取消了大量准入性质的职业资格证书，代之以（技术）技能水平评价性质的职业（技术）技能等级证书。

职业技能等级标准由培训评价组织（以社会化机制招募的企业或社会团体）负责开发，是国家职业（技术）技能标准下岗位典型工作任务要求的具体化，体现具体岗位工作的技能要求。由于国家职业（技术）技能标准发布后的修订工作是阶段性进行的，因此，对于国家职业（技术）技能标准中难以及时更新的新职业、新技术等，以及跨专业技能的培养，可以通过职业技能等级标准进行补充。

近年来，面向服务机器人应用技术员、工业机器人系统运维员等新职业，由人力资源和社会保障部负责组织制定国家职业（技术）技能标准 4 件，对工业机器人系统运维员等职业活动内容进行规范描述，对各等级从业人员的技能水平和理论知识水平进行了明确规定。由培训评价组织负责对接国家职业（技术）技能标准、接轨国际先进标准，按规定开发职业技能等级标准 18 件，见表 1-3。

表 1-3 国内机器人职业标准开发一览

序号	职业名称	职业（技术）技能标准	标准制定机关（企业）
1	机器人工程技术人员	机器人工程技术人员国家职业技能标准（2023 年版）	人力资源和社会保障部、工业和信息化部
2	服务机器人应用技术员	服务机器人应用技术员国家职业技能标准（2023 年版）	人力资源和社会保障部、工业和信息化部
3		服务机器人应用开发职业技能等级标准（2021 年 2.0 版）	深圳市优必选科技股份有限公司
4		服务机器人实施与运维职业技能等级标准（2021 年 2.0 版）	深圳市优必选科技股份有限公司
5	工业机器人系统运维员	工业机器人系统运维员国家职业技能标准（2020 年版）	人力资源和社会保障部、工业和信息化部
6		工业机器人操作与运维职业技能等级标准（2021 年 2.0 版）	北京新奥时代科技有限责任公司
7	工业视觉系统运维员	工业视觉系统运维员国家职业技能标准（2023 年版）	人力资源和社会保障部、工业和信息化部
8		工业视觉系统运维职业技能等级标准（2021 年 2.0 版）	苏州富纳艾尔科技有限公司
9		机器视觉系统应用职业技能等级标准（2021 年 2.0 版）	深圳市越疆科技有限公司
10		计算机视觉应用开发职业技能等级标准（2021 年 2.0 版）	北京百度网讯科技有限公司

（续）

序号	职业名称	职业（技术）技能标准	标准制定机关（企业）
11	工业机器人系统操作员	工业机器人系统操作员国家职业技能标准（2020年版）	人力资源和社会保障部、工业和信息化部
12		工业机器人集成应用职业技能等级标准（2021年2.0版）	北京华航唯实机器人科技股份有限公司
13		工业机器人装调职业技能等级标准（2021年2.0版）	沈阳新松机器人自动化股份有限公司
14		工业机器人应用编程职业技能等级标准（2021年2.0版）	北京赛育达科教有限责任公司
15		智能协作机器人技术及应用职业技能等级标准（2021年2.0版）	遨博（北京）智能科技有限公司
16		焊接机器人编程与维护职业技能等级标准（2021年2.0版）	宁波摩科机器人科技有限公司
17	—	特种机器人操作与运维职业技能等级标准（2021年2.0版）	徐州鑫科机器人有限公司
18	—	工业机器人产品质量安全检测职业技能等级标准（2021年2.0版）	中国科学院沈阳自动化研究所

3. 专业建设

建设制造强国，关键在人才。实践证明，强大的人才队伍是建设制造强国的基础，制造强国一定是人才强国。制造业的发展主要依靠三支队伍，即专业技术人才队伍、技能型人才队伍和企业家队伍。三支队伍缺一不可，他们构成了支撑制造业发展的"铁三角"。目前，三支队伍中最为紧缺的是两类人才：一是创新型技术领军人才，就是能在技术创新上带领团队抢占制高点的人才，没有一大批这样的人才，中国制造只能跟在别人后头"模仿"，永远迈不上"中国创造"的台阶；二是大国工匠型人才，就是能够把产品做成精品的高技能人才，没有数以千万计的具有工匠精神和高超技艺的产品制造者，中国制造只能是"廉价品"的代名词，永远迈不上"世界精品"的台阶。

制造强国战略从国家战略层面描绘建设制造强国的宏伟蓝图，现在各方面都在紧锣密鼓地抓紧总规划的细化和任务落实的工作，一些专项方案或规划陆续出台。《制造业人才发展规划指南》提出五项重点人才工程，包括制造业与教育融合发展工程、创新型专业技术人才开发工程、能工巧匠和高技能人才培育工程、企业经营管理人才发展工程和全民质量素质提升工程，以求解决当前制造企业对院校人才培养反映最强烈的三个问题：一是工程教育理科化，毕业生实践能力太弱，实际上是能力结构出了偏差；二是教学内容滞后化，课程与科技发展相脱节，实际上是学科专业结构出了偏差；三是学校办学封闭化，教育与产业不相往来，实际上是人才培养体制机制出了偏差。

为促进院校人才培养与制造业发展需求契合，依托服务现代产业的新兴学科专业集群建设计划、职业教育产教融合工程、现代职业教育质量提升计划等，推进职普融通、产教融合、科教融汇。职业院校和普通高校的学科专业设置需紧随产业发展动态调整，专业教学标准有效对接职业标准，如图1-39所示。专业教学标准开发以专业为单位，虽然专业和职业在划分基础、培养目标、教学实施、社会认同等方面具有一致性，但专业和职业并非是一一对应关系，而是在分析产业发展需要、职业分类设置以及岗位群工作需求的基础上，遵循教学规律和学生成长规律而设计。

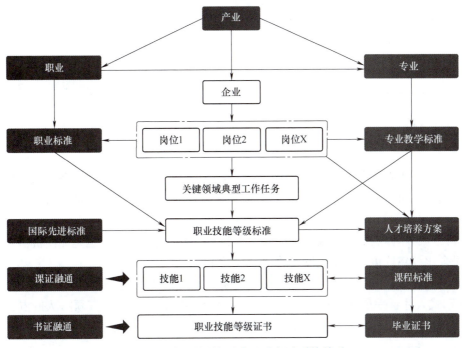

图 1-39　专业教学标准与职业标准对接关系

无论教育部发布的 2021 年版《职业教育专业目录》、2020 年版《普通高等学校本科专业目录》，还是人力资源和社会保障部发布的 2022 年修订版《全国技工院校专业目录》，均强调对接新经济、新技术、新业态、新职业，从顶层一体化设置机器人产业急需紧缺人才培养体系，见表 1-4。例如，面向工业机器人系统操作员、工业机器人系统运维员、服务机器人应用技术员等职业的"工业机器人应用与维护（专业代码 0208-3）、工业机器人技术应用（专业代码 660303）、服务机器人装配与维护（专业代码 710106）"中等职业教育专业，面向工业视觉系统运维员、服务机器人应用技术员等职业的"工业机器人技术（专业代码 460305）、智能机器人技术（专业代码 460304）"高等职业教育专科专业，面向机器人工程技术人员等职业的"机器人技术（专业代码 260304）"高等职业教育本科专业和"机器人工程（专业代码 080803T）"普通高等学校本科专业。

表 1-4　机器人产业人才培养体系

序号	教育类型	专业代码	专业名称	专业职业面向
1	高等教育	080803T	机器人工程	机器人工程技术人员（2-02-38-10）
2	职业教育（本科）	260304	机器人技术	机器人工程技术人员（2-02-38-10）
3	职业教育（大专）	460304	智能机器人技术	服务机器人应用技术员（4-04-05-07） 工业视觉系统运维员（6-31-07-02）
4	职业教育（大专）	460305	工业机器人技术	工业机器人系统运维员（6-31-07-01） 工业视觉系统运维员（6-31-07-02） 工业机器人系统操作员（6-31-07-03）

22

（续）

序号	教育类型	专业代码	专业名称	专业职业面向
5	职业教育（中专）	660303	工业机器人技术应用	工业机器人系统运维员（6-31-07-01） 工业机器人系统操作员（6-31-07-03）
6	职业教育（中专）	710106	服务机器人装配与维护	服务机器人应用技术员（4-04-05-07）
7	职业教育（技工）	0208-3	工业机器人应用与维护	工业机器人系统运维员（6-31-07-01） 工业机器人系统操作员（6-31-07-03）

 【本章小结】

从应用环境来看，我国机器人已形成制造环境下的工业机器人、家居环境或类似非结构化环境下的服务机器人和深海、地震、矿难等极端复杂环境下的特种机器人"三足鼎立"发展格局。

研发设计、本体制造和集成应用构成了机器人产业的完整链条，也是促使机器人战略新兴产业融合化、集群化、生态化发展的"三驾马车"。

未来，应面向未来数字化发展趋势，立足数字职业，加快培养和造就机器人产业两类"顶梁柱"式人才：一是创新型技术领军人才，就是能在技术创新上带领团队抢占制高点的人才；二是大国工匠型人才，就是能够把产品做成精品的高技能人才。

 【拓展阅读】

RoboMaster 机甲大师赛

机器人技术是当今世界的主流尖端科技，现代机器人的竞技模式正在不断地进化。RoboMaster 机甲大师赛（图1-40）是由大疆创立发起，专为全球科技爱好者打造的机器人竞技与学术交流平台。作为全球性的射击对抗类的机器人比赛，RoboMaster 机甲大师赛诞生伊始就凭借其颠覆传统的机器人比赛方式、震撼人心的视听冲击力、激烈硬朗的竞技风格，吸引到全球数百所高等院校、近千家高新科技企业以及数以万计的科技爱好者的深度关注。赛事秉承"为青春赋予荣耀，让思考拥有力量，服务全球青年工程师成为追求极致、有实干精神的梦想家"的理念，致力于培养与吸纳勇于创新、追求极致、崇尚实干、具备视野和远见的青年工程师人才，并将科技之美、科技创新理念向公众广泛传递。

图 1-40　RoboMaster 机甲大师赛

自 2013 年创办至今，RoboMaster 机甲大师赛已发展为包含面向高校群体的"高校系列赛（RoboMaster University Series，RMU）"、面向 K12 群体的"青少年挑战赛（RoboMaster Youth Series，RMY）"以及面向社会大众的"全民挑战赛（RoboMaster Open Tournament，RMOT）"在内的三大竞赛体系，如图 1-41 和表 1-5 所示。其中，高校系列赛（RMU）规模逐年扩大，每年吸引全球 400 余所高等院校参赛、累计向社会输送 3.5 万名青年工程师，并与数百所高校开展各类人才培养、实验室共建等产学研合作项目。

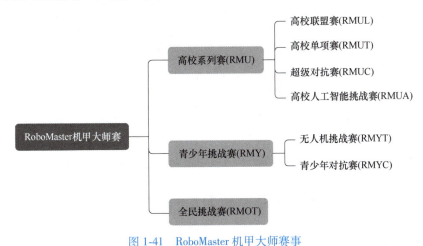

图 1-41　RoboMaster 机甲大师赛事

表 1-5　RoboMaster 机甲大师赛事一览

赛事	赛事简介
高校系列赛（RMU）	赛事要求参赛队员走出课堂，组成机甲战队，自主研发和制作多种机器人参与团队竞技。系列赛分为：3V3 兵种对抗的高校联盟赛（RoboMaster University League，RMUL）、单兵种技术突破的高校单项赛（RoboMaster University Technical Challenge，RMUT）、7V7 兵种对抗的超级对抗赛（RoboMaster University Championship，RMUC）和 2V2 自动对抗的高校人工智能挑战赛（RoboMaster University AI Challenge，RMUA）。选手将通过大赛获得宝贵的实践技能和战略思维，在激烈的竞争中打造先进的智能机器人。赛事以人才为核心，打造全球顶级大学生机器人科技创新竞技赛事，传播崇尚科学与创新，擅于分享和实干，一切以解决问题为导向、追求极致的青年工程师文化
青少年挑战赛（RMY）	赛事要求青少年以团队为单位，系列赛分为：4V4 激烈对抗、上阵 EP 机器人与 TT 机器人的青少年对抗赛（RoboMaster Youth Championship，RMYC）和一人一机、使用 TT 编程无人机参与的青少年任务赛，即无人机挑战赛（RoboMaster Youth Technical Challenge-Drone Tournament，RMYT）。赛事着重培养青少年的工程理论知识与人工智能实践能力，帮助青少年完成从机器人基础、程序设计到人工智能、机器人控制原理的知识进阶，并通过竞赛的形式，考查学生的临场反应能力、发现问题和解决问题的能力。同时，赛事将充分考验学生的团队协作能力与责任感，让青少年在科技竞技中获得快乐和成就感，充满信心地面对未来，朝着改变世界的方向前进
全民挑战赛（RMOT）	赛事以城市为分赛场，以 RoboMaster S1 机器人为竞赛载体，鼓励大众参与人工智能体验，实践工程能力，在竞技中培养团队合作能力，收获知识、乐趣与成就感

作为 RoboMaster 机甲大师赛的重要分支，高校系列赛（RMU）下设 3V3 兵种对抗的高校联盟赛（RMUL）、单兵种技术突破的高校单项赛（RMUT）、7V7 兵种对抗的超级对抗赛（RMUC）和 2V2 自动对抗的高校人工智能挑战赛（RMUA）4 个赛项。

（1）高校联盟赛（RMUL）　RMUL 由地方教育部门、学术机构及高校申办，辐射周边

高校参赛，旨在促进区域性高校机器人技术交流，形成浓厚的学术氛围，为地区科技创新发展助力。参赛队伍可以通过积分体系晋级到超级对抗赛（RMUC）。在2022赛季中，RMUL设置3V3对抗赛和步兵对抗赛。

（2）**高校单项赛**（RMUT）　RMUT侧重机器人某一技术领域的学术研究，旨在鼓励各参赛队深入挖掘技术，精益求精，将机器人做到极致。RMUT包含多项挑战任务，参赛队伍仅需研发1台机器人便可完成一项挑战，大大降低研发成本，对于资金和人力较少，但能集中寻求技术突破的队伍来说，高校单项赛无疑是施展拳脚的场所。在2022赛季中，RMUT设置轮式机器人、工程机器人、飞镖系统及英雄机器人相关挑战项目，分别为"步兵竞速与智能射击""工程采矿""飞镖打靶"和"英雄吊射"。

（3）**超级对抗赛**（RMUC）　RMUC侧重考察参赛队员对理工学科的综合应用与工程实践能力，充分融合机器视觉、嵌入式系统设计、机械控制、惯性导航、人机交互等众多机器人相关技术学科，同时创新性的将电竞呈现方式与机器人竞技相结合，使机器人对抗更加直观激烈，吸引众多的科技爱好者和社会公众的广泛关注。在2022赛季中，对战双方需自主研发不同种类和功能的机器人，在指定的比赛场地内进行战术对抗，通过操控机器人发射弹丸攻击敌方机器人和基地。

（4）**高校人工智能挑战赛**（RMUA）　自2017年起已连续五年由DJI RoboMaster组委会与全球机器人和自动化大会联合主办，并先后在新加坡、澳大利亚、加拿大和中国西安落地执行。RMUA需要参赛队综合运用机械、电控和算法等技术知识，自主研发全自动射击机器人参赛，对综合技术能力要求极高。RMUA已吸引全球大量顶尖学府、科研机构参与竞赛和学术研讨，进一步扩大RoboMaster在国际机器人学术领域的影响力。在2022赛季中，采用全自动机器人射击对抗的形式，场地内布满功能机关，参赛队伍需利用官方机器人平台，通过感知战场的环境信息，根据场上形势自主决策，进行运动规划与控制。全自动机器人通过发射弹丸击打敌方机器人进行射击对抗。

关于RoboMaster机甲大师高校系列赛（RMU）的各赛项特点、竞技形式、参赛对象等比较见表1-6。

表1-6　RoboMaster机甲大师高校系列赛（RMU）

赛事	高校联盟赛 （RMUL）	高校单项赛 （RMUT）	超级对抗赛 （RMUC）	高校人工智能挑战赛 （RMUA）
赛项特点	沿袭对抗性质，对战双方需自主设计和制造符合规范的多台（兵种）机器人，在指定的比赛场地内进行战术对抗，通过积分体系可以晋级到RMUC	包含多项挑战任务（步兵竞速与智能射击、工程采矿、飞镖打靶和英雄吊射），仅需研发1台机器人完成一项挑战任务，侧重机器人某一技术领域的创新	对战双方需自主设计和制造符合规范的多台（兵种）机器人，包括地面和空中机器人，并在指定的比赛场地内进行战术对抗	组委会提供统一标准的机器人平台，侧重比拼移动机器人算法，参赛队需掌握定位、运动规划、目标检测、自主决策和自动控制等算法知识
竞技形式	射击对抗	任务挑战	射击对抗	射击对抗
参赛对象	适合处在起步阶段或新组建的，未来有意愿参与超级对抗赛角逐的队伍参加	适合资金和人力较少，但能集中寻求技术突破的队伍参加	适合在以往赛季取得一定成绩的队伍及参赛经验丰富的队伍参加	推荐高年级本科生和研究生作为主力队员参赛

同时，为充分肯定参赛团队、个人以及指导教师等辛勤付出，鼓励选手在备赛及参赛的过程中不断提升专业技术、团队协作、统筹管理和临场应变等方面的能力，积累工程经验，RoboMaster 机甲大师高校系列赛（RMU）共设置开源奖、杰出贡献奖、组织奖、技术突破奖、学术激励奖和外观设计奖等 10 个奖项，如图 1-42 所示。除奖杯、获奖证书外，赛事按奖项给予团队或个人较为丰厚的物质奖励，如超级对抗赛（RMUC）全国一等奖奖金 16 万元人民币、高校人工智能挑战赛（RMUA）特等奖奖金 10000 美元。

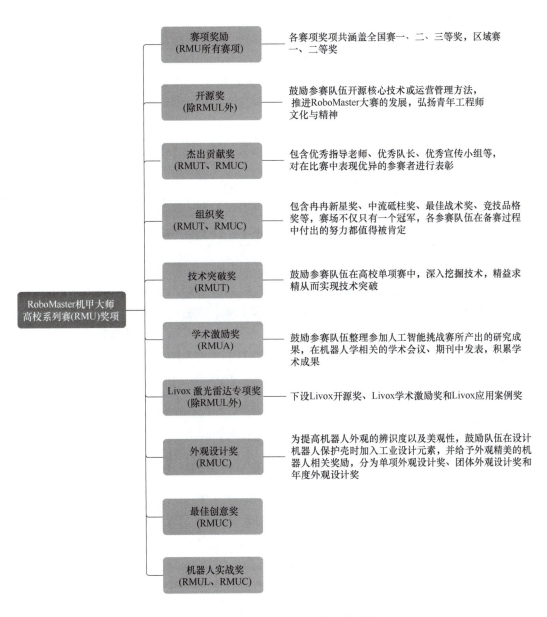

图 1-42　RoboMaster 机甲大师赛的奖项设置

【知识测评】

一、填空

1. 根据应用环境不同，机器人可分为_____、_____和_____三大类。

2. _____是在工业生产中使用的机器人的总称，是现代制造业中重要的工厂自动化设备。

3. 从机器人研发、制造和应用看，机器人核心零部件生产企业处于产业链的_____。

4. 制造业的发展主要依靠三支队伍，即_____队伍、_____队伍和_____队伍。

二、选择

1. 被业界誉为工业机器人"四大家族"的是（　　）。

①ABB；②KUKA；③Fanuc；④Yaskawa-Motoman

A. ①②　　　　　B. ①②③　　　　　C. ①②④　　　　　D. ①②③④

2. 机器人关键零部件包括（　　）。

①高精密减速器；②高性能机器人专用伺服电动机及驱动器；③高速高性能控制器；④传感器；⑤末端执行器

A. ①②　　　　　B. ①②⑤　　　　　C. ①②④　　　　　D. ①②③④⑤

3. 个人/家用服务机器人按使用用途可分为（　　）。

①家政机器人；②教育娱乐机器人；③养老助残机器人；④个人运输机器人；⑤安防监控机器人

A. ①②③④⑤　　B. ①②⑤　　　　　C. ①②④　　　　　D. ①②③④

4. 机器人工程技术人员的主要工作任务是（　　）。

①研究、开发机器人结构、控制、感知等相关技术；②研究、规划机器人系统及产品整体架构；③设计、开发机器人系统，制订产品解决方案；④研发、设计机器人功能与结构；⑤研究、设计机器人控制算法、应用软件、工艺软件或操作系统、信息处理系统；⑥运用数字仿真技术分析机器人产品、系统制造及运行过程，设计生产工艺并指导生产；⑦制订机器人产品或系统质量与性能的测试与检定方案，进行产品检测、质量评估；⑧提供机器人相关技术咨询和技术服务，并指导应用

A. ①②③④⑤⑥⑦⑧　　　　　　　B. ①②⑤⑥

C. ①②④⑧　　　　　　　　　　　D. ①②③④⑦

三、判断

1. 机器人既是先进制造业的关键支撑装备，也是改善人类生活方式的重要切入点。（　　）

2. 目前我国大部分机器人企业集中在集成领域，以加工组装业务为主。（　　）

3. 东北地区在我国机器人产业发展中基础相对最为雄厚。（　　）

4. 服务机器人主要应用于非结构化环境，结构比较复杂，能够根据自身的传感器，获得外部环境的信息，从而进行决策，完成相应的作业任务。（　　）

5. 工业机器人系统操作员是从事机器人结构、控制、感知技术和集成机器人系统及产品研究、设计的工程技术人员。（　　）

6. 职业标准是职业技能等级标准开发的前提、基础、依据，职业技能等级标准是职业标准下对岗位工作技能更具体的要求。（　　）

第 2 章

Chapter

机器人机械系统设计

第 1 章从应用环境的角度将机器人分为工业机器人、服务机器人和特种机器人，而越来越多的应用场景都需要机器人具有较大的空间活动能力，此类基于自身控制、可移动的机器人称为移动机器人（Mobile Robot，GB/T 12643—2013）。现如今根据应用环境与作业功能的不同，移动机器人的机械结构已衍生出很多类型，包括轮式、足式和履带式等。广义而言，所有从外形上一眼能看到的结构都可以包含在移动机器人机械系统中，相应地也需要不同的设计思路。

本章通过介绍移动机器人机械系统的基本组成以及各功能模块的设计思路，并辅以轮式机器人机械系统设计的详实案例，帮助学习者全面认知机器人机械系统，熟悉机器人结构设计与开发的工作流程，为未来从事机器人结构设计奠定基础。

 【学习目标】

知识学习

1）能够理解移动机器人机械系统的内涵及其组成，认识各组成部分的结构特点和应用场景。

2）能够辨识移动机器人机械系统中移动平台和执行机构各自的机械结构，并且理解机器人机械结构设计的关键步骤。

能力培养

1）能够根据应用场景梳理机器人机械系统的功能需求，制定相应的多模块结构方案，编制机器人的关键参数和技术指标等。

2）能够使用计算机软件设计机器人机械零件，建立结构的三维模型，选用合适的加工材料和加工方式并绘制图样，对机器人结构进行分析并合理修改，合理装配机器人机械结构并进行功能测试。

素养提升

1）学习移动机器人在探月工程等航天领域国家重大专项中所起的关键核心技术支撑作用，领悟关键核心技术乃国之重器，激励学生自立自强、创新超越，增强紧迫和危机意识。

2）学习使用产品设计、仿真分析等现代数字工具对机器人结构性能进行科学预测和模拟分析，培养科学求实的工作态度和精益求精的匠心作风，提升解决复杂工程问题的数字素养。

【学习导图】

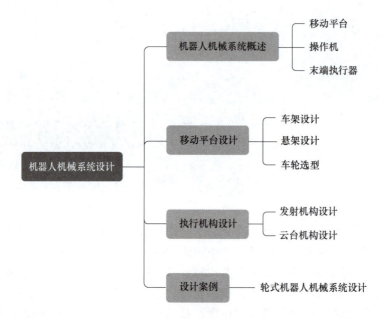

【大国重器】

从"玉兔"到"祝融"：中国航天迈向星辰大海的见证者

"必须确保美国在'地月空间'的'卓越地位'！"这是 2022 年 5 月初美国太空部队发布《太空力量》中的明确表示，意味着"地月空间"博弈日趋激烈。我国应重视未来在"地月空间"的战略博弈问题，提高航天技术能力与水平，拉动我国基础工业和高端装备方面的技术突破与进步。其中，探月工程是重中之重。

在诸如探月工程这类的地外天体探测方面，巡视类机器人是唯一选择。一方面，它本身可以自由移动，携带多种科学仪器到多地探测多个有价值的研究目标，大大丰富了科学产出价值；另一方面，它顺利运行的背后，往往需要"环绕"类任务进行前期铺垫，选择目标着陆区域、服务信号中继转发等，也需要"着陆"类任务积累的技术来完成至关重要的着陆过程。因此，任何一个巡视机器人的成功运转，背后都存在一整套成熟的工程技术和科学技术体系。

玉兔号与玉兔二号都是月面巡视机器人，是嫦娥探月工程的精华。它们能在月球表面行驶并完成月球探测、考察、收集和分析样品等种种复杂任务。玉兔号由六个车轮、驱动系统、转向系统、摇臂悬架和差动机构组成，主要动力源为太阳能，能够适应月面真空环境，耐受较大的温度差（−180℃～+150℃），还可以承受太空中高能粒子的辐射作用。它能够顺利爬坡（20°左右），翻越障碍物（高 20cm 左右），且拥有摄影功能强大的全景相机，还具有雷达测试仪、光谱分析仪等探测仪器。

玉兔二号则是个国际化的"小兔子"。在嫦娥四号和玉兔二号的几个核心设备中，低射频电探测仪是与荷兰合作的，月表中子与辐射剂量探测仪是与德国合作的，中性原子探测仪是与瑞典合作的。直到 2024 年 9 月，玉兔二号依然在月球背面正常工作（设计寿命为 3 个月，目前已超期工作 5 年），作为唯一触碰过月球背面的巡视机器人，它为人类带来了大量有关月球的科研课题和科学产出。

在"玉兔"们的基础上，祝融号更是中国巡视机器人技术的极致体现。它使用 4 片巨大的蝴蝶形太阳能电池阵列确保太阳能收集效率，电池阵列使用防尘涂层技术，能应对火星的极端天气。在夜晚，纳米级气凝胶和正十一烷集热窗等温控技术为科研仪器保驾护航。祝融号的机身采用可升降主动悬架结构，6 个轮子均独立驱动，可自由转向，多轮悬空时依然能够自由移动。通过"蠕动""蟹行"和"踮脚"等复杂机械操作，这辆"火星六驱越野车"在恶劣地形上也能纵横驰骋。

月面巡视机器人无论是轮式的还是腿式的，都具有前进、后退、转弯、爬坡、取物、采样和翻转等基本功能，甚至具有初级人工智能（例如识别、爬越或绕过障碍物等）。这些功能与移动机器人的设计需求基本一致，那么这些结构是怎样设计出来的呢？接下来，让我们一起走进移动机器人的机械系统设计。

 【知识讲解】

2.1 机器人机械系统概述

随着工业制造复杂程度的日益上升，自动化设备柔性化需求越来越迫切，复合机器人成为打通物流"最后一米"的关键角色，在智能工厂建设中发挥着越来越重要的作用。复合机器人（Composite Robot）是在晶圆制造、光电与传感器、3C 机械加工等精密电子制造以及电厂巡检运维等领域，用于辅助或替换人类完成物料抓取、放置、移载等任务的移动机器人，如图 2-1 所示。操作机安装在移动平台上，末端执行器通过机械接口安装在操作机上，它们同属于执行机构。移动平台和执行机构是由不同的零件通过不同的结构设计和机械连接所组成的机械结构，属于移动机器人的机械系统，主要是对一些设备和装置进行自动操作，执行驱动装置发出的系统指令，并且物理支撑其他组成部分。复合机器人整合了移动机器人的移动能力

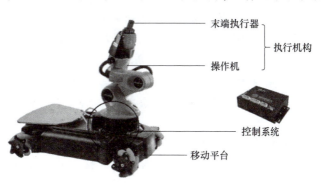

图 2-1 复合机器人系统组成

和操作机的高自由度操作能力，在移动机器人中最具代表性。下面以复合机器人为例介绍移动机器人的系统组成，即移动平台、执行机构和控制系统。

（1）**移动平台** 移动平台（Mobile Platform，GB/T 12643—2013）是能使移动机器人实现运动的部件的组件。移动平台的基础物理结构部分通常称为底盘，此外还包括驱动系

统、导航与运动控制系统（软件和硬件）、传感器系统（用于环境感知和定位），乃至数据处理和通信模块等。

（2）**操作机** 操作机（Manipulator，GB/T 12643—2013）是用来抓取和（或）移动物体、由一些相互铰接或相对滑动的构件组成的多自由度机器，可由操作员、可编程控制器或某些逻辑系统来控制。

（3）**末端执行器** 末端执行器（End Effector，GB/T 12643—2013）是使机器人完成其任务而专门设计并安装在机械接口处的装置。机械接口则位于操作机末端，是用于安装末端执行器的安装面。

（4）**控制系统** 控制系统（Control System，GB/T 12643—2013）是指具有逻辑控制和动力功能的系统，能控制和监测机器人机械结构并与环境（设备和使用者）进行通信。它包含移动平台和操作机的控制、定位及动作。

1. 移动平台

移动机器人机械结构的不同主要体现在移动平台的类型不同，移动平台可分为轮式、足式和履带式等。其中，履带式移动平台作为传统越障机构，越障性能良好，但总体较为笨重；足式来源于生物的迈步，具有优越越障性能，但机械结构十分复杂，且移动速度普遍较低；与之相比，轮式具有较高的运动速度和运动效率，同时控制相对简单，高速机动性能强，而越障能力稍弱，因此轮式移动平台适应更多的应用场景，奠定了它不可动摇的地位，图2-2所示的就是一种轮式移动平台。

图2-2 轮式移动平台

由于多样的应用场景，轮式机器人可能需要在地面平坦的室内环境中运行，也可能面临地形较复杂、障碍丛生的非结构化环境，因此出现了各种各样的结构设计。从驱动方式的角度来说，移动平台分为单轮驱动、双轮驱动和多轮驱动，驱动轮的数量直接关系到机器人设计的技术、难度及其功用。除此之外，实现驱动的机构也十分重要，根据不同的驱动结构移动平台可分为差速机构、舵轮结构、麦克纳姆轮结构和履带结构等多种类型。

（1）**驱动方式**

1）单轮驱动。单轮驱动（Sole-wheel Driving）是指使用单个轮子提供驱动力的方式。这个提供行驶动力的轮子叫作驱动轮。移动平台采用单轮驱动方式并不意味着仅配备单个轮子，通常是三轮结构。除一个驱动轮，还会设置从动轮，从动轮通常采用固定脚轮或者万向轮设计，用于辅助支撑移动平台、增加稳定性，但这种方式的运动性能差，转弯半径较大。

2）双轮驱动。双轮驱动（Dual-wheel Driving）是指使用两个轮子提供驱动力的方式。采用这种方式的移动平台通常只有两个轮子，如图2-3所示，结构和控制都较为简单，但是这种方式需要结构本身达到自平衡，在低速和静止时不太稳定；也可能除了两个驱动轮，还有辅助的从动轮，两个驱动轮利用差速进行转向，它们不仅能实现单轮驱动的所有功能，而且转弯半径较小，灵活度高。

a) 双驱动轮　　　　　　　　　　b) 双驱动轮和双脚轮

图 2-3　双轮驱动

3）多轮驱动。多轮驱动（Multi-wheel Driving）是指使用两个以上轮子提供驱动力的方式，如表 2-1 所示。使用多轮驱动并通过综合控制来实现移动机器人全方位运动的驱动结构也叫作全方位驱动。

表 2-1　多轮驱动

车轮数量	结构特点	图示
三个驱动轮	机构组成容易，控制较复杂，可以实现零回转半径，右图中每个轮子都有对应的驱动电动机，能进行全方位移动	
四个驱动轮	四个驱动轮，可以维持静态稳定，能够达到较高的运行速度，运动更加平稳。通常会根据不同的工作环境的路面情况设计不同的悬挂系统，使之灵活移动	

（续）

车轮数量	结构特点	图示
四个驱动轮	四个驱动轮加两个辅助轮，主要提高移动机器人的地面适应能力。有的是增加摇臂结构，使轮子不固定在一个平面上，可以根据地形高低进行上下调整；有的是六轮六驱，传动系统把动力同时传送到六个车轮，都拥有独立的车轮悬挂系统，越野能力较强	
	在普通四个驱动轮底盘基础上前后增加摆臂机构，具有较强的越障性能和地形适应能力，但是采用主动控制摆臂，控制相对复杂	

（2）驱动结构　驱动结构是控制移动机器人转向及提供动力的驱动单元，可分为差速结构、舵轮结构、麦克纳姆轮结构和履带结构等类型，不同的构型在机器人运动稳定性、负载能力等方面有着不同的表现，其应用场景也有区别。

1）差速结构。差速结构主要依靠差速转向驱动（Differential Steering），差速转向驱动是使用两个或两个以上不含独立转向装置的驱动装置，利用不同驱动轮的速度差来实现转向功能的方式。所谓"差速"，即机器人的运动向量为每个独立车轮运动的总和，使用差速结构的底盘通常包括两个带有独立执行机构（如直流电动机）的驱动轮和一个或多个万向轮，一般应用于没有沟壑、门槛等的室内场景中。

驱动轮通常正对前方被安装在底盘的两边，配有一到两个辅助支撑的万向轮保持平衡，从而形成三轮或四轮的轮系结构，如图2-4所示。

图2-4中圆形表示万向轮，矩形表示驱动轮，箭头相交点为旋转中心。图2-4a中的构型是前后采用万向轮，两侧是驱动轮，均使用悬挂结构，避免任意轮子悬空打滑。图2-4b中只有1个万向轮，无需使用悬挂，为保持稳定，两只驱动轮后移小段距离。图2-4c中将两个万向轮前置，驱动轮后置，车身长度较长，需要悬挂系统。由于旋转

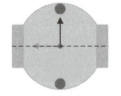

a) 两侧驱动轮，前后万向轮

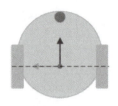

b) 两侧驱动轮，一个万向轮

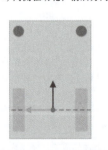

c) 前置万向轮，后置驱动轮

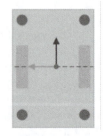

d) 两侧驱动轮，前后四个万向轮

图2-4　差速结构底盘布置

中心和重心相差较远，因此旋转运动性能偏弱。图 2-4d 中使用 4 个万向轮，布置于前后，在对称轴处安装驱动轮，这样旋转中心和重心重合，旋转性能有所提升，且可以按需增加底盘长度。

相较于圆形轮廓，矩形轮廓的底盘在狭窄区域的通过性偏差，如图 2-5 所示，矩形轮廓机器人旋转时扫过的区域半径接近机身长度，而圆形轮廓机器人旋转时扫过的区域半径接近机身半径。因此，圆形轮廓的机器人应用场景更加丰富，比如包含有狭窄过道的家庭服务、实验室搬运等，而矩形轮廓机器人则多用于仓储物流搬运场景。

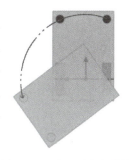

图 2-5 差速矩形底盘旋转

2）舵轮结构。舵轮结构的驱动也称舵轮驱动（Steering Driving），是使用单独的转向装置来实现驱动单元转向的驱动结构。舵轮（图 2-6）有两个自由度，可以主动控制其直线运动或转向，常被应用于室内场景实现全向运动。舵轮的驱动部分采用直流电动机和传动箱组合的反对称安装方式，缩短轮距，以使机器人体积小型化。

a) 卧式　　　　　　b) 立式

图 2-6 舵轮

根据电动机的安装位置可以将舵轮分为卧式（图 2-6a）和立式（图 2-6b）两种。卧式舵轮的驱动电动机横向安装，因此整体高度很低；立式舵轮的驱动电动机竖向安装，整体高度偏高，便于隔离电动机进行防爆等处理，适合在隔离电动机与外部环境的情况下使用。两种方式在驱动结构上都配有大功率行进舵机及齿轮盘，采用大功率驱动电动机控制舵轮的行进，小功率转向电动机控制舵轮的转向。

机器人的移动平台常采用单舵轮、双舵轮和四舵轮形式，如表 2-2 所示。为系统控制舵轮做铺垫，以此控制车体的行走和转向，实现全方位运动。舵轮分别与伺服电动机相连，可以在调节舵轮速度的同时改变其转动方向，从而控制车体的速度和前进方向。此种结构能充分保证小车的平衡性、稳定性及载重的高需求。

3）麦克纳姆轮结构。移动平台的车轮采用麦克纳姆轮（图 2-7），按照一定的规律控制车轮转动，可以实现全向运动。

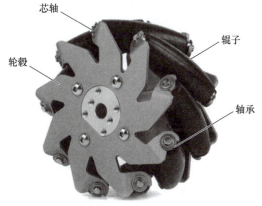

芯轴
辊子
轮毂
轴承

图 2-7 麦克纳姆轮

表 2-2 舵轮驱动形式

舵轮驱动	含义	优点	缺点	图示
单舵轮	一只驱动舵轮，两/四只辅助万向轮	单舵轮驱动车体转向相对简单，后轮为随动辅助轮，不需要考虑电动机配合的问题	车体由单舵轮牵引行进，所实现的动作相对简单	驱动轮 从动轮
双舵轮	两只驱动舵轮，两/四只辅助万向轮	通过调整两个舵轮的角度及速度，使底盘在不转动车头时进行变道、转向等，甚至能以任意点为半径转弯运动，灵活性强	两舵轮提高成本，且车体在进行机动时需要两个舵轮协调控制，对电动机和控制精度要求较高，有一定开发难度和成本	驱动轮 从动轮 驱动轮
四舵轮	四只驱动舵轮	转向灵活，能够在狭小的空间自由移动行驶	整体结构较为复杂	驱动轮 驱动轮

　　麦克纳姆轮（以下简称麦轮）由轮毂和辊子组成，前者是整个轮子的主体支架，后者是安装在轮毂上的鼓状物，中间突出，两段较细，轮毂轴与辊子转轴呈45°角。麦轮根据辊子方向分为互为镜像关系的 A 轮和 B 轮，也称左旋轮和右旋轮，它们在地面滚动时受力方向是不同的。图 2-8 所示是车体前进时的电动机转向，此时与地面接触的辊子因轮毂旋转产生相对滑动趋势，受到的摩擦力与辊子自转轴线垂直，将摩擦力分解为沿轮毂轴线方向的 f_1 和垂直于轮毂轴线方向的 f_2 两个分力。B 轮同理，如图 2-9 所示。

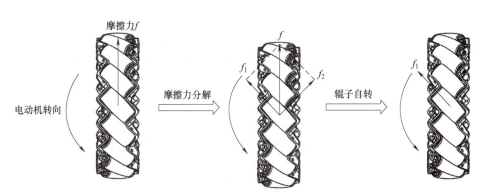

图 2-8　A 轮（左旋轮）受力分析

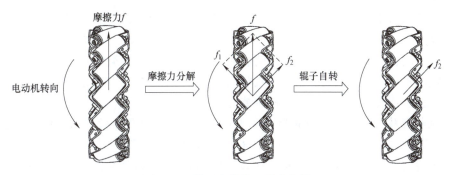

图 2-9　B 轮（右旋轮）受力分析

4）履带结构。指利用履带进行移动平台的驱动。履带是履带式车体在其上行进的环形链带，是一种由主动轮驱动，围绕着主动轮、支重轮和引导轮的柔性链环（图 2-10）。它由履带板和履带销组成，履带销将每个履带板连接起来形成一个履带链。履带板两端有孔与驱动轮进行啮合，中间有诱导齿，用于调节履带，防止移动平台转向或滚动时履带脱落。在与地面接触的一侧，加强防滑肋（花纹），以提高履带板的坚固性和履带与地面的摩擦。

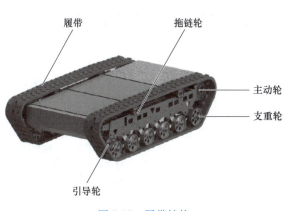

图 2-10　履带结构

当发动机的动力传递给驱动轮时，驱动轮顺时针拉动履带，从而在地面和履带之间产生相互作用。根据力的作用和反作用原理，轨道沿水平方向对地面施力，地面也就对轨道施力，这个反作用力使车体运动，称为牵引力。履带转向时一边履带的工作能力不能充分发挥，而且其运动轨迹往往是折线，难以控制。

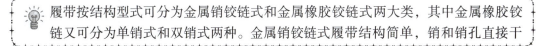

履带按结构型式可分为金属销铰链式和金属橡胶铰链式两大类，其中金属橡胶铰链又可分为单销式和双销式两种。金属销铰链式履带结构简单，销和销孔直接干

摩擦，磨损快，寿命短。金属橡胶铰接式履带，是在金属销上硫化多个橡胶套环，压配合在履带板销孔中，这样履带销和履带板销孔之间无直接摩擦，扭转时，只有橡胶套环产生弹性扭转，噪声小，寿命长，当然结构更为复杂，造价较高。双销式金属橡胶履带用端部连接器连接两块履带板的两销，结构较复杂，但受力情况好，拆装较方便，是主流履带形式。

以履带驱动的移动平台，在负重能力、通过性能、爬坡能力等多方面均优于轮式车辆，适合在恶劣的环境下行驶作业。但正由于其工作的环境复杂多变，其重心高度在诸多因素之中对行驶的稳定性影响最大，因此设计时要设法降低离地高度。

2. 操作机

除承担移动功能的移动平台，机器人其他功能的机构也要根据应用场景的需要进行设计，如果是用于勘测、巡视和检测目标物等，常常是摄像机搭配转动的云台；如果是握持工件或工具、完成各种运动和操作任务，则通常使用操作机，并根据任务要求装配对应的末端执行器。随着机器人应用领域的拓展，机器人的机构类型和驱动方式等不断变化，此处以操作机为例展示机器人执行任务的典型机械结构。

（1）机械结构　操作机（或机器人本体）是机器人执行任务的机械主体。对于能够执行与人体上肢（主要是手和臂）类似动作的机器人而言，一般采用坐标特性来描述机器人的不同机构运动特征，将其分为直角坐标机器人、圆柱坐标机器人、球坐标机器人和关节机器人等类别，见表2-3。

表2-3　机器人的坐标特性

机器人类型	坐标特性	结构图示
直角坐标	直角坐标机器人的运动部分是由空间上相互垂直的三个直线移动轴组成的，主要通过三个独立往复直线动作来完成机器人手部（末端执行器）的空间位置调整，无法实现空间姿态的变换，其工作空间图形为长方体，机器人操作机结构简单，定位精度高，空间轨迹易于求解，但机体所占空间体积大，动作范围小，灵活性差，难与其他机器人协调工作	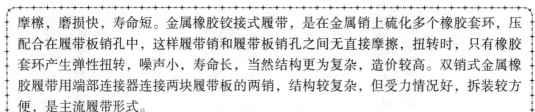
圆柱坐标	圆柱坐标机器人的运动部分主要是由一个旋转轴和两个直线移动轴组成，与直角坐标机器人相比，同样具有三个独立自由度，但其机体所占空间体积较小，动作范围较大，工作空间图形为圆柱体的一部分，机器人末端执行器的空间位置精度仅次于直角坐标机器人	

（续）

机器人类型	坐标特性	结构图示
球坐标	球坐标机器人又称极坐标机器人，其操作机的运动主要是由两个旋转轴和一个直线移动轴组成，可实现回转、上下俯仰和前后伸缩三个动作，所形成的工作空间是球面的一部分，该型机器人本体结构较为紧凑，所占空间体积小于前面两类机器人，机器人末端执行器的空间位置精度与臂长成正比	
关节	关节机器人的操作机与人手臂类似，一般由四个以上的旋转轴组合而成，通过臂部和腕部的旋转、摆动等动作可以自由地实现三维空间的各种姿态，其工作空间近似一个球体，与前述几类机器人相比，关节机器人的结构最紧凑，灵活性大，占地面积最小，还能与其他机器人协调工作，但机器人结构刚度较低，末端执行器的位置精度较低	
SCARA	与关节机器人所不同的是，SCARA 机器人的操作机在结构上具有串联配置的、能在水平面内旋转的"手臂"，其臂部运动主要是由两个旋转轴和一个直线移动轴组成，而腕部运动主要依靠一个旋转轴实现，工作空间图形为圆柱体的一部分，SCARA 机器人结构简单，动作灵活，在水平方向具有柔顺性，在垂直方向拥有良好的刚性，比较适合小规格零件的插接装配	
并联	并联机器人又称 Delta 机器人、"拳头"机器人或"蜘蛛手"机器人，同关节机器人和 SCARA 机器人采用的串联杆系机构不同，并联机器人操作机采用的是并联机构，其一个轴的运动并不改变另一个轴的坐标原点，工作空间为球面的一部分，该型机器人具有结构稳定、微动精度高和运动负荷小等优点	

　　下面以串联式关节机器人为例介绍其操作机的机械结构。按照从下至上的顺序，串联式机器人（图 2-11）的机座、机身、手臂（大臂和小臂）和手腕等"连杆"部件（采用铸铁、铝合金、不锈钢等材料制造），经由腰、肩、肘、腕等"关节"依次首尾串联起来，属于空间铰接开式运动链。为提高机器人的通用性，机器人手腕末端一般被设计成标准的机械

接口（法兰或轴），用于安装作业所需的末端执行器或末端执行器连接装置。机器人的每个活动关节都包含一根以上可独立转动（旋转）或移动的运动轴，将腰、肩、肘三个关节运动轴合称为主主关节轴，用于支承机器人手腕并确定其空间位置；将腕关节运动轴称为副关节轴，用于支承机器人末端执行器并确定其空间位置和姿态。

（2）**关节驱动** 简而言之，上述机器人操作机主要由关节模块和连杆模块构成，并由定位机构（手臂）连接定向机构（手腕），手腕端部末端执行器的位姿调整可以通过主、副关节的多轴协同运动合成。若让机器人机械结构运动起来，就需要为机器人的关节（和移动平台）配置直接或间接动力驱动装置。按动力源的类型划分，机器人操作机关节的驱动可以分为液压驱动、气压驱动和电驱动三种，如表 2-4 所示。

三种驱动方式中，电驱动是最为主流的一种，例如伺服交流电动机、无刷直流电动机等。

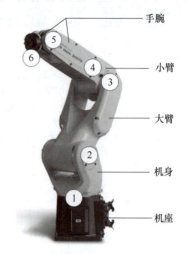

图 2-11　串联式机器人的操作机

1—腰关节　2—肩关节
3—肘关节　4、5、6—腕关节

表 2-4　机器人的关节驱动

驱动方式	驱动特点	适用场合
液压驱动	具有动力大、力（或力矩）与惯量比大、快速响应高、易于实现直接驱动等特点，但液压系统需进行能量转换（电能转换成液压能），速度控制多数情况下采用节流调速，效率比电动驱动系统低，且液压系统的油液泄漏会对环境产生污染，工作噪声也较高	适于承载能力大（100kg 以上）、惯量大以及在防爆环境下工作的机器人，如搬运和码垛机器人
气压驱动	具有速度快、系统结构简单、维修方便、价格低等优点，但气压装置的工作压强较低，不易精确定位	一般用于机器人末端执行器的驱动，如夹持器
电驱动	具有体积小、质量轻、响应快、效率高、速度变化范围大、易于控制和精确定位等优点，但维修使用较复杂，通常为获得较大的力和力矩，需使用减速器进行间接驱动	直流伺服电动机和交流伺服电动机采用闭环控制，一般用于高精度、高速度的机器人驱动，如串联式机器人和并联式机器人；步进电动机一般采用开环控制，用于精度和速度要求不高的场合，多用于机器人周边设备驱动，如变位机

伺服电动机是一种将输入电压信号转换成轴上的角位移或角速度的旋转执行器，主要分为交流和直流两大类。操作机关节所用的交流伺服驱动机构一般由交流电动机、耦合在电动机端部用于位置反馈的传感器（编码器）以及耦合在电动机轴另一端用于锁定位置的保持制动器（抱闸装置）构成，如图 2-12a 所示。在不通电的情况下，通过合上抱闸锁定电动机主轴，以保证机器人的各个关节和连杆模块不受重力而跌落。

近年来，随着机构驱动技术的进步，采用直接驱动方案替换耦合到伺服电动机的某种机械传动机构（如同步带、行星轮系等），可以带来更高的负载加速、更低的系统功耗和转动惯量，在轻型机器人中应用较多。图 2-12b 所示的是一类永磁无刷直流电动机，"无刷"是

a) 交流伺服电动机　　　　　　b) 永磁无刷直流电动机

图 2-12　驱动电动机

1—编码器　2—交流电动机　3—保持制动器

指采用电子换向装置替换机械换向（电刷和换向器），"直流"意味着响应快速、起动转矩大，这类电动机运行平稳、无噪声，在适当的传感器和驱动器配合下，能实现超高定位精度和超低速运行。与传统电动机不同，这类电动机采用分装式环形超薄结构，定子不采用齿形叠片设计，而是由光滑的圆筒形叠片构成；转子由多极稀土永磁磁极和环形空心轴构成，体积小、重量轻，并且能够较好的解决机器人管线布局问题，即机器人的各种管线都可以从电动机中心直接穿过。由于布置在转动轴线上，所以管线不会随关节转动，具有最小的转动半径。此外，通过利用外部机构的轴承支承转子，该电动机可以直接嵌入设备中，尤其适于对空间尺寸、重量要求苛刻的应用场合。

> 💡 对于中型及以上关节机器人而言，伺服电动机的输出转矩通常远小于驱动关节所需的力矩，必须采用伺服电动机+精密减速器的间接驱动方式，利用减速器行星轮系的速度转换原理，把电动机轴的转速降低，以获得更大的输出转矩。
>
> 应用于操作机关节传动的高精密减速器一般为 RV 摆线针轮减速器和谐波齿轮减速器。谐波齿轮减速器体积小、质量轻，适合承载能力较小的部位；RV 摆线针轮减速器载力强，适合承载能力较大的关节部位。同行星齿轮传动相似，谐波齿轮传动（图 2-13）主要由一个有内齿的刚轮，一个工作时可产生径向弹性变形并带有外齿的柔轮和一个装在柔轮内部、呈椭圆形、外圈带有柔性滚动轴承的波发生器组成。可任意固定其中一个，余下两个分别为主动和从动。当作为减速器使用时，谐波齿轮传动
>
>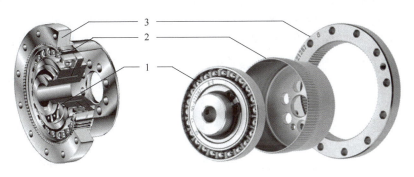
>
> 图 2-13　谐波齿轮减速器的基本构成
>
> 1—波发生器　2—柔轮　3—刚轮

通常采用刚轮固定、波发生器主动（输入）和柔轮从动（输出）的形式。与一般齿轮传动相比，谐波齿轮传动具有体积小、重量轻、传动比大、传动平稳、传动精度高和回差小等特点，在机器人关节传动中应用较为普遍。

与谐波齿轮传动不同，RV 摆线针轮减速器（图 2-14）是两级减速机构，它由一级（圆柱齿轮）行星轮系减速机构再串联一级摆线针轮减速机构组合而成，主要零部件包括太阳轮、行星轮、曲柄轴（转臂）、摆线轮（RV 齿轮）、销和外壳等。与谐波齿轮减速器相比，RV 摆线针轮减速器除具有相同的传动比大、传动精度高、同轴线传动、结构紧凑等特点外，最显著的特点是刚性好、转动惯量小。

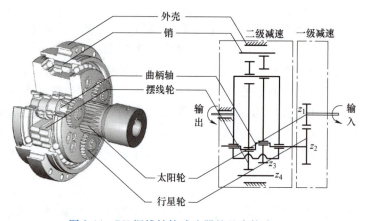

图 2-14 RV 摆线针轮减速器的基本构成

3. 末端执行器

末端执行器是安装在操作机手腕机械接口（如法兰）处直接执行作业任务的装置，相当于人的手爪，它对提高机器人的柔性程度和易用性有着举足轻重的影响。在绝大多数情况下，末端执行器的结构和尺寸都是为特定用途而专门设计的，属于非标部件。根据国家标准 GB/T 19400—2003，机器人末端执行器可以划分为夹持型末端执行器和工具型末端执行器。

（1）夹持型末端执行器 夹持型末端执行器（简称夹持器）是一种夹持物体以便移动或放置它们的末端执行器，按夹持原理划分，夹持器又被分为抓握型夹持器和非抓握型夹持器两种。前者用一个或多个手指搬运物体，后者是以铲、钩、穿刺和粘着，或以真空、磁性、静电的悬浮方式搬运物体，两种夹持器的结构在工业应用上均较为普遍，见表 2-5。

对抓握型夹持器来说，多是模仿人手的手爪形式，通过手爪的开启闭合实现对工件的夹取，一般由手爪、驱动机构、传动机构、连接和支承元件组成。其多用于负载重、高温、表面质量不高等吸附式无法进行工作的场合。手爪是直接与工件接触的部件，其形状将直接影响抓取工件的效果，但在多数情况下只需两个手爪配合就可完成一般工件的夹取，对于复杂工件可以选择三爪或者多爪进行抓取。常见手爪前端形状分 V 型爪、平面型爪、尖型爪等。

1）V 型爪。常用于圆柱形工件，夹持稳固可靠，误差相对较小，如图 2-15a 所示。

2）平面型爪。多数用于加持方形工件（至少有两个平行面如方形包装盒等），厚板形或者短小棒料，如图 2-15b 所示。

表 2-5　夹持型末端执行器的类型及其用途

夹持器类型		驱动方式	应用场合	夹持器示例
抓握型夹持器	外抓握、外卡式	气动、电动、液压	主要用于长轴类工件的搬运	
	内抓握、内胀式	气动、电动、液压	主要用于以内孔作为抓取部位的工件	
非抓握型夹持器	气吸附	气动	主要用于表面坚硬、光滑、平整的轻型工件，如汽车覆盖件、金属板材等	
	磁吸附	电动	主要用于对磁产生感应的工件，对于要求不能有剩磁的工件，吸取后要退磁处理，且高温不可使用	
	托铲式	—	主要用于集成电路制造、半导体照明、平板显示等行业，如真空硅片、玻璃基板的搬运	

3）尖型爪。常用于加持复杂场合小型工件，避免与周围障碍物相碰撞，也可加持炽热工件，避免搬运机器人本体受到热损伤，如图 2-15c 所示。

考虑到制造成本和过程稳定性，上述抓握型夹持器结构简单、通用性强、可快速更换，目前已大量应用。但在现代机器人应用场景中，机器人经常面对不同的抓取对象，甚至是抓

a) V型爪　　　　　　　b) 平面型爪　　　　　　　c) 尖型爪

图 2-15　常见手爪形状

取易碎的、永久形变的物品。对人类而言，抓取物体只是一个非常简单的任务，但于机器人而言，能否装备柔顺性良好且具备抓取易碎物品能力的"万能"手爪一直是业界的一大难题。随着仿生、材料、控制等学科前沿技术的不断进步，多用途机器人夹持器的实现并非遥不可及。图 2-16 所示的三指手爪、万能灵巧手和软体手爪正逐步提高机器人夹持器在工业环境中的实用性。

a) 三指手爪　　　　　　b) 灵巧手　　　　　　　c) 软体手爪

图 2-16　机器人夹持器

对非抓握型夹持器来说，气吸附主要是利用吸盘内压力和大气压之间的压力差进行工作，依据压力差分为真空吸盘吸附、气流负压气吸附、挤压排气负压气吸附（图 2-17a）等。前两种分别通过真空装置和压缩空气吸走工件和吸盘之间的空气，最后一种则是通过吸盘变形和拉杆移动改变吸盘内外部压力完成工件吸取和释放动作。

磁吸附是利用磁力吸取工件。按吸盘原理来说，常见的磁力吸盘包括永磁吸盘、电磁吸盘（图 2-17b）、电永磁吸盘等；从吸盘形状来看，有矩形磁吸盘和圆形磁吸盘等种类；而从吸力大小的角度，又分普通磁吸盘和强力磁吸盘。虽然类型繁多，但是磁吸附只能吸附受磁感应作用的物体，故无法应用于要求不能有剩磁的工件上，且磁力受高温影响较大，所以也不能选择在高温下工作，这些使磁吸附在使用过程中有一定局限性，常适合要求抓取精度不高且在常温下工作的工件。

（2）**工具型末端执行器**　工具型末端执行器（图 2-18）是指本身能进行实际工作，但由机器人手臂移动或定位的末端执行器，如焊枪（焊炬）、割枪、喷枪、胶枪、钻头、研磨头、去毛刺装置等。

工具型末端执行器大多是进行专业工作的工具，工具与机器人手腕有机械接口，也有可能包括电、气、液接头，因此当需要的工具不同时，这些接口可以方便拆卸和更换工具。而

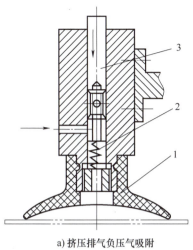
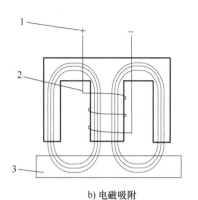

a) 挤压排气负压气吸附　　　　　　　b) 电磁吸附

1—橡胶吸盘　2—弹簧　3—拉杆　　　1—直流电源　2—励磁线圈　3—工件

图 2-17　非抓握型夹持器

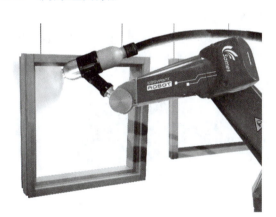

a) 机器人焊枪　　　　　　　　　　b) 机器人喷枪

图 2-18　工具型末端执行器

为快速适应作业对象及加工工艺的变化，可以通过配置"工具库"的形式以提高机器人的应用适应性。图 2-19 所示是由德国 Binzel 公司研制的焊接机器人枪颈自动更换系统 ATS-Rotor，类似数控加工中心的刀库，该系统配置有 5 个可更换枪颈（可使用不同熔焊枪颈备件），根据焊接作业情况或焊接效果，机器人可循环利用 ATS-Rotor 系统，以更换成不同的枪颈或重新加工后的枪颈。仅当 5 个可换枪颈全部用完后，才有必要对机器人焊接单元实施人工干预，给 ATS-Rotor 重新配备枪颈。由于是在机器人单元外更换枪颈上的备件和易损件，此时机器人可以继续生产，这意味着工厂设备的利用率得到提高。

图 2-19　焊接机器人枪颈更换
装置 ATS-Rotor

2.2 移动平台设计

机器人的移动平台是保证机器人具有良好的环境适应能力的关键，2.1节简要介绍了它的各种类型，本节则以轮式移动平台为例，介绍其主要结构与设计思路。

首先明确移动平台的功能需求，简单概括为平面上的全向移动、爬上一定斜度的坡面和行驶过程的相对稳定。对初学者来说，设计的移动平台至少要实现平面上前进、后退和转弯运动，其余可以在此基础上优化。

移动平台的底盘主要由3个部分组成，分别是车架、悬架和车轮。它们的具体结构决定了机器人的驱动和转向方式，并限定了车体的主要运动性能和动力特性，因此确定正确的车体底盘模型是建立车体动力学模型的基础。

1. 车架设计

车架是底盘的基础部分，通过悬架支承在车轮上。车架能够支撑其上安装的各种结构，与悬架连接，使两者的相对位置保持不变，并且在高强度对抗中承受各种载荷。

图2-20所示的车架（常用于RoboMaster机甲大师赛）分别为双层板和框架结构，前者由上下两层底板组成，电动机、电池等硬件布置在两板夹层中；后者构成框架的铝管是中空的，使整体较为轻盈，成本较低。

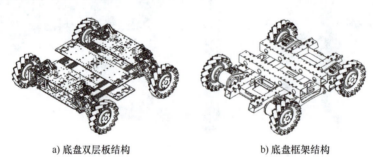

a) 底盘双层板结构　　　　　　　　b) 底盘框架结构

图2-20　底盘结构

车架的结构设计需考虑受力合理，车身强度和刚度均要满足要求，避免断裂、变形等风险。底盘的受力中，一方面有垂直的静载荷，如车架自重、装载在车架上的负载机构等载荷，要注意减小这些载荷使车架发生的弯曲变形。另一方面是车体遇到障碍颠簸时车轮不在同一平面上，这时可能会发生车架倾斜或扭转变形等情况，因此车架的刚度需要能承受此种扭矩。最后还有车身撞在障碍物上时受到的冲击等，通常是合理设计车架的结构来增强抗形变效果，而不是简单地增加材料厚度。

2. 悬架设计

悬架，也称悬挂，包括从车轮到车架之间的传动、连接装置，可以传递驱动电动机与车轮之间的力和力矩，并且能一定程度上吸收车轮在行驶过程中产生的振动和冲击力，维持车身运动的稳定。

悬架通常由弹性元件、减振器和导向装置组成。弹性元件包括各类弹簧，由高弹性材料制成，能够支撑垂直载荷，减缓和抑制小车在不平路面运动时引起的振动和冲击，它在受到较大冲击时利用弹簧将动能转化为势能储存起来，车轮恢复行驶时再释放。导向装置包括传递力与力矩和控制车轮运动两种功能。减振器可以产生阻尼力，迅速衰减振动，增强轮子和地面的附着力。

　　悬架可分为独立悬架和非独立悬架，如图 2-21 所示，非独立悬架的两个车轮由轴或车桥相连，再一起悬挂在车架上，结构简单，但在车轮单侧遇到太高的障碍时，车轮就会外倾，轮子的地面附着力减小，整体稳定性下降；而独立悬架是每个车轮都单独悬挂在车架上，减小驶过障碍时车身的倾斜和振动。

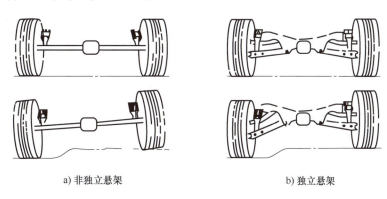

a) 非独立悬架　　　　　　　　　　　　　　b) 独立悬架

图 2-21　悬架类型

　　独立悬架的使用范围很广，分为很多类型，按照其结构形式的不同分为横臂式、纵臂式、烛式以及麦弗逊式，如图 2-22 所示。

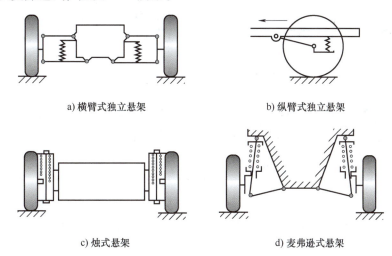

a) 横臂式独立悬架　　　　　　　　　　　　b) 纵臂式独立悬架

c) 烛式悬架　　　　　　　　　　　　　　d) 麦弗逊式悬架

图 2-22　悬架的分类

　　💡不论悬架的具体结构形式如何，它都起着连接车架与车轮的作用，而最理想的悬架就是使车轮相对车架只能上下跳动，没有倾斜旋转等角度。车轮单独处于 3 维空间中时，具有 6 个自由度，如图 2-23 所示，因此悬架其实是一种可以约束车轮的结构，需要约束 5 个自由度，让车轮相对车架来说只保留上下跳动这一个自由度。

以麦弗逊式悬架（图 2-22d）为例，它包括支柱式减振器和 A 字形托臂，前者除减振外还能支撑车架，将弹簧和减振器组合在一起，结构紧凑，约束了 2 个自由度，后者给车轮提供横向支撑力，A 字形的托臂提供 3 个约束。麦弗逊式悬架重量轻，占用空间小，因此悬架响应速度和回弹速度较快，减振能力较强。

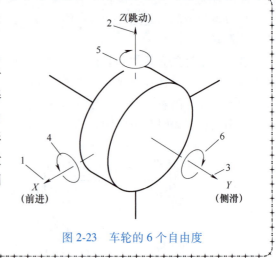

图 2-23　车轮的 6 个自由度

3. 车轮选型

能使移动机器人实现朝任一方向实时移动的轮式机构称为全向移动机构。物体在平面上可产生前后、左右和自转 3 个自由度的运动，全向移动机构就具有完全的 3 个自由度。要实现这 3 种运动，车轮的选择十分关键，生活中常见的如汽车车轮是绕水平轴心转动，它和地面只有纯滚动，选择此种轮子，实现全向移动主要依靠转向结构的设计和车轮间的配合，这时轮子往往承担着不同的功能，见表 2-6。

表 2-6　常用车轮功能名称

车轮	功能
驱动轮	车轮安装一个牵引电动机，只驱动车轮前进或后退，但可以使驱动轮成组使用，组成双轮差速驱动系统
转向轮	安装一个转向电动机，只可以使轮子绕其中心做旋转运动，并无前进动力，不能驱动车体前进
万向轮	又称活动脚轮，可进行万向旋转，无驱动力，一般固定车体底盘下作为辅助支撑
定向轮	是固定轮，只有一个自由度，安装车体下用于导引车体运动，保证车体行进过程中的稳定性

在实现全向移动的转向方式上，普通轮子只能单向运动，因此底盘转向往往需要多个轮子协同完成。为解决普通轮子的局限，拓展机器人的运动方向，全向轮应运而生。一般地，采用全向轮的机器人是利用轮子本身的特殊结构，根据其运动特性分布，且搭配对应的控制方式，进而实现全向运动。下面介绍全向轮的部分类型，包括麦克纳姆轮和连续切换轮，另外也简略介绍有两个自由度、两个电动机控制的舵轮。

（1）**麦克纳姆轮**　麦克纳姆轮是瑞典麦克纳姆公司最先提出的一种新型轮子，它与地面接触的部位是一个个斜向 45°安装在轮毂上的辊子表面，这些辊子可以自转，并且形状是中间突出，两端较细，如图 2-7 所示。

（2）**连续切换轮**　连续切换轮（图 2-24）由一个轮盘和固定在轮盘外周的滚子构成。轮盘轴心同滚子轴心垂直，轮盘绕轴心由电动机驱动转动，滚子依次与地面接触，并可绕自身轴心自由转动。连续切换轮的轮辐上有两种滚子，分为内圈和外圈，都可以绕与轮盘轴垂直的轴心转动，具有公共的切面方向。这样既保证轮盘滚动时同地面的接触点高度不变，避免机器人振动，也保证在任意位置都可以实现沿与轮盘轴平行方向的自由滚动。

（3）**舵轮**　舵轮可以实现平面内三个自由度的运动，车轮内含有两个电动机，一个为牵引电动机，用于驱动车轮前进或后退；另一个为转向电动机，驱动车轮绕纵轴做旋转运动，实现车体转向，如图 2-6 所示。

图 2-24　连续切换轮

除了麦克纳姆轮和连续切换轮以外，还有一些结构特别的轮子，如球轮和正交轮。球轮如图 2-25 所示，包括主控制器、电动机驱动器、电动机测速器、步进电动机、全向轮和运动轮球等。通过相应控制算法对步进电动机进行转速和转向控制，驱动轮球运动，并使其保持自平衡。它运动十分灵活，可以自由控制车体行进方向，实现全方位移动。而缺点是它的驱动依靠运动轮球和全向轮之间的摩擦力，这限制了运动速度，同时，球轮在地面滚动过程中吸附的灰尘会在摩擦的接触点累积，使轮子打滑。

正交轮由两个形状相同的球形轮子（削去球冠的球）架固定在一个共同的壳体上构成，如图 2-26 所示。每个球形轮子架有 2 个自由度：绕轮子架的电动机驱动转动，和绕轮子轴心的自由转动。两个轮子架的转动轴方向相同，由一个电动机驱动，两个轮子的轴线方向相互垂直，因而称为正交轮。正交轮在运动过程中两个轮子是交替接触地面的，同时接触地面的时间很短，在轮子的交替运动过程中每个轮子所承受的压力变化很大，其同地面接触的摩擦力受到影响，这对驱动电动机来说是一个干扰，影响了轮子的转动速度和机器人整体的运动精度。

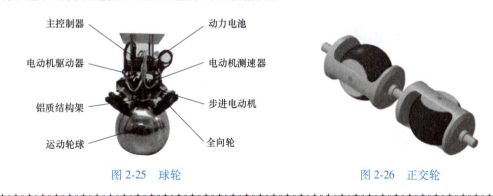

主控制器		动力电池
电动机驱动器		电动机测速器
铝质结构架		步进电动机
运动轮球		全向轮

图 2-25　球轮　　　　　图 2-26　正交轮

2.3　执行机构设计

执行机构相当于移动机器人的手脚，用于实际中执行机器人的工作任务。因应用场景不同，执行机构的机械结构也各有千秋，此处以发射弹丸击打目标物的执行机构为例，说明它

的结构设计。

按功能可将所需的机构分为两个部分进行设计，一部分是控制击发机构，能够实施弹丸的存储、发射或变换发射（下称发射机构）；另一部分是云台机构，它连接底盘和发射机构，能够带动其上所有负载进行旋转和俯仰运动，瞄准目标物。

1. 发射机构设计

对于发射机构的设计来说，弹丸速度是影响其威力的关键因素，要使弹丸成功给敌方机器人造成伤害，就要给它一个作用力，使之获得非常高的初始速度，这就需要一个可靠的发射方式。常见的发射方式主要有四种：爆炸发射、气动发射、弹性体蓄能发射和摩擦发射。

其中爆炸发射是通过引爆火药粉、易爆性气体，或者释放高压气体或电能（电磁炮）来产生巨大的推力，如图 2-27a 所示，此种方法威力较大，但是控制难度高，工况较复杂，危险性较高。气动发射是气泵将气体压缩，并且由气瓶收集起来，然后再瞬间释放气体，使气体在管道中将弹丸推动出去，实现发射，例如气动手枪（图 2-27b）。弹性体蓄能发射是将弹性体积蓄的能量释放出来，转化为弹丸的能量，如图 2-27c 所示，此方式虽然能够提供较大的加速度，但是弹性体释放能量过程中会产生棘手的振动问题。而摩擦发射的方式有许多种，例如摩擦轮发射和摩擦带发射，如图 2-27d 所示，高速运行的摩擦轮或者摩擦带通过摩擦使弹丸达到较高的速度；由于摩擦轮发射只依靠电动机提供能源，易于控制，且占用空间较小、制造简便，因此在 RoboMaster 机甲大师竞赛中得到广泛应用。

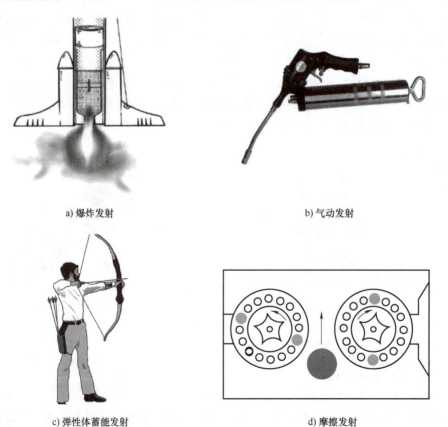

a) 爆炸发射   b) 气动发射

c) 弹性体蓄能发射   d) 摩擦发射

图 2-27　发射方式

发射机构将弹丸发射出去这一过程中，摩擦轮赋予弹丸初速度是关键，因此可以按照是否进入摩擦轮将发射机构看作两部分，如图 2-28 所示。弹丸进入摩擦轮时的位置可称为发射触发线，触发线之前的一系列机构称为供弹模块，包括储存弹丸的弹仓、拨动弹丸进入供弹口的拨盘和供弹口到摩擦轮之间的供弹链路；触发线之后的称为发射模块，包括赋予弹丸初速度的摩擦轮和弹丸经过的发射管、测速模块。

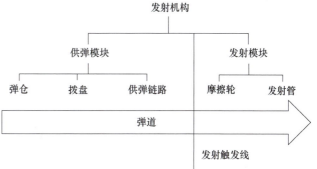

图 2-28　发射机构的组成

（1）供弹模块

1）弹仓。弹仓用于储存弹丸，如图 2-29 所示，它安装的位置根据供弹方式的不同而不同，采用上供弹方式的机器人将弹仓安装在云台上面，采用下供弹方式则将弹仓安装在底盘。可以看出，下供弹方式的弹仓结构简单，可以不加顶盖，而上供弹的弹仓会受到云台俯仰运动的干扰，因此设计顶盖防止弹丸掉落。

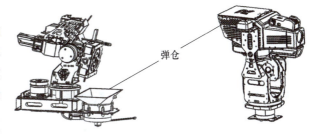

图 2-29　下供弹（左）和上供弹（右）的弹仓位置

2）拨盘。弹丸从弹仓的出弹口进入拨盘，拨盘每转一格，就将一颗弹丸移动到供弹链路。如果说弹仓相当于枪的弹夹的话，那么拨盘就相当于板机。现代设计精良的步枪偶尔也会出现卡壳的情况，扣下扳机无法发射，实际试验过程中也同样存在这种问题，因此要保证弹道通畅，避免卡弹，拨盘的结构设计时要格外注意。

3）供弹链路。供弹链路是指弹丸从弹仓的出弹口到进入摩擦轮之间的弹道，它根据不同的供弹方式而有不同的长度和型式，供弹链路的位置如果设计不当，在云台抬头时，可能会导致弹丸无法接触摩擦轮，停在链路中。之后云台再低头时，残留的弹丸会滑到摩擦轮上，造成走火和误发射。

常见的供弹方式有上供弹、侧供弹、半下供弹、下供弹和螺旋供弹。它们之间的优缺点见表 2-7。

表 2-7　供弹方式优缺点比较表

供弹方式	优点	缺点	图示
上供弹	供弹链路最短，链路上不易卡弹，弹道最流畅	云台的重心随着弹药仓里的弹丸数量而发生改变，导致云台上电动机扭矩的变化。云台体积和自重较大，云台响应速度较慢	

（续）

供弹方式	优点	缺点	图示
下供弹	云台不承担弹药仓自重及弹丸重量，云台重量轻，体积小，云台响应快	供弹链路太长，弯道较多，在供弹链路出口处因云台俯仰运动容易卡弹	
侧供弹	解决在链路上卡弹问题	弯道会比较多，而且会比较占空间打印件容易变形	
半下供弹	解决供弹链路太长而容易造成卡弹问题，减轻云台的重量，加快云台的响应	弹仓位置在中间，对连接件承重要求比较高	
螺旋供弹	螺旋供弹是靠螺杆旋转带动弹丸上升，预留更多弹丸位置减少弹丸因为供弹链路过长而造成卡弹	为减少云台高度，螺旋上升部分会与底盘固连，而云台移动正常进行时，会在云台连接部分有较多的弯管，可能造成卡弹，另外射速范围还待优化	

（2）发射模块

1）摩擦轮。摩擦轮有两个部分，外层与弹丸接触，一般由质地较软且表面摩擦力较大的材料制成，里面是电动机充当动力源，如图 2-30 所示。

图 2-30　摩擦轮

高速状态下，弹丸与摩擦轮接触部分的材料有较高要求，否则材料可能由于离心力的作用而膨胀，造成剧烈振动，进而导致发射出的弹丸无论是速度和稳定性都不符标准。但无论使用哪种材料，都会因为接触表面的磨损导致射击精度下降，因此需要定期更换摩擦轮。

摩擦轮发射因为其简单、稳定、低廉的优点而被广泛应用于竞赛，一般是成对使用，两个摩擦轮对称安装，之间留有空隙。弹丸从间隙接触到摩擦轮时，因为两个摩擦轮旋转方向相反，弹丸受到向前的摩擦力完全进入间隙，而两个轮的间隙比弹丸的直径稍小，因此弹丸发生一定的形变，摩擦轮高速旋转的挤压释放一个向前的推力，赋予弹丸初速度，如图 2-27d 所示。

摩擦轮有横置和竖置等不同的放置方式，前者平放在同一平面上，如图 2-31 所示，这种方式较少受到机构俯仰运动的干涉，因此旋转空间较大，适合单发射管后供弹模式，后方有足够的空间容纳拨弹机构，旋转运动时也能较好地平衡重心。但它的缺点也比较明显，重心较高、空间利用率低、正面面积较大。

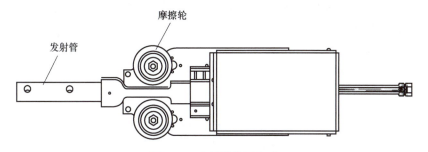

图 2-31　摩擦轮横置方式

竖置方式是两个摩擦轮竖立在同一垂直平面上，如图 2-32 所示。这种方式减少了正面面积，重心低，空间利用率高，结构紧凑，适合侧供弹或下供弹，但机构俯仰运动时转动惯量较大，较难平衡重心，受俯仰角干涉较大，安装其他元器件的空间较小。

弹丸的射速则通过摩擦轮的转速进行调节，一般来说，摩擦轮旋

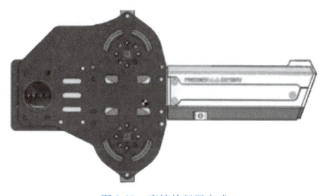

图 2-32　摩擦轮竖置方式

转得越快，弹丸的发射速度越大，但当转速增大到一定程度后，弹丸速度并不会再增加。若

还想增大弹丸速度，可从两个角度考虑，一是增大摩擦力对弹丸接触的时间，例如图2-33a所示的带传动；二是多对摩擦轮进行多级加速，如图2-33b所示三对摩擦轮。

摩擦轮的转速能赋予弹丸初速度，但它们之间的转速差距对弹丸射击精度有所影响。若转速差距大，弹丸自身就会旋转，射出的弹道随之偏移；要提高射击精度，就要控制两摩擦轮转速一致。

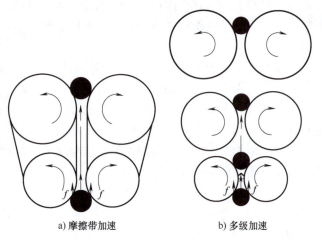

a) 摩擦带加速　　　　b) 多级加速

图2-33　增大弹速的两种方式

2）发射管。发射管（图2-34）是具有导向作用的弹丸通道。弹丸与发射管之间有摩擦阻力，若细分为两种，一是弹丸与管内壁间的摩擦，二是高速弹丸与空气的摩擦。因此，发射管要选用不易变形的金属材料，内壁光滑以减小与弹丸之间的摩擦，减小对弹速的影响。

若所有弹丸经摩擦轮发射出的方向都能做到相同且笔直，射速大小也稳定，则不需要导向，发射管可以去掉。无发射管会使发射模块更加简单，减小的重量相应也会降低转动惯量。

图2-34　发射管

2. 云台机构设计

常说的云台是指安装和固定摄像机的支撑设备，相当于摄像机的"脖子"。通常可以分为固定、普通电动云台和增稳云台三种，见表2-8。

表2-8　云台的分类

云台分类	含义	图示
固定云台	位置相对固定，角度可以调节，防止手持抖动	

（续）

云台分类		含义	图示
电动云台	普通电动云台	云台的旋转轴上增加电动机控制，转动角度较大，常见的如监控摄像头	
	增稳云台	添加姿态控制，可以使云台上搭载或悬挂的物体在运动中保持位置的相对静止，不会因连接的其他装置的抖动而抖动。增稳云台的应用广泛，如无人机、手持云台杆等	

根据自由度不同，云台又可分为单轴、双轴和三轴云台，见表2-9。

表 2-9　云台按自由度分类

云台分类	含义	图示
单轴云台	只能绕一个轴旋转，最大视野范围也只是一个平面上的360°	
双轴云台	云台可绕两个轴进行旋转运动，一般是旋转和俯仰两种，有两个自由度，本章案例中使用的就是双轴云台，可以绕俯仰轴和旋转轴进行运动	

53

（续）

云台分类	含义	图示
三轴云台	右图的手持云台杆，有三个自由度，分别是绕旋转轴、俯仰轴和摆动轴旋转	

（1）**双轴电动机驱动**　在 3D 系统中，假设视点为原点，建立视点坐标系如图 2-35 所示，通常设 z 轴的负方向是视点方向。绕 x 轴旋转的是 pitch 轴，也称俯仰轴；绕 y 轴旋转的是 yaw 轴，也称旋转轴；而绕 z 轴旋转的是 roll 轴，也称摆动轴。但云台只需俯仰与旋转两种运动结合就可以实现发射系统的移动，因此这里忽略 roll 轴。每个轴心内安装无刷直流电动机，用于控制云台姿态。

（2）**yaw 轴结构**　云台机构通过 yaw 轴底部安装在移动平台上。yaw 轴采用无刷直流电动机控制，为减少云台旋转时的惯性力矩，可以将 yaw 轴重心布置在移动平台的重心轴线上，并且与云台上承载的执行系统相配合，执行系统的重心轴线也要与云台重心轴线重合，如图 2-36 所示。

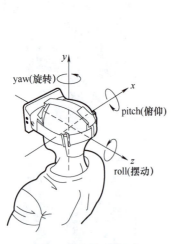

图 2-35　视点坐标系

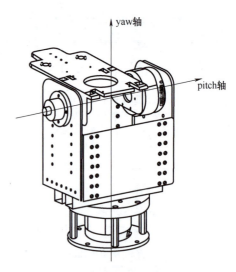

图 2-36　云台与发射系统重心轴线重合

yaw 轴不仅带动执行系统旋转运动，还承担着其上所有机械结构和硬件的重量，因此除加强结构强度外，还可以通过轴承（如交叉滚子轴承）等其他方式减轻 yaw 轴电动机承重，使电动机只负责控制旋转，不承受过大的转动力矩，增加其响应灵敏度，而对应的 yaw 轴结构也会复杂一些。

交叉滚子轴承摩擦阻尼小，启动灵活，可同时承受径向和轴向载荷，回转精度高，其结构分为外圈分体、内圈整体；外圈整体、内圈分体；以及内外圈整体三种形式，具体型号分类见表 2-10。

表 2-10　交叉滚子轴承型号分类

分类	含义	图示
RB 型	交叉滚子轴承的基本型，外圈被分为两半，内圈为整体结构，多用于要求内圈旋转精度的场合	
RE 型	也是交叉滚子轴承的基本型，外形尺寸和 RB 型相同，但结构为外圈整体，内圈分为两半，多用于要求外圈旋转精度的场合	
RA 型	也是交叉滚子轴承的基本型，外圈被分为两半，内圈为整体结构，适合用于要求内圈旋转精度的场合。此型号是将 RB 型内外圈厚度减小到极限的紧凑型，适合重量轻、结构设计紧凑的部位	
RA-C 型	主要尺寸与 RA 相同，由于该型号为外圈有缺口结构，具有高刚性，因此也可用于外圈旋转的应用场合	
CRBH 型	结构为内外圈整体，采用超薄设计而且内外圈没有安装孔，安装时需要法兰和支撑座固定	
RU 型	结构为内外圈整体，由于内外圈都有安装孔，安装时不需要固定法兰和支撑座，适用于外圈和内圈同时旋转的场合	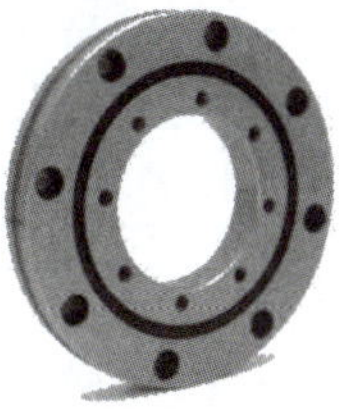
SX 型	结构为内圈整体，外圈分体，由于采用超薄设计，外圈和内圈没有安装孔，安装时需要法兰和支撑座固定，适用于内圈旋转的应用场合	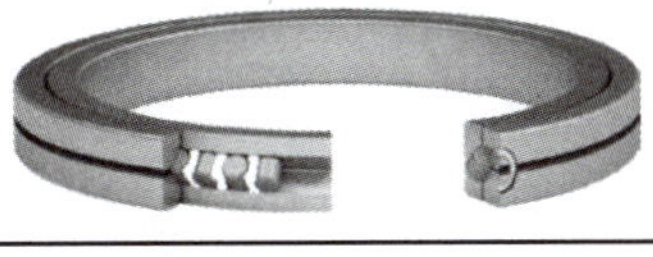

（3）**pitch轴结构**　pitch轴可以使执行系统进行俯仰运动，通常由无刷直流电动机直接驱动，电动机的安装位置则因执行系统的结构不同而不同。如图2-36所示，pitch轴电动机安装在云台支架内部，设计连杆机构进行传动，因此要安排好旋转轴，辅助对应的结构转动。

　【设计案例】

轮式机器人机械系统设计

下面以轮式机器人（RoboMaster机甲大师赛的种类之一，以下简称"机器人"）作为案例，说明其机械设计的过程。

图2-37所示是机器人进行单项赛的场地布置，场地设置了不同的坡度和隔断作为障碍，机器人需移动到目标点进行射击，因此要具备快速移动、稳定爬坡和准确射击的能力。而在步兵对抗赛中，机器人通过发射弹丸攻击敌方步兵，同时躲避对方弹丸，这对机器人全向移动的水平和射击准确率提出了更高的要求。根据比赛规则和机器人制作规范，轮式机器人需满足表2-11所示的技术参数。

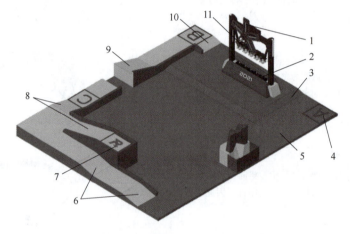

图2-37　比赛场地

1—能量机关　2—资源岛底座　3—15°坡　4—启动区（A点）　5—地面　6—13°坡
7—能量机关激活点　8—13°坡　9—17°坡　10—13°坡　11—机械爪

表2-11　机器人技术参数

规格	参数
最大初始尺寸（长/宽/高）	600mm×600mm×500mm
最大伸展尺寸（长/宽/高）	800mm×800mm×800mm
最大重量	25kg
最大速度	4.0m/s
运行方向	前进、后退、转弯、自转
转弯半径	可原地自转
云台最大负载	10kg

设计轮式机器人的机械结构时，首先要分析机器人实际应用的功能需求；确定各模块的结构方案；然后设计移动平台和发射机构的具体模型，利用计算机辅助设计软件建立模型；再选用合适的材料，绘制出工程图样；分析设计的结构组成是否合理，并且进行动力计算和受力分析；最后装配机器人的机械结构，进行功能测试，若不符合要求，则及时优化模块方案或者改进具体结构，整个流程如图 2-38 所示。

根据应用场景需求梳理机器人的功能需求，并分析不同的功能所需的对应结构。在 Robo-Master 机甲大师高校单项赛"步兵竞速与智能射击"中，已预装弹丸的轮式机器人需要跨越障碍依次经过比赛场地（图 2-37）中设置的 A~C 点，最后在指定点射击"能量机关"进行激活，激活成功则比赛结束。在这个过程中，步兵需要具备快速移动、翻越障碍（爬坡、飞坡）、存储弹丸、移动弹道和发射弹丸等功能；而在高校联盟赛的"步兵对抗赛"中，轮式机器人将与敌方机器人在设有遮蔽物的场地中相互射击，剩余血量多的获胜，因此轮式机器人除了具有上述功能外，还需要能旋转底盘安装的"血条"以闪避敌方射击。其功能与结构需求见表 2-12。

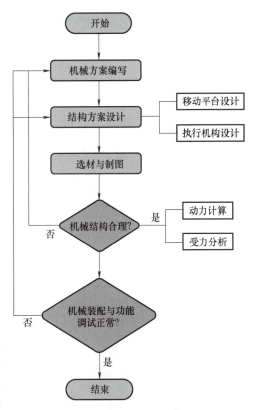

图 2-38　机械系统设计流程

表 2-12　机器人需求分析

功能需求	内容描述	结构需求
全向移动	在比赛场地上机器人要能实现前进、后退、侧移、转向等全方位的移动	全向底盘
原地自旋	也称"陀螺模式"，机器人底盘能在遥控下以运动参考点为回转中心进行回转运动，以闪避敌方弹丸，避免底盘四周的装甲模块被击打损失血量	麦克纳姆轮
速度控制	为保证灵活制动和快速闪避，机器人要调速运行，根据遥控发出的指令实现加速、减速和制动	四轮四驱
存储弹丸	比赛依靠赛前存储的弹丸进行射击，因此要有合理储弹量的设计	弹仓
发射弹丸	机器人需要将弹丸射出击打目标物	摩擦轮发射
移动弹道	机器人在预备击打目标物进行瞄准时，弹道（发射管）要能朝着目标物移动	双轴云台

通过上述结构需求，进行选型，比较其优势和劣势，初步制定各模块（底盘、云台和发射机构）的结构方案，方案并不唯一，选定一个优先实施，剩下的作为备选。然后根据竞赛的机器人制作规范，确定机器人的关键参数和技术指标，见表 2-13。

表 2-13　机器人结构方案设计

结构方案			理由	技术指标
底盘	车体模型	麦克纳姆轮结构、四轮四驱	预计能基本实现全方位移动的功能，高速移动较为稳定，能量利用率高，控制相对简单，缺点是磨损较高	底盘最大速度：4.0m/s 可控速度：3.5m/s 竞赛最大速度：2m/s 尺寸：车宽（左右距离）≤600mm； 　　　车长≤600mm 　　　车高≤500mm 刚度：以0.2m的竖直高度自由落体跌落三次，机体任意位置不出现损坏 爬坡度：$\varphi \geqslant 20°$
	车架	双层板	预计能基本实现支撑与连接功能，结构简单，制作简单	
	悬架	麦弗逊式独立悬架	预计能实现电动机、车架与车轮的连接与传动，避振设计发挥空间较大	
	车轮	麦克纳姆轮	移动较为灵活，控制比舵轮简单	
云台	yaw 轴	无刷直流电动机、轴承	转矩大，体积小巧，电动机内嵌入结构，管线连接方便；轴承分担承重，减轻电动机压力	负载限制：10kg 运动范围：俯仰范围：$-20° \sim +20°$ 　　　　　旋转范围：360° 自由度：2
	pitch 轴	无刷直流电动机、直接驱动	响应快速，但电动机的安装位置需要保证重心平衡	
发射机构	弹仓	上供弹	预计供弹链路简单	储弹量：17mm 弹丸 250 发 发射速度限制：30m/s
	拨盘	弹丸直径厚度，双层拨片、直接驱动	预计能实现弹丸的拨弹和引导，减少卡弹，直接驱动简化结构	
	摩擦轮	一对、横置	预计能赋予弹丸一定的速度	
	发射管	有	预计对弹丸射出的轨迹进行引导	

💡 整体的重量不超过 25kg，其余的机械部分应满足以下要求：

1）所有紧固件部分无松动，活动部位润滑良好，总体结构应容易拆卸，便于平时的实验、调试和修理。

2）外型尺寸应满足设计要求，结构应布局合理，装配方便，给机器人暂时未安装的传感器、功能元件等预留安装位置，以备将来功能改进与扩展。

3）移动平台结构应有足够的强度，要考虑执行机构运动时的偏载，尽量减少变形和倾覆。

4）轮系结构应考虑车体晃动对发射机构定向精度的影响。

1. 移动平台设计

实现底盘的全向移动主要依靠麦克纳姆轮，如今 RoboMaster 机甲大师赛中，除部分队伍在探索履带轮、舵轮等其他车轮的可行性外，各大地面兵种的底盘大多使用麦克纳姆轮，它以悬架连接到车架上，通过控制驱动电动机转向来使机器人朝各个方向移动。图 2-39 所示的就是一种典型底盘结构，它的主要组成部分包括车架、悬架和车轮。根据应用场景的需要加装其他结构模块，如防护装置有保险杠、车壳和飞坡导向装置，用来减缓在竞赛对抗过程中麦克纳姆轮和悬架受到的冲击；如裁判系统的装甲模块、灯条模块、主控模块和场地交互模块，用于判断比赛过程中机器人的状态；如供电的电源模块等。

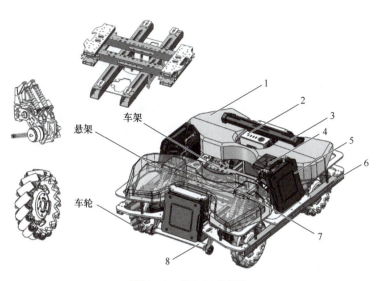

图 2-39　底盘组成部分

1—车壳　2—电源模块　3—灯条模块　4—主控模块　5—装甲模块　6—保险杠　7—场地交互模块　8—飞坡导向装置

（1）车架设计　在设计车架时，要根据底盘各模块功能合理布设其安装位置，确定车轮大致间距，先绘出草图，拟定一个大框架，然后建立模型，为各模块设计稳固且易于拆卸的安装方式，留出安装孔位。根据比赛应用，车架设计分析见表 2-14。

表 2-14　车架设计分析

功能需求	内容描述	构件设计
合理布局	容纳电池、装甲模块、电源管理模块、灯条模块、主控模块、防撞梁、场地交互模块、飞坡导向装置等各类模块，根据其功能对称布局，保持底盘各部分平衡，避免车体歪斜	井型车梁
重心低	降低车架重心，减少底盘倾覆风险	单层框架
轻量化	减轻车架自重，增加其灵活性	薄壁铝方管
强度高	承受大载荷冲击时不被损坏	全包围保险杠
尺寸	整体不超过 600mm×600mm	—

车架的设计思路大致可循以下两个方向：一是减轻重量，结构紧凑，使底盘轻便灵活，增强其机动性；二是稳定扎实，有一定质量，在应对外界冲击上表现优越。图 2-40 所示车架就遵循前一种设计思路，整体为框架结构，主要由两根横梁和两根纵梁组成"井"字型。四根梁选择薄壁粗铝方管制成，采用铆钉和碳纤维板进行连接，结构简单而轻盈。两根纵梁底部安装场地交互模块，用于机器人的位置反馈，同时与 2 个装甲模块、防撞梁、灯条模块和飞坡导向装置连接，防撞梁将车体全包围，与车架间通过碳板连接，共同承受大载荷冲击，前后端的飞坡导向装置防止轮式机器人飞坡时落地倒栽。而横梁主要安装云台以及另外的两个装甲模块，同时连接悬架实现避振。车架将底盘各部分紧密相连，车轮摩擦颠簸的受力可传导到整个车架共同吸收，因此好的车架设计可大大提升车体强度。

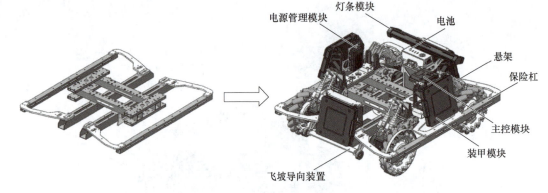

电源管理模块 灯条模块 电池

悬架

保险杠

主控模块

装甲模块

飞坡导向装置

图 2-40 车架结构及底盘布局

（2）**悬架设计** 在设计悬架时，首先考虑如何将车架与车轮连接，将电动机转矩传递至车轮，然后再考虑如何避振，悬架设计分析见表 2-15。

表 2-15 悬架设计分析

功能需求	内容描述	构件设计
传递电动机转矩	将电动机输出轴与车轮连接，能驱动车轮且使之行进过程中不脱开	夹紧型联轴器
电动机连接车架	电动机与车架稳定连接同时相对运动	旋转碳板、轴承
避振	缓冲、吸收车轮颠簸时受到的冲击，保持底盘平稳	避振器
车轮接地	四个车轮都有抓地力，悬架高度一致	独立悬挂、对称分布

图 2-41a 所示悬架结构中，车架横梁与电动机连接，电动机输出轴通过夹紧型联轴器直接驱动车轮，机械损耗较小，响应速度较高。夹紧型联轴器结构简单、装卸方便，成本相对可控，并且可以稳定地传递转矩和运动，传动效率较高。与图 2-41b 所示通过万向联轴器驱动相比，前者降低了底盘重心，而后者重在避振，因此在设计悬架结构时，传动和避振需要相互配合。

横梁 轴承
旋转碳板
电动机 夹紧型联轴器

a）通过夹紧型联轴器驱动

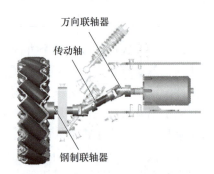

万向联轴器
传动轴

钢制联轴器

b）通过万向联轴器驱动

图 2-41 电动机传动结构

在悬架的旋转点上，选择角接触轴承配合锁紧螺栓，使车轮顺滑旋转的同时能适应更高强度的使用，如图 2-42 所示。RM3508 电动机内部有其原装轴承，此处选择更换轴承，强度并未发生改变，但省略了轴承座部分，使轮组更加紧凑轻便。

提升轮式移动机器人的越障能力，主要研究悬架的避振结构，图 2-43 所示为独立纵臂式悬挂，其避振主要依靠一根负压避振器配合一根普通常规减振器，与电动机和横梁相连，对车轮行进过程中因颠簸产生的上下振动进行缓冲，因此电动机轴与车架存在相对运动，横梁与车架以轴承连接，可相互旋转。四个车轮配置四组避振悬架，对称分布于底盘，使车轮接地面积最大化，机器人行进平稳。

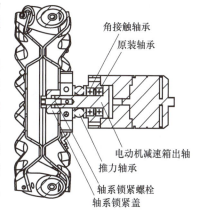

图 2-42　电动机传动剖面

（3）**车轮布置**　从麦克纳姆轮结构的受力情况可以发现，在底盘上安装麦克纳姆轮会有不同的组合，对不同组合进行受力分析，可以发现相同辊子方向的麦克纳姆轮要呈对角线配对安装，这样底盘两侧分别有一个 A 轮和一个 B 轮，当全部电动机正转时，水平分力抵消，合力为竖直方向，车体直行，如图 2-44 所示。

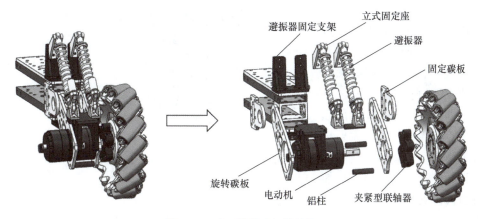

图 2-43　独立纵臂式悬挂结构

确定麦克纳姆轮安装的组合为 ABBA、BAAB 两种组合后，具体每个轮子的安装位置也要注意。如图 2-45 所示底盘上侧电动机正转，下侧电动机反转，麦克纳姆轮分别为 ABBA、BAAB 组合，对角线上的辊子方向也相同，但只有如图 2-45d 所示的布置才能达到理想转动效果。其中 X 和 O 表示的是四个轮子与地面接触的辊子所形成的图形；正方形与长方形指的是四个轮子与地面接触点所围成的形状。图 2-45a 所示四个轮子受力作用线相交与一点，没有力矩，底盘无法旋转；图 2-45b 所示底盘可以受力旋转，但是转动力矩的力

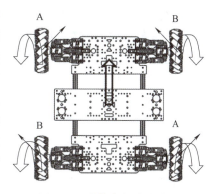

图 2-44　车体直行受力分析

臂很短，此种安装方式并不常见；图 2-45c 所示底盘的各项运动都可以完美实现，只是需要轮距与轴距相等，限于实际中底盘的形状、尺寸等因素，该方式较难实现；图 2-45d 所示四个轮子的合力既可以产生力矩使底盘旋转，又有较长的力臂，是最常用的安装方式。

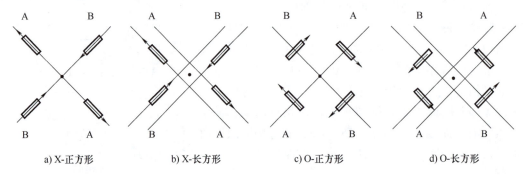

| a) X-正方形 | b) X-长方形 | c) O-正方形 | d) O-长方形 |

图 2-45　麦克纳姆轮安装位置

2. 执行机构设计

本案例的执行系统主要分为发射机构和云台机构两部分，前者需有储存弹丸和发射弹丸的功能，后者辅助发射机构进行旋转和俯仰运动以便瞄准目标，大致结构如图 2-46 所示。

执行机构选择上供弹方式，储存弹丸的弹仓安装于云台上方，因为整体有一定重量，所以云台的重心轴线要尽量与发射机构重心轴线相重合，减少转动惯量，并且要具有一定的刚度，能承受发射机构满载时的重量与惯性。而在发射机构中，弹丸从装弹到射出要经过弹仓、拨弹盘、摩擦轮和发射管几个主要部分，再加上电动机、相机和裁判系统等模块的安装，因此要特别注意整体的机械平衡，避免重心偏移，给云台电动机造成额外负担。

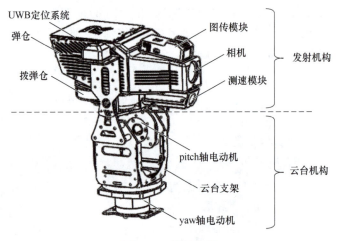

图 2-46　执行机构

（1）发射机构设计　发射机构的设计可以根据弹丸的运动过程分配各结构要实现的功能，首先弹丸被装填到弹仓，经弹仓出弹口进入拨弹盘，拨弹盘将弹丸拨出，进入摩擦轮被赋予高速，沿发射管射出，其结构设计分析见表 2-16。

表 2-16　发射机构设计分析

功能需求	内容描述	构件设计
弹仓容量	弹仓盖合上之后，能够容纳 250 颗 17mm 弹丸	方形弹仓
射频	能够稳定地进行单发，不卡弹，最高射频可达 25Hz	8 孔位拨弹盘、导向轮

（续）

功能需求	内容描述	构件设计
射速	弹丸射速稳定且可调，最高不超过 30m/s	M2006 电动机直驱、摩擦轮
射击准度	以中速挡位射击距离 5m 处的小装甲命中率 100%	弹膛
整体	整体轻量化，结构紧凑	—

1）弹仓。弹仓用于装载弹丸，但并不是简单地将它设计成一个容器，弹仓的结构对弹丸发射会有一定的影响。

① 容量。如果弹仓装载弹丸数量过多，会使云台过度负重，原先所调的参数失准，在瞄准射击时，发射管抖动进而影响瞄准的稳定性。因此，设计弹仓时需要考量最适装弹量，同时，不同赛项对装弹量也有不同要求，例如 1v1 步兵对抗赛规定最多装载 17mm 弹丸 150 发。

② 位置与形状。弹仓的位置、形状会直接影响云台重心的分布，重心越偏离云台 yaw 轴轴线，那么云台电动机的负载也会越大，对云台响应速度的影响也就越大。

③ 补弹。弹仓的开盖设计是否合理会影响到机器人补充弹丸时的效率。在限时的赛场上，提高补弹效率，增强弹仓的密封性，至少保证弹丸不至于在比赛过程中漏出来，因此弹仓的开盖方式要设计得流畅顺滑，并且要迅速完成密封。

④ 出弹。要尽量保证装载的所有弹丸都能够漏入拨弹盘，否则残留在弹仓中的部分弹丸得不到利用，机器人就会失去部分发射机会。

如图 2-47 所示设计的弹仓能容纳 350 发弹丸，由板材组装而成，每块板有镂空条以减轻自重。弹仓底部倾斜以避免弹丸残留，盖板与舵臂连为一体，由舵机驱动进行旋转，有旋开和旋闭两个动作，实现补弹和密封。

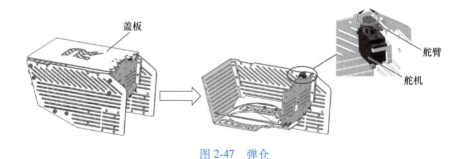

图 2-47　弹仓

2）拨弹盘。拨弹盘也可称为拨弹轮，通常情况下，硬质拨弹盘都是通过重力作用装填，与多个弹丸硬接触，将其旋转加速后推入供弹链路或摩擦轮。设计拨弹盘的具体结构前，必须先分析弹丸射出的整个过程。首先，弹仓中堆积着弹丸，由于等径密堆，它们形成密堆晶体结构。拨弹盘的作用就是通过自身旋转将这密堆拨散，并使之成为排列有序的一列弹丸队伍，接着弹丸从出弹口被拨出，进入供弹链路，如图 2-48 所示。总之，要尽量将杂乱的弹丸堆通过拨弹盘等结构处理成有序的、分离的单颗弹丸，为进入摩擦轮加速做准备。

上述过程并不容易，拨弹盘的结构设计至关重要，最高射频以及是否卡弹都与之相关。在分析了其他案例的拨弹结构和参考了对应的实际试验结果后，发现拨弹盘设计不佳以致卡

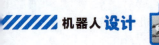
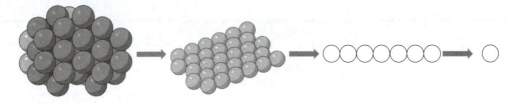

图 2-48　拨弹盘使弹丸分散过程

弹可以总结为下面几种情况：

① 拨弹盘厚度和安装高度不合理，转动的时候将弹丸挤压在拨弹盘上方或下方。

② 拨弹盘内嵌在弹仓里，弹丸会堆积在拨弹盘上，转动拨弹盘时，弹丸受重力一起掉落，相互挤压，无法准确进入拨弹盘的孔位。

③ 弹丸被拨弹盘旋转到出弹口时，由于引导件、拨弹盘和出弹口配合不当造成出弹口卡弹。

针对上述几种卡弹情况，设计拨弹盘时就要注意避免，下面介绍一种解决卡弹的拨弹盘结构。

① 拨弹盘高度。为将弹丸堆打散分层，拨弹盘与弹仓分离，放在拨弹仓，这部分的空间将弹丸限制在同一平面上（图 2-46）。为尽量避免弹丸与拨弹仓壁形成自锁，拨弹弹仓内壁设计为圆柱形。弹丸因重力作用落入拨弹仓，拨弹盘设计 8 个弹丸位置，8 个隔断柱向上突出，旋转时可打散弹丸，减少堵塞，为将弹丸分层，拨弹盘有一定高度，如图 2-49 所示。

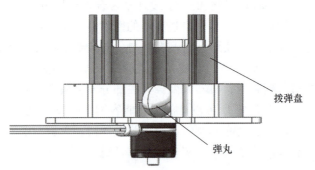

拨弹盘

弹丸

图 2-49　拨弹盘高度与弹丸高度

② 引导件。针对卡弹的第 3 种原因，可设置毛刷、成形件、弹簧、扎带甚至滑块机构等作为引导件，或者依靠位置环控制拨弹盘角度等设计来引导弹丸从出弹口顺利进入摩擦轮，并且单次单颗，互不影响。如图 2-50 所示，弹丸随拨弹盘在拨弹仓中旋转，之后应该被拨出，因此拨弹仓的出弹口设计一个引导结构，将运动的弹丸导向出弹口。引导件需与旋转的拨弹盘错开，高度为弹丸半径，避免弹丸滚入拨弹盘下方。

③ 弹道夹角。弹丸靠近出弹口时，拨弹盘与引导件所成夹角大小也是影响卡弹的一个重要因素。如果夹角为锐角，弹丸的后面受到拨弹盘推力，前面受到引导件阻力，容易卡弹，如图 2-50a 所示。因此拨弹盘与引导件的夹角应该尽量成钝角，如图 2-50b 所示。

④ 拨弹盘传动。电动机输出轴带动拨弹盘旋转需要稳定的传动结构，若直接在拨弹盘上设计与电动机轴相符合的 D 形孔，则对孔的精度和拨弹盘的材料有较高要求，而且也不能完全避免拨弹过程中拨弹盘松脱，因此根据电动机尺寸设计了电动机固定轴，拨弹盘下部连接轴承，上部连接 D 形孔联轴器，可在电动机输出轴的驱动下进行旋转。平面盘体置于 D 形孔联轴器上，保持静止，如图 2-51 所示。

3）供弹链路。弹丸受到拨弹盘推力，到拨弹仓出弹口时已经具有一定的初速度。为避

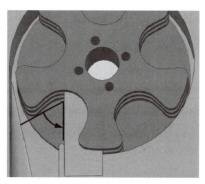

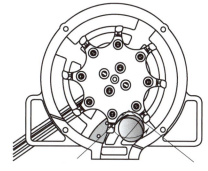

a) 夹角呈锐角　　　　　　　　　　　b) 夹角呈钝角

图 2-50　拨弹盘与引导件夹角示意

免前面进入摩擦轮的弹丸受到后续弹丸的冲撞，供弹链路中上下都安装限位导向轮，保证前后弹丸完全分离，且能沿引导方向到达摩擦轮的发射触发点。弹膛是弹丸待发时所在位置，内部形状为圆形通道，如图 2-52 所示。

4) 摩擦轮。聚氨酯橡胶摩擦轮能够很好的将橡胶和金属结合在一起，其直径 60mm，对称安装在弹膛两侧。摩擦轮由去掉减速箱的 3508 电动机驱动，转矩大且转速有自反馈。由于摩擦轮左右挤压弹丸，相当于引导弹丸在水平面上的

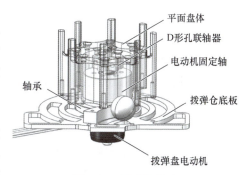

图 2-51　拨弹盘传动

运动，而竖直平面上的运动由弹膛限制，如图 2-53 所示，这样弹丸受到摩擦轮的旋转摩擦后朝发射管方向射出。

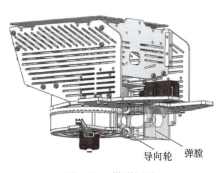

图 2-52　供弹链路

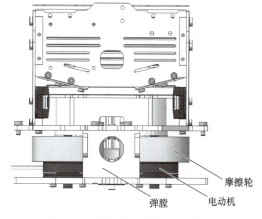

图 2-53　摩擦轮与弹膛的相对位置

💡 竞赛官方给出的摩擦轮材料为硅胶，硬度大概为 50~60HA。实际上就是比较好加工的硅胶垫圈，然后固定在装有内衬的无刷电动机上作为摩擦轮，但是实际效果不够理想，如果不加钢线周向固定，硅胶圈容易脱落。

摩擦轮之间距离的确定与摩擦轮聚氨酯材料的硬度有关，保持其他情况不变的情况下，根据摩擦轮的硬度不同可以做一些实验来确定间距。表 2-17 就是在摩擦轮相同转速下，弹丸发射速度随摩擦轮间距变化的数据。

表 2-17　不同摩擦轮间距下弹丸发射速度统计

间距/mm	v_1/(m/s)	v_2/(m/s)	v_3/(m/s)	v_4/(m/s)	v_5/(m/s)	v_6/(m/s)	$v_{平均}$/(m/s)	方差
10.0	15.9	16.2	15.9	16.5	15.6	17.0	16.2	0.188
11.0	18.0	17.5	17.4	17.6	18.0	18.2	17.8	0.121
12.0	21.0	21.5	21.6	21.4	20.5	20.5	21.1	0.185
12.5	20.1	20.0	19.9	21.6	21.6	20.8	20.7	0.294
13.0	21.5	20.7	18.8	21.3	20.2	20.5	20.5	0.360
14.0	19.6	19.5	19.6	18.3	18.5	19.3	19.1	0.217
15.0	13.2	11.0	12.9	13.1	12.7	12.0	12.5	0.314

根据上述实验结果绘制出摩擦轮外表面间距与弹速的关系，如图 2-54 所示。

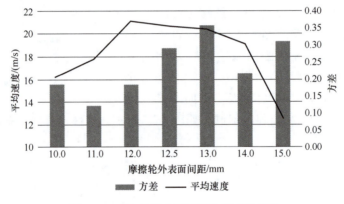

图 2-54　摩擦轮外表面间距与弹速的关系

综合上述实验结果考虑，12mm 是较为合适的摩擦轮外表面间距。

5）发射管。由于裁判系统测速模块需要安装在弹丸发射的轨道进行测速，而它的内部圆柱孔已经部分替代发射管的作用，只是不够精确，但通过摩擦轮的速度控制，仍能把握弹丸射出方向，因此去掉发射管，降低自重以减少云台的转动惯量，测速模块的安装位置如图 2-55 所示。

6）视觉元件。为取得较好视野，摄像头安装在弹仓前，与测速模块的发射管平齐。图传模块要与摄像头连接应就近设计布局结构，比较常见的是布置在摄像头的上面，如图 2-56 所示。

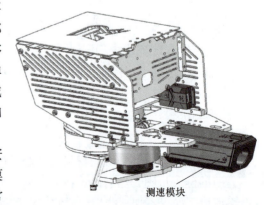

图 2-55　测速模块安装位置

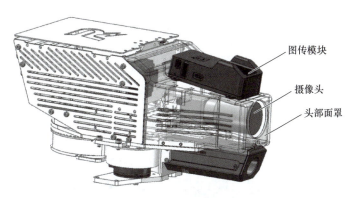

图 2-56　摄像头和图传模块安装位置

图传模块
摄像头
头部面罩

（2）云台机械设计　对机器人来说，云台为机器人身体提供俯仰、支撑、连接及转动功能。云台也是机器人上的增稳机构，用于减少机器人顶部结构的振动，增稳图像。

通常云台安装在机器人底盘上，云台之上搭载发射机构和图传模块，前者发射弹丸，后者将拍摄到的图像实时传输到计算机端，从而获得机器人的第一视角。通过控制器控制云台电动机改变图传模块俯仰的角度，以此获得更大的视野。由于云台需要实现旋转和俯仰两种运动形式，因此根据运动形式不同将云台结构分为两个部分，yaw 轴与 pitch 轴，具体结构要根据发射机构的重心适当调整，如图 2-46 所示。云台与发射机构、图传模块结合，可实现远程操控机器人瞄准目标物。云台的任务是将发射管快速准确地瞄准目标物，即能够在一定范围内不间断地调节弹道角度，其设计分析见表 2-18。

表 2-18　云台机构设计分析

功能需求	内容描述	构件设计
旋转	带动发射机构绕 yaw 轴 360° 旋转，可容纳导电滑环穿过，惯量配置合理	交叉滚子轴承、空心轴电动机、导电滑环
俯仰	带动发射机构绕 pitch 轴转动一定角度，重量平衡，惯量配置合理	连杆、轴承
支撑、安装	支撑发射机构、连接 yaw 轴与 pitch 轴、容纳电子元器件、具有一定刚度	云台支架
整体	强度达标，轻量化，两轴转动惯量小，响应快	—

1）交叉滚子轴承。yaw 轴与云台重心轴线重合，由电动机驱动，电动机安装在底盘纵梁上，如图 2-57 所示。yaw 轴电动机不仅承担 pitch 轴的机械结构，还包括发射机构的自重，转动时惯性较大，因此选用交叉滚子轴承通过铝柱连接到底盘横梁，分担 yaw 轴电动机负担的部分重量，同时尽可能增大其转动的响应速度与灵活性。其实这样设计时云台的准确性会在一定程度上受到轴承旋转精度的影响，因此早期设计时选用的餐盘轴承被精度更高的交叉滚子轴承所代替，其负载能力也有所增强。选用 RA-9008 交叉滚子轴承，其特点见表 2-10。如果云台负重并不大，比如发射机构采用下供弹方式，那么可以考虑减去轴承。

图 2-58 所示为 yaw 轴结构爆炸图，关键在于处理轴承和电动机之间的配合。电动机空心轴中穿过导电滑环，使云台上承载的模块与底盘电路连通，上面设计一块蚊香板（形似

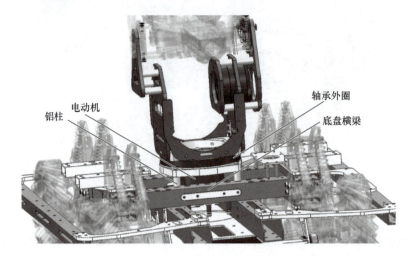

图 2-57 yaw 轴安装

蚊香得名），经垫环与轴承内圈固定。轴承外圈与云台基座通过铝柱固定在车架横梁上，yaw 轴基座经垫环与轴承内圈连接，加上基座外框，可以安装云台支架，4 个垫环主要起着垫高轴承和压紧轴承内圈的作用。云台 yaw 轴轴线与底盘几何中心重合，yaw 轴电动机带动轴承内圈旋转，轴承外圈固定不动。虽然用 4 根铝柱连接轴承与底板不够可靠，但其装配方便，成本较低，只是其中安装时产生的误差、长时间使用后的磨损、螺栓松动等因素将影响云台的稳定性，因此之后可以专为分担云台负重做出其他优化设计。

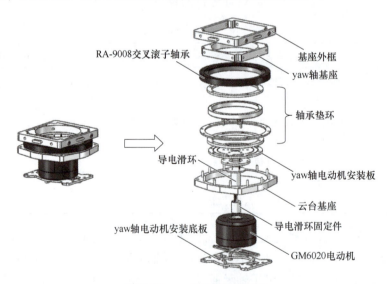

图 2-58 yaw 轴结构爆炸图

2）导电滑环。导电滑环是把电流或者信号从设备的旋转端传输到固定端的一种机电装置，它可以连接需要旋转的任何机电系统中的旋转和静止的设备，并能 360°无限制旋转传输电流和信号，导电滑环也称为旋转连接器、换向器、集电环、汇流环等。

从结构上来看，导电滑环主要有法兰式、空心轴式、盘式、圆柱式和分体式，其中空心轴式的滑环（也称为过孔滑环）根据需要安装的空间可以做成盘式的或圆柱式的，还可以做成分体式的。圆柱式的空心轴滑环如图 2-59 所示，可根据 yaw 轴电动机空心轴大小选购合适的尺寸。

3）pitch 轴结构设计。pitch 轴垂直于云台重心轴线，由电动机直接驱动使云台进行俯仰运动，如图 2-60 所示。

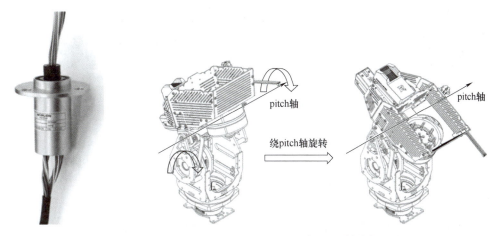

图 2-59　导电滑环　　　　　　　　　　图 2-60　云台 pitch 轴俯仰运动

pitch 轴进行俯仰运动，因此支撑其的云台支架设计为盒状，内部容纳控制板和视觉传感有关的电子器件。为减轻自身重量，支架由两个 U 形板和两个挖有方孔的侧板组成，侧板支撑 pitch 轴，U 形板通过转接件对两个侧板进行约束。驱动 pitch 轴的同样为 GM6020 电动机，其安置在一侧板上，通过连杆和深沟球轴承使发射机构能进行俯仰角度的连续调节，连杆原理如图 2-61 所示。在电动机一侧设计一定长度的铝柱固定连杆，另一侧同样有铝柱加宽支架以适配发射机构，利用深沟球轴承辅助旋转，如图 2-62 所示。

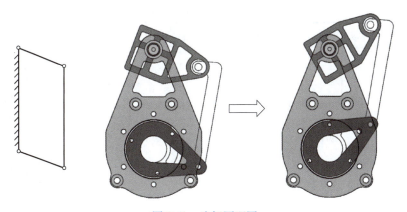

图 2-61　连杆原理图

考虑到云台承载的发射机构自重，设计云台 pitch 轴时电动机偏向一侧，使云台的重心并不在其竖直轴线，pitch 轴电动机自重对云台旋转产生力矩，安装上发射机构后，发射机构的另一侧装有 UWB 定位系统，该力矩得以部分抵消。由于该云台结构中发射机构的重力轴线和 yaw 轴旋转轴线重合，也就是和底盘的竖直中心轴同样重合，这样就减弱了测速模块

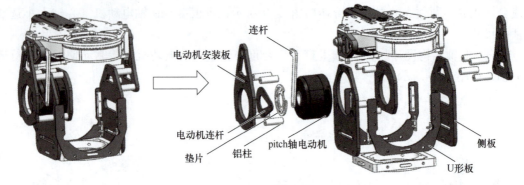

图 2-62　pitch 轴爆炸图

和图传模块对云台生成的倾覆力矩。

出于安全性考虑，云台的 pitch 轴上连杆转动范围是有限的，应通过机械限位，避免电动机控制失误导致过大转动角度造成危险。

3. 选材与制图

（1）**选用材料与加工方式**　机械系统结构设计过程中，也要考虑根据各个零件的使用场所，选用合理的加工材料。对于竞赛作品，常用的板件材料有 45 号钢、碳板、亚克力板和铝合金等，同时这些材料还要选择合适的加工方式，例如通常选用 PLA、ABS 材料进行 3D 打印，一些需要弯折的结构会用到钣金工艺，大多是不锈钢材料。以部分零件为例，选材及加工方法见表 2-19。

（2）**绘制图样**　结构设计完成后应绘制出工程图样，严格按照国家制图标准进行。通过计算机辅助设计绘制对应关系正确的零件工程图样，限于篇幅这里只展示部分，如图 2-63 所示为驱动拨弹盘的 2006 电动机固定轴，图 2-64 所示为连接轮组与车架的避振器加固件。

表 2-19　发射机构选材及加工方法

零件	材料	加工方法	选择原因	图示
弹仓	黑色碳纤维板	机械雕刻	弹仓所需材料强度要求不高，碳纤维板便于雕刻机加工，质量轻，成本相对可控，黑色统一机器人外观	
拨弹仓壁面	尼龙	3D 打印	拨弹仓的壁面材料强度要求不高，精度要求也不高，选用尼龙材料进行 3D 打印方便快捷，也能得到超轻的质量，而打印件易受温度影响发生变形，因此与碳纤维的底板和铝合金的构件相配合，约束形变	

（续）

零件	材料	加工方法	选择原因	图示
避振器加固件	45 号钢	数控铣床加工	通过该零件连接底盘和轮组，要求有较高的强度，同时保证重复装配的可靠性。若选用铝合金材料，重复装配和高强度使用时，螺纹孔容易滑牙，因此 45 号钢更满足需求	
弹腔	铝合金	数控加工	强度要求较低的构件可以选择尼龙打印件，相对于铝合金，其成本低，生产时间短，但不适合重复拆装，在高强度比赛中也有较大的损坏风险，因此可在测试数据的时候使用尼龙打印，而方案确定之后换为铝合金加工而成的构件	
外壳	EVA塑料	数控加工	EVA 塑料制作的外壳成本低，重量非常轻，而且便于拆装维修。常用的还有环氧树脂板或者碳纤维板，但相对来说除了外观较为统一外，在质量和成本上都不占优势	

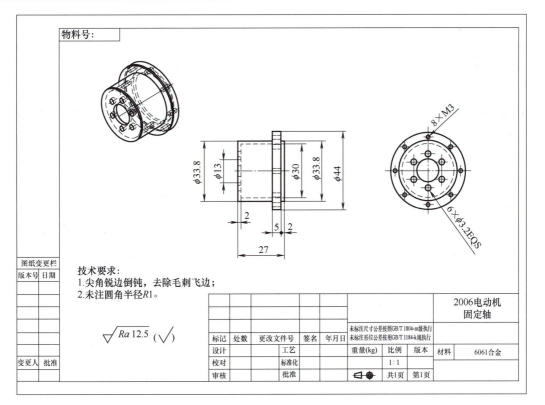

图 2-63　2006 电动机固定轴

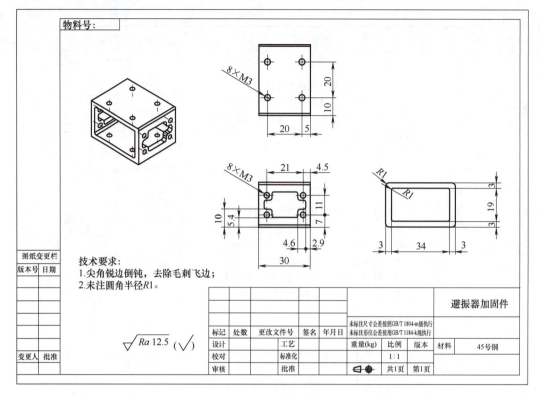

图 2-64　避振器加固件

4. 机械结构分析

（1）动力计算

1）根据底盘轮组电动机参数计算车轮转速。按底盘传动结构计算机器人移动平台轮子的转速。如图 2-42 所示，电动机直接驱动车轮，传动效率达 98.0%～99.8%，近似取作 1，对电动机输出轴无减速作用。选用 3508 无刷直流电动机，它的持续最大转矩为 3N·m，3N·m 下最大转速为 469r/min。

麦克纳姆轮直径：$D=152\text{mm}$。

麦克纳姆轮周长：$s=\pi D=152\times3.14\times10^{-3}\text{m}=0.48\text{m}$。

单个车轮空转速度：$v=\dfrac{ns}{60}\text{m/s}=3.752\text{m/s}$。

根据四个车轮速度计算整个车体的行驶速度。

2）云台 yaw 轴 GM6020 电动机校核。校核电动机从电动机功率和惯量匹配两方面进行，首先根据负载转矩计算所需电动机功率。云台 yaw 轴负载包括与电动机输出轴相连的所有旋转部件，如图 2-65 所示，电动机直接驱动负载，无减速比。

负载转矩（单位：N·m）为

$$T=J\times\beta\times K \tag{2-1}$$

式中，J 为转动惯量（$\text{kg}\cdot\text{m}^2$），β 为角加速度（rad/s^2），

图 2-65　yaw 轴电动机负载

K 为安全系数。

由于云台负载为非规则几何体，质量分布也并不均匀，因此计算转动惯量时，可以将其看作规则均匀的偏心圆盘，根据式（2-2）来计算：

$$J = \frac{1}{2}mR^2 \tag{2-2}$$

式中，m 为质量，R 为圆盘半径。

也可以利用计算机三维辅助软件自动计算出负载转动惯量，注意将转动轴与输出坐标系重合，如图 2-66 所示，转动惯量 $J = 8260.057\,\text{kg} \cdot \text{mm}^2 \approx 0.00826\,\text{kg} \cdot \text{m}^2$。

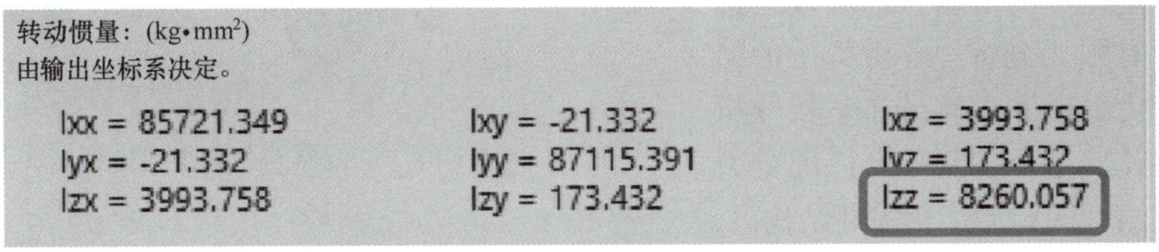

转动惯量：$(\text{kg} \cdot \text{mm}^2)$
由输出坐标系决定。

Ixx = 85721.349	Ixy = -21.332	Ixz = 3993.758
Iyx = -21.332	Iyy = 87115.391	Iyz = 173.432
Izx = 3993.758	Izy = 173.432	Izz = 8260.057

图 2-66　转动惯量

角加速度为

$$\beta = \frac{v}{t} \tag{2-3}$$

角速度为

$$v = 2\pi n \tag{2-4}$$

转速取陀螺（自旋）模式下的最大转速 $n = 6.6\,\text{rad/s} \approx 63.03\,\text{r/min}$，响应时间取 $t = 0.1\,\text{s}$，代入式（2-3）求得 $\beta = 66\,\text{rad/s}^2$。

安全系数应大于等于 1，一般取 $K = 2$。将 J、β、K 代入式（2-1）得负载转矩 $T = 1.09\,\text{N} \cdot \text{m}$。

转矩公式为

$$T = 9550\frac{P}{n} \tag{2-5}$$

将 T、n 代入式（2-5）得 $P = 0.0072\,\text{kW}$，根据 GM6020 电动机特征参数表（表 2-20）可知，其额定转矩 $T_0 = 1.2\,\text{N} \cdot \text{m}$，额定转矩下的最大转速 $n_0 = 132\,\text{r/min}$，代入式（2-5）得 $P_0 = 0.017\,\text{kW}$。

表 2-20　GM6020 电动机特征参数表（额定电压下）

规格	参数
最大空载转速	320r/min
额定转矩（最大连续转矩）	1.2N · m
调速范围	空载下的调速范围：0~320r/min
	额定转矩下的调速范围：0~132r/min

可见，电动机功率符合负载所需功率。由于此处是按陀螺模式下的最大转速进行计算的，因此负载转矩超出了额定转矩，在普通模式下，例如自动瞄准时最大转速为 3rad/s，将其代入上述公式进行计算，负载转矩不超过额定转矩。

惯量匹配，是指负载的转动惯量与电动机的转子转动惯量之比需要在一个合适的范围内，否则运行过程易抖动。一般来说，此处的电动机最大转速为 6.6rad/s，属于低速运行，大概率不会抖动，再加上该电动机并未提供转子转动惯量这一参数，因此该部分内容省略。

（2）**受力分析**　在理论设计过程中，要遵循机械设计的原则和力学分析计算方法，特别是对于需要承重的零件，对其进行受力分析是必要的。图 2-67 所示为避振器的固定支架模型，底部直接安装在车架上，与立式固定座共同安装两个避振器，材料选用合金，采用数控铣床加工，其属性见表 2-21。

估算固定支架承受的其他零件的重量，采用计算机工程软件对模型进行静力学有限元分析，分析得出的结果包括应力分布和位移分布，从分析结果来确认其是否在实际允许的受力范围，超出范围则需优化零件结构。

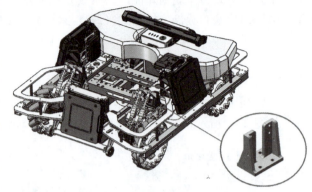

图 2-67　避振器的固定支架模型

表 2-21　避振器的固定支架的属性

名称	避振器固定支架
模型类型	线性弹性同向性
屈服强度	55.1485MPa
抗拉强度	124.084MPa

此处使用的静力学有限元分析是在云台和发射机构静止、不考虑其运动惯性、也忽略全部阻尼力的情况下进行的，能分析零件的位移、应力、应变和受力，将结果形象地表示出来。避振器固定支架响应的外力主要为立式固定座对其施加的力，有关的静力学方程如下

$$Ku = F \tag{2-6}$$

式中，K 为刚度矩阵；u 为位移向量；F 为载荷。

> 💡 有限元分析是将零件分成有限个分区或单元，将系统变为离散的多个分区，计算出每个分区的近似数值，再按照既定的规律合成一个系统，得出最终结果，且使之与原来系统的误差保持在可接受范围内。

在力学分析中，位移、应力、应变相互之间都有联系，可以查询手册，并用插值法找出这种关系各自对应的数值，由位移得出应变，又由应变得出应力，相关表达式如下

$$Bu = \varepsilon \tag{2-7}$$

$$\sigma = D\varepsilon = DBu \tag{2-8}$$

式中，B 为应变-应力矩阵；ε 为应变；σ 为应力向量；D 为张量矩阵。

联立式（2-6）、式（2-7）、式（2-8）可以求出各节点的应变、应力。

在已有模型的情况下，利用软件进行零件的有限元分析一般有以下几个步骤：设置材料属性（刚度矩阵 K），加载外部载荷（载荷 F），网格化（离散），计算出结果。材料选择为6061 铝合金，避振器固定支架底部与车架连接的安装孔被固定，侧面与立式固定座连接，因此其底部的螺纹孔和一侧面为受力面，施加力为 60N，网格划分如图 2-68 所示。合力见

表 2-22，经过以上步骤，运行实例后得到如图 2-69、图 2-70 所示的应力云图与位移云图。

表 2-22　避振器固定支架所受的合力

名称	x 轴总和	y 轴总和	z 轴总和	合力	单位
反作用力	−120.001	0.00147378	9.80198×10^{-5}	120.001	N
反作用力矩	0	0	0	0	N·m
自由实体力	0.00543931	−0.0244527	−0.0180682	0.0308865	N·m

图 2-68　网格划分示意图　　　　图 2-69　应力云图

图 2-69 所示避振器固定支架所受最大应力为 15.64MPa，比屈服强度 55.1485MPa（表 2-21）小得多。此处的仿真是将模型简化并忽略了许多实际因素，且受力的数据是按最大极限状况估算的，可作为参考，判断零件是否满足要求。由图 2-70 所示的位移云图可知最大位移为 2.341×10^{-2}mm，形变量非常小，实际形变并不明显，因此零件满足要求。参照上述步骤可对设计的零件进行静态仿真受力分析，若其不满足条件，则要设法优化结构，再进行分析，整个流程是循环动

图 2-70　位移云图

态的。此外，有条件的话还可以利用其他辅助软件进行动态的仿真分析，力求在这个过程中找出结构上可能存在的缺陷。

5. 机械装配与功能测试

一些关键的机械结构设计完成，并且经过初步的计算和分析后，需要选择合适的连接方式将这些零件组装起来。在零件被制造出来后，进行实际的装配。装配完成后，调试机器人的旋转、驱动等部件，使用测量仪器（皮尺、游标卡尺等）测量机器人的关键参数。

（1）构件连接方式　各种构件之间的连接方式需根据其尺寸大小、材料以及空隙空间

选用经济合适的，而为方便检修装卸，连接既要紧固，又要可以拆卸。因此，本设计中采用的构件连接方式见表 2-23。

表 2-23　构件连接方式

连接方式	特点	具体运用	配合	图示
螺栓连接	为方便拆卸，使用螺栓连接	底盘轮组部分的避振器固定板与避振器旋转板的连接	过渡配合	
螺钉连接	螺钉直接拧入被连接件的螺纹孔中，不用螺母。结构比螺栓简单，紧凑	车架与轮组之间通过铝合金制作的金属件连接，螺钉直接旋入其内嵌螺纹孔	过渡配合	
铆钉连接	铆钉是一种常用的紧固件，主要利用自身形变或过盈的特点连接两零件	防撞梁和飞坡导轮上使用铆钉代替螺栓和螺母固定框架碳纤维板与铝管的连接	过渡配合	
转接件连接	自制的铝合金转接件，针对两根型材之间进行直角连接，其安装孔内嵌螺纹，能快速地进行组合装配或拆卸	yaw 轴侧板和 yaw 轴前后板连接、弹仓侧板与底部连接	过渡配合	

（2）机械装配及注意事项　装配进行前，先清理工件，除去铁屑、冷却液、锈迹、灰尘等，用布或纸巾擦拭工件，仔细观察工件的表面，若有毛刺则要用刮刀或锉刀除去，或者用砂纸砂轮稍微打磨。清理零件活动接触的表面时要特别注意，在使用刮刀、锉刀的时候不要刮伤其表面。检查加工后的零件是否与设计相符，测量尺寸精度和误差，做好误差分析。另外，有些零件（比如轴承或回转类零件）装配时可以适当添加润滑油。

在进行螺栓连接时先不能使用太大的力拧得很紧，这样会影响拆卸，但也不能拧得太松，否则工件将会不稳定、不准确。装配之后若发现还需要加工调整，必须要先拆卸下来，再进行加工。拆装更换需要特别注意顺序，要留出足够的操作空间，而且尽量不要使用特殊工具，而多采用通用工具。

进行完上述步骤之后将工件妥善有序地放置在干净的位置，可以铺上一层布。如有必要还可戴上手套，以防止被工作台上残余铁屑刮伤，或者与某些零件发生碰撞。本设计大致装配步骤如下：

1）底盘。用螺栓、螺母和铜柱连接横梁和纵梁组成车架，底部安装场地交互模块；用螺钉、螺栓连接避振器、联轴器、电动机和麦克纳姆轮等构成一个完整轮组，组装好 4 个轮组；将 4 个轮组用铝合金连接件安装在车架上，注意对角线上的应用同一种旋向的麦轮（如 A 轮），另一对角线上安装另一种旋向的麦轮（如 B 轮）；组装好防撞梁和飞坡导轮，将其用螺栓连接到车架上，再分别安装电池与电池架、4 个装甲模块、1 个灯条模块、1 个主控模块和 1 个电源管理模块，完成底盘装配，如图 2-71 所示。

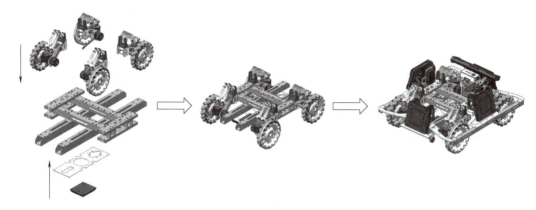

图 2-71　底盘装配示意图

2）云台。用螺钉通过安装板将内置电滑环的 yaw 轴电动机固定在车架横梁上，电动机穿过云台基座，通过蚊香板、垫环与交叉滚子轴承连接起来，注意电动机有盲孔的一端为上盖，朝底部安装，云台基座与轴承外圈连接，经铝柱支撑在车架纵梁上；用垫环将轴承内圈与 yaw 轴基座连接，外套尼龙外框，通过转接件组装云台支架；将 pitch 轴电动机与连杆组合安装在云台支架的一侧，另一侧经铝柱连接扩展板拓宽；最后通过两侧的轴承连接 pitch 轴转接件，组成完整云台；拨动云台 yaw 轴和 pitch 轴，观察旋转是否顺滑，pitch 轴是否有机械限位，如图 2-72 所示。

图 2-72　云台装配示意图

3）发射机构。从下到上装好外壳，将摩擦轮安装底板通过螺栓连接在 pitch 轴转接件上，再固定弹膛、摩擦轮及其电动机，弹膛前安装测速模块和红点激光器；将拨弹仓和拨弹电动机组装好，通过上接板与 pitch 轴转接件连接，组装好弹仓与舵机，安装在上接板上，其上再布置控制板和摄像头；两个电动机调速器分别安装在弹仓两侧面，以一个外罩全部遮挡，外罩上再固定图传模块，最后通过定位支架将 UWB 定位系统安装在 pitch 轴非电动机的一侧，发射机构装配完毕，如图 2-73 所示。

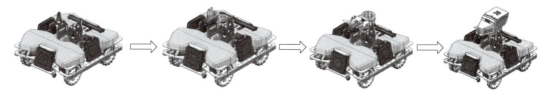

图 2-73　发射机构装配示意图

（3）**功能测试** 装配过程中有相对运动的部件可以拨动测试，例如云台 yaw 轴的旋转、pitch 轴的俯仰，看运动是否顺畅灵敏；又例如在发射系统拨弹仓部分，可以旋转电动机底部使电动机轴转动，观察拨弹盘和底部转盘是否跟随电动机轴正常转动，或者手动拨弹盘推动弹丸到出弹口，观察弹丸是否顺利出弹，过程是否卡顿等。如果遇到问题，应及时调整解决，优化结构。

根据团体标准 T/SSITS 401—2020 对机器人进行检测，检测记录见表 2-24，其余技术指标详见后续章节。

表 2-24　轮式移动机器人的主要参数

参数名称	数值	测试方法	是否达标
尺寸	565mm×488mm×460mm	长度与宽度：测量机器人在地面的最大正向投影尺寸 高度：测量机器人在侧边墙面的最大正向投影尺寸	是
刚度	—	从 0.2m 的垂直高度自由落体跌落三次，机体任意位置不出现损坏	是
爬坡度	30°	搭建坡度不等的斜面，遥控机器人依次匀速通过	是
云台负载	6kg	静态测试：加载 1.25 倍负载在限定高度内做静态检测，测试时间 15min，移动机器人本体及执行机构无永久性变形和损坏	是
云台运动范围	俯仰角：−20°～+20°	俯仰角：云台 pitch 轴与地面平行作为初始状态，控制其旋转至极限位置，根据电动机反馈数值得出范围	是
	旋转角：360°	旋转角度：检测 yaw 轴是否能进行整周的旋转运动	是
储弹量	直径 17mm 弹丸 350 发	将弹舱放满弹丸，弹舱盖能正常开关，得到的弹丸数量为储弹量	是

> 需要指出的是，上述机器人机械结构设计并不是最佳方案，仅可借鉴其中流程和步骤，选择性参考。

【本章小结】

移动平台和执行机构是机器人机械系统的两大组成部分，前者按驱动方式和驱动结构可以分为许多类型，最终都要实现移动功能；后者的机械结构千变万化，其中操作机和末端执行器结构较为典型，主要实现操作功能。

机器人移动平台以轮式驱动为主流，包括车架、悬架和车轮三大模块；执行机构则主要包括云台和发射机构，注重机器人结构模块化设计理念。

机器人结构设计与开发视具体应用场景而千差万别，但工作流程大同小异，包括需求分析、方案设计、结构设计、选材与制图、结构分析、装配与功能测试六个关键步骤。

【拓展阅读】

百变金刚"中国臂"

如今机器人的应用早已随着人类的足迹扩散至太空。2021 年，神舟十二号的 3 名航天员聂海胜、刘伯明、汤洪波进行中国空间站出舱活动。这次出舱，是空间站的机械臂首次配合航天员共同执行任务。甫一亮相，"中国臂"就稳稳地霸占"热搜榜"，大众所关注的机械臂其实就是机器人的执行系统，称为"天和机械臂"，而整个空间站都能看作它的移动平台。它是我国目前智能程度最高、规模与技术难度最大、系统最复杂的空间智能制造系统，其先进水平也同样处于世界前列。

机械臂展开长度为 10.2m（将来还可以与实验舱的机械臂拼接成长 15m 的组合机械臂）；总重 738kg，最大承载能力达到 $2.5×10^4$kg；拥有 7 个自由度，完全仿真人类手臂，因此灵活度极高；机械臂两端各有一个末端执行器，此外还有视觉传感系统。

1）空间站外表面爬行。按照预定计划，中国空间站的两个实验舱与核心舱需呈现 T 字形组合，然而这个形状并不能一次性形成，实验舱只能从空间站运行方向对接，这时就需要机械臂将实验舱挪到侧面的对接口，助其"一臂之力"。凭借两端的末端执行器与舱体表面适配器依次更替连接，即可随意在空间站舱体外部进行移动（图 2-74），而只需在空间站各个舱室表面安装上相应的适配器，就能让机械臂抵达任何位置。

2）辅助航天员出舱活动。神舟十二号任务中，航天员需要完成两次时间长达 6、7h 的出舱。借助空间站外表面广泛分布着的手柄装置，航天员可以进行小范围的出舱行走，而大范围转移就要用到机械臂辅助，以此提高出舱任务执行效率，如图 2-75 所示。

图 2-74　天和机械臂爬行

图 2-75　辅助航天员出舱活动

3）搬运货运飞船带来的货物。天和机械臂能够从货运飞船里搬运货物（图 2-76），帮助空间站完成建设。以天舟为例，该型货运飞船有全密封、半开放、全开放三种标准构型，其中半开放与全开放两种构型都可以承运舱外载荷，与空间站对接后，天和机械臂就会自动抓取和搬运货物。除舱外的天和机械臂，实验舱内也配置有一部展开长度为 5m 的小型机械臂，两者可对接组合成长度超 15m 的超长机械臂，并基于天和机械臂的舱体爬行功能，实现空间站外表面的全触达。

4）舱体检查。天和机械臂有一套视觉监视系统，肩部、腕部、肘部各有 1 台视觉传感器，其中肩部与腕部的视觉传感器是舱外状态监视与舱体表面状态检查的主要设备，可帮助

舱内航天员或地面人员进行空间站的故障排查工作（图2-77）。如果空间站外部有某个部位损坏，机械臂就可以先去观察情况，而不必让航天员出舱寻找故障点。

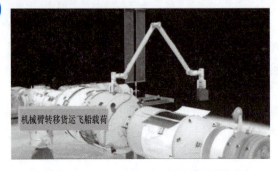

图 2-76　自动从货运飞船里取出货物

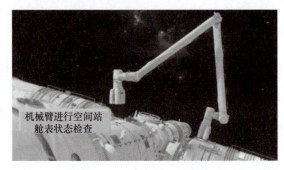

图 2-77　检查空间站舱体表面

除此之外，天和机械臂还有许多作用。例如转移核心舱的太阳能板，避免核心舱的部分光照被两个实验舱遮挡。又或者监视来访飞行器并捕捉，机械臂一端携带的视觉传感器系统可以"注视"来访飞行器，获得精准的运行数据。当飞行器与空间站的距离达到机械臂捕获范围内时，机械臂可以通过对接飞行器上的适配器，牢牢将其"抓"住。

作为一项集多种尖端技术的高端航天装备，天和机械臂当然不是横空出世，而是中国航天科技工作者多年奋斗的结晶。2007年开始就已启动空间站机械臂的研发，经过无数实验和实践，相关科研团队在关键技术、原材料选用、制造工艺、适应空间站环境的长寿命设计等方面实现突破和创新，并实现了核心零部件国产化，才终于造就中国空间站的大力神臂。

 【知识测评】

一、填空

1. 移动机器人的组成包括_____、_____和_____。

2. 机器人的每个活动关节都包含一个以上可独立转动（旋转）或移动的运动轴，腰、肩、肘三个关节运动轴合称为_____；腕关节运动轴称为_____。

3. 机器人的移动平台按驱动结构可分为_____结构、_____结构、_____结构和_____结构。

4. 用坐标特性来描述机器人的不同结构时，机器人被分为_____机器人、_____机器人、_____机器人和_____机器人。

二、选择

1. 复合机器人的操作机和末端执行器同属于机器人的（　　　）。

A. 移动平台　　　　B. 控制系统　　　　C. 机械系统　　　　D. 机械臂

2. 舵轮有（　　）个自由度。

A. 1　　　　　　　B. 2　　　　　　　C. 3　　　　　　　D. 4

3. 从驱动方式的角度来说，（　　　）分为单轮驱动、双轮驱动和多轮驱动。

A. 移动平台　　　　B. 控制系统　　　　C. 操作机　　　　D. 末端执行器

4. 复合机器人机械系统的组成部分不包括（　　　）。

A. 移动平台　　　　B. 操作机　　　　C. 控制器　　　　D. 末端执行器

5. （　　）为获得较大的力和力矩，需使用减速器进行间接驱动。

A. 液压驱动　　　　　B. 电驱动　　　　　C. 气压驱动　　　　D. 复合驱动

6. （　　）通常由弹性元件、减振器和导向装置组成。

A. 悬架　　　　　　　B. 车架　　　　　　C. 移动平台　　　　D. 车轮驱动

7. 全向轮包括麦克纳姆轮和（　　）。

A. 球轮　　　　　　　B. 正交轮　　　　　C. 连续切换轮　　　D. 舵轮

8. （　　）不属于操作机。

A. 四轮底盘　　　　　B. 机械臂　　　　　C. 机械手爪　　　　D. 关节驱动电动机

9. 为提高工业机器人的通用性，机器人手腕末端一般被设计成标准的机械接口（法兰或轴），用于安装作业所需的（　　）。

A. 末端执行器　　　　B. 云台　　　　　　C. 相机　　　　　　D. 手爪

三、判断

1. 电驱动（如步进电动机、伺服电动机等）是现代工业机器人最为主流的一种驱动方式，且大都是一个关节运动轴安装一台驱动电动机。　　　　　　　　　　　　　（　　）

2. 使用双轮驱动，通过综合控制来实现移动机器人全方位运动的驱动结构叫作全方位驱动。　　　　　　　　　　　　　　　　　　　　　　　　　　　　　　　　　　（　　）

3. 差速就是机器人的运动向量为每个独立车轮运动的总和。　　　　　　　　（　　）

4. 相同辊子方向的麦克纳姆轮要呈对角线配对安装。　　　　　　　　　　　（　　）

5. 云台根据自由度的不同可分为固定云台、电动云台和增稳云台。　　　　（　　）

第 **3** 章

hapter

机器人控制系统设计

本章通过介绍移动机器人控制系统的基本组成以及各功能模块的程序设计思路，并辅以轮式机器人控制系统设计的详实案例，帮助学习者全面认知机器人控制系统，熟悉机器人嵌入式控制系统设计与开发的工作流程，使其能对嵌入式系统程序设计的基本途径和技术有较为系统的了解。

 【学习目标】

知识学习

1）能够理解移动机器人嵌入式控制系统的组成，机器人驱动控制的原理以及认识各组成部分的结构特点和作用。

2）能够了解移动机器人嵌入式控制系统的开发环境，以及机器人驱动装置的通信组成。

能力培养

1）能够根据实际应用场景梳理机器人嵌入式控制系统的功能需求，从而对控制器的硬件进行设计分析。

2）能分析不同的机器人底盘特点，采用正确的运动学解算，以及运用常用运动控制算法进行闭环控制。

3）能熟悉驱动装置通信方式，对机器人的通信需求进行分析，合理的选择通信方式。

4）能够熟练使用 CubeMX 对单片机进行引脚和环境配置，并且使用 Keil5 进行开发编程。

素养提升

1）深刻理解移动机器人和其核心技术，从而提高自身的自主创新能力，寻求技术上的突破，实现产品的质量提升。

2）掌握了系统的内在机制，优化控制算法，提升整个系统的性能和稳定性。此外，通过精确的模拟测试和故障分析，可以对控制系统进行持续的改进，以应对复杂多变的环境条件，提升机器人控制系统的精确性和可靠性，为实现各种自动化任务提供强有力的支持，最终实现高质量的产品制造。

【学习导图】

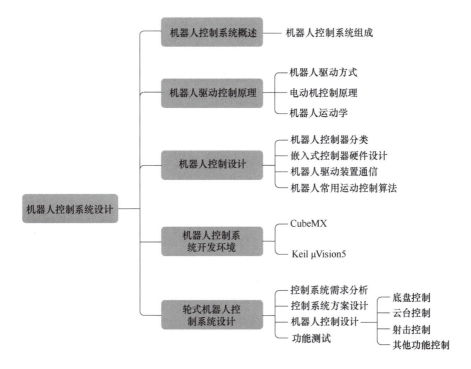

【大国重器】

制造变"智造"

随着技术的不断进步和应用需求的不断增长，移动机器人的应用领域已经从传统的制造业向更广泛的领域拓展，移动机器人广泛应用于多个领域：在工业领域，移动机器人可用于物料搬运、仓储管理和自动化生产线等；在医疗护理领域，移动机器人可以协助医护人员进行病房巡视、药物送达和康复训练等任务；在服务领域，移动机器人可用于酒店接待、导览和送餐等服务场景。随着新技术的继续普及与应用，移动机器人的应用领域还将进一步扩大。

移动机器人的移动机构有：轮式、爬行、履带、蛇形和步行移动机器人等方式。其中轮式移动机器人在自主移动机器人领域占有较为重要的地位，具有运动速度快、控制简单等特点，在自动码垛生产线、无人驾驶车辆、火星车等领域应用广泛。

自动化集装箱码头是无人运输的重要组成部分。这些码头通过高度信息化和全自动化系统实现高效精准的作业。例如，厦门远海集装箱自动化码头利用高度信息化、全自动化系统，持续推进新一代信息技术与码头业务的融合渗透。此外，天津港北疆港区 C 段智能化集装箱码头引入了全球智能化程度最高的智能水平运输机器人，实现了 L4 级别无人驾驶场景应用。

码头无人运输设备主要包括自动导引运输车（AGV）、自动跨运车（A-SHC）等。这些

设备能够自主导航和定位，在复杂的港口环境中实现精确定位和高效作业。例如，徐工港机与斯年智驾共同参与建设了全国首个传统码头全流程智能化改造项目，使用了多台无人运输设备。

智能物流系统在散货码头的应用也推动了无人运输的发展。通过 AI、人工智能、大数据、云计算、数字孪生等技术，散货码头实现了从货主、承运商、司机到客户的全链接协同支持。例如，南沙四期全自动化码头的信息系统可以自动发布指令，精准抓取并放置集装箱，AGV 通过智能算法规划路径，将集装箱运往目的位置。

智能物流系统工作现场早已不是"人海战术"，机器人技术越来越多地应用于装卸搬运作业，从而直接提高了工作的效率和效益。机器人可安装不同的末端执行器，来完成各种不同形状和状态的工件搬运工作，大大减轻了人类繁重的体力劳动。目前已广泛应用于工厂内部工序间的搬运，国际大型港口的物流系统以及自动搬运集装箱的持续运行。这些机器人出现后，不仅工作环境的空间可以得到充分利用，物料的搬运能力也得到了提高。

移动机器人一般由车体、蓄电和充电装置、驱动装置、转向装置、车上控制器、通信装置等组成。拥有末端执行器的 AGV，在控制底盘的同时需要对末端执行器发出指令进行货物的搬运。其中独立的 AGV 需要有机器人控制系统去处理指令，如电动机的驱动、货物的搬运以及导航系统的路径规划和避障等。对于不同底盘结构的 AGV 则需要采用正确的解算来对多电动机协同控制，才能实现底盘的准确移动。下面就请走进——移动机器人的控制系统设计。

【知识讲解】

3.1 机器人控制系统概述

基本的机器人控制系统由电源管理系统、状态感知系统、驱动系统、人机交互系统组成，其基本框架如图 3-1 所示。

1. 驱动系统

驱动系统为机器人控制系统的核心，其负责通过对各驱动装置进行控制，实现对机器人运动的控制。驱动系统内部集成了驱动装置控制算法与机器人运动控制算法，根据特定的算法，机器人能够严格按照用户的期望要求进行运动。驱动系统接受来自人机交互系统的信息，即用户输入至人机交互系统的控制指令，并将其转化为驱动装置或机器人的期望状态，用于机器人运动的控制。

2. 电源管理系统

电源管理系统负责对各系统进行电源管理，包括基本的电源通断、电流电压实时监控、电源安全保护等功能。进一步，联合其他系统并配合相关算法可实现对机器人的电源能耗的管理与优化。

电源管理系统主要由控制器与电源组成，对于复杂机器人系统可以单独设置一个控制器用于电源管理，而对于简易机器人系统，电源管理系统、状态感知系统、驱动系统、人机交互系统可共用一个控制器。

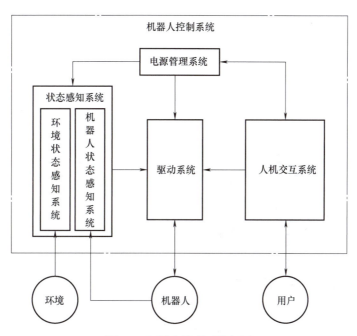

图 3-1　机器人控制系统框图

作为机器人"思维和判断"的中心，控制器是实现机器人传感、交互、控制、协作、决策等功能硬件以及若干应用软件的集合，是机器人"智力"的集中体现。在实际应用中，控制器的主要任务是根据任务程序指令以及传感器反馈信息支配机器人本体完成规定的动作和功能，并协调机器人与周边设备的信号通信。依据广义体系结构定义或者控制系统的开放程度，机器人控制器可划分为三类，即封闭式控制器、开放式控制器和混合式控制器（表 3-1）。出于技术保密考虑，机器人制造商提供给系统集成商或终端用户的基本是封闭式或混合式机器人控制器。

表 3-1　工业机器人控制器的类型

开放程度	体系结构特点
封闭式	由开发者或生产厂家基于自己的独立结构进行设计生产，并采用专用计算机、专用机器人语言、专用操作系统或者专用微处理器，虽然可靠性高，但使用者和系统集成商难以对系统进行扩展，集成新的硬件或软件模块非常困难，系统功能的升级只能依赖于特定的生产厂家
开放式	具有模块化的结构和标准的接口协议，其硬件和软件结构完全对外开放，使用者以及系统集成商可以根据需要进行替换和修改，而不需要依赖开发者或生产厂家，同时它的硬件和软件结构能方便地集成外部传感器、功能模块、控制算法、用户界面等
混合式	介于开放式和封闭式之间，其底层的控制功能一般是由生产厂家提供，采用基于模块的实现方式，模块内部的结构和实现细节一般不对用户开放或只有限开放，以保护厂商的知识产权和相关利益，但模块会提供各种功能接口，用户可以通过接口，对模块的功能和行为特性进行定制，并通过接口实现多个模块之间的互操作和协同工作

3. 状态感知系统

状态感知系统根据其感知的状态为外部状态或内部状态可分为环境状态感知系统和机器

人状态感知系统。环境状态感知系统负责采集与处理环境信息，机器人状态感知系统负责采集与处理机器人信息。

状态感知任务主要由传感器完成，就像人的活动需要依赖自身感官一样，机器人的运动控制离不开传感器。机器人需要先进的传感装置来丰富自己的"知觉"，以提升对自身状态和外部环境的"感知"能力，实现"感知-决策-行为-反馈"的闭环工作流程。感知模块种类繁多，如图3-2所示。

a) BMI088陀螺仪模块

b) MPU6050陀螺仪模块

图 3-2　感知模块

4. 人机交互系统

人-机器人交互（Human-robot Interaction，GB/T 12643—2013）是指人和机器人通过用户接口交流信息和动作来执行任务，人机交互系统负责人机之间的信息传输。用户将控制指令输入人机交互系统，随后由人机交互系统传送至其他系统，同时，人机交互系统将环境或机器人的指定状态信息反馈给用户。

3.2　机器人驱动控制原理

1. 机器人驱动方式

按动力源的类型划分，机器人的驱动可以分为液压驱动、气压驱动和电驱动三种（表2-4）。其中，电驱动（如步进电动机、伺服电动机等）是现代工业机器人最为主流的一种驱动方式，且大多是一个关节运动轴安装一台驱动电动机，因此本章重点围绕电驱动控制进行介绍。而电驱动机器人的驱动任务主要由驱动电动机与驱动电动机控制器两部分组成。

1）驱动电动机。驱动电动机（Drive Motor，GB/T 19596—2017）是指将电能转换成机械能为车辆行驶提供驱动力的电气装置，该装置也具备机械能转化成电能的功能。

2）驱动电动机控制器　驱动电动机控制器（Drive Motor Controller，GB/T 19596—2017）控制动力电源与驱动电动机之间能量传输的装置，可由控制信号接口电路、驱动电动机控制电路、驱动电路、功率电子模块等组成。

（1）直流电动机驱动方式　H桥式驱动电路为典型的直流电动机驱动电路，因其形状与字母"H"相似而得名，如图3-3所示。H桥式驱动电路包括四个三极管，分别位于"H"的四条腿，通过控制这四个三极管的导通与截止，能够轻易地实现电动机的正转、正转制动、反转、反转制动。

当三极管 Q_1、Q_4 导通，电流从电源正极经 Q_1 从左至右通过电动机，再经 Q_4 回到电源负极，如图 3-4a 所示。图中箭头为电流流向，在该电流作用下电动机顺时针转动。

当三极管 Q_2、Q_3 导通，电流从电源正极经 Q_2 从右至左通过电动机，再经 Q_2 回到电源负极，如图 3-4b 所示。图中箭头为电流流向，在该电流作用下电动机逆时针转动。

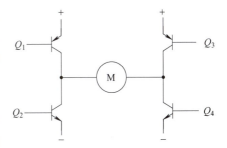

图 3-3 H 桥式驱动电路

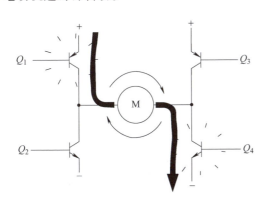
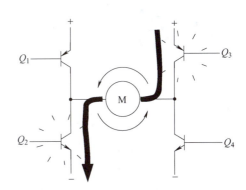

a) 电动机顺时针转动

b) 电动机逆时针转动

图 3-4 H 桥式驱动电路驱动电动机

然而上述基础的 H 桥式驱动电路在使用中存在一定风险：若同侧的三极管（Q_1 与 Q_2 或 Q_3 与 Q_4）同时导通，那么电流就会从正极通过两个三极管直接回到负极，而不通过电动机。由于电路中除了三极管外没有其他任何负载，所以电路上的电流将会突增，甚至可能烧坏三极管，因此需要使用其他硬件电路更有逻辑地控制三极管的导通。为方便开发使用，常将 H 桥式驱动电路与其他硬件电路进行封装制成集成电路，图 3-5 所示为意法半导体集团旗下量产的一款 H 桥式电动机驱动芯片 L298N 和直流电动机。

图 3-5 H 桥式电动机驱动芯片 L298N 和直流电动机

（2）伺服电动机驱动方式 伺服驱动器属于伺服系统的一部分，主要应用于高精度的定位系统。一般是通过位置、速度和力矩三种方式对伺服电动机进行控制，实现高精度的传动系统定位，是传动技术的高端产品。图 3-6 所示为松下伺服电动机及其驱动器。

（3）**步进电动机驱动方式** 步进电动机驱动器是一种将电脉冲转化为角位移的执行机构，图3-7所示为步进电动机及其驱动器。

图3-6 松下伺服电动机及其驱动器　　　　图3-7 步进电动机及其驱动器

当步进电动机驱动器接收到一个脉冲信号，它就驱动步进电动机按设定的方向转动一个固定的角度（称为步距角），它的旋转是以固定的角度一步一步运行的。可以通过控制脉冲个数来控制角位移量，从而达到准确定位的目的；同时可以通过控制脉冲频率来控制电动机转动的速度和加速度，从而达到调速和定位的目的。步进电动机特殊的定子、转子机械结构与运行方式使其在开环控制下也能获得良好的控制精度，但当其速度与负载超出能力范围，就会出现严重的失步现象，极大影响控制精度。为了保证位置负载或外部干扰下步进电动机的控制精度，可采用速度和位置检测装置，将其用于闭环系统。

对于伺服电动机、步进电动机等电动机，需要使用驱动器实现对它们的驱动。控制电动机的驱动器是多种复杂驱动电路的集成，而某些控制电动机的驱动器在此基础上还含有特殊控制器，因此可以代替主控制器承担电动机的控制任务。如伺服电动机驱动器内部集成了PID控制算法，主控制器只要向驱动器发送特定的信号，驱动器就能够根据主控制器输入的信号与电动机编码器反馈的信号对电动机进行精确控制，在多电动机控制情况下大大减少了主控制器的计算负担。

2. 电动机控制原理

通过H桥式驱动电路能够实现直流电动机的正转、正转制动、反转、反转制动，然而精确的速度、位置控制仍无法通过驱动电路实现。步进电动机在驱动器驱动下能够达到较好的精度，然而对于突增的外界负载则无法自动调整保证速度与位置精度。因此需要引入电动机控制原理，使电动机能够按照人为给定的期望状态进行运动，并且具有抵御外界随机扰动与系统模型参数不确定性的能力。

（1）**电动机控制系统** 开环控制系统与闭环控制系统虽然都可以实现对电动机进行精准的转速、位移、转矩或电流控制，但是由于闭环控制系统包含状态感知系统，并且其传感器能将电动机状态反馈至控制器，为控制器的决策提供数据支持，因此闭环控制系统相较于开环控制系统更具有鲁棒性，在存在未知的外界扰动或参数不确定性的环境下能够展现出更好的性能。

机器人内的电动机控制系统，常需要在具有负载不确定性、扰动不确定性的环境下工作，因此大多都是闭环控制系统。图 3-8 所示为电动机闭环控制系统框图，其中 $r(t)$ 为系统输入量，$y(t)$ 为系统输出量，$e(t)=r(t)-y(t)$ 为系统偏差。作为机器人控制系统中的子系统，与机器人控制系统不同的是，电动机控制系统中的执行机构往往由驱动电路与驱动器充当；控制对象为电动机自身状态（速度、加速度、转矩、电流等）而不是机器人自身状态。

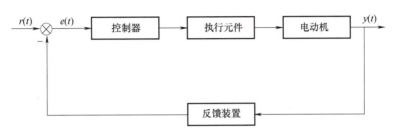

图 3-8　电动机闭环控制系统框图

对于不同的控制需求就需要确定相应的系统输入输出量及反馈装置。若需要控制电动机以设定的速度运行，那么电动机期望转速为系统的输入量，电动机实际转速为系统的输出量，选择转速传感器检测电动机实际转速并反馈。

当期望转速改变或外界扰动导致电动机的实际转速 $y(t)$ 与期望转速 $r(t)$ 不相等时，便会产生偏差信号 $e(t)$。随后控制器根据控制算法对偏差信号进行处理，从而输出控制信号增大或减小电动机转速，直至实际转速与期望转速相等。闭环电动机控制系统的控制过程就是检测偏差并根据特定控制算法用偏差消除偏差的过程。

（2）电动机控制技术

1）磁场定向控制（FOC）。无刷直流电动机通过输入到无刷电动机定子线圈上的电流，在绕组线圈周围形成一个绕电动机几何轴心旋转的磁场，随后这个磁场驱动转子上的永磁磁钢转动。因此无刷直流电动机的输出与磁钢数量、磁钢磁通强度、电动机输入电压大小等因素有关。

FOC 为无刷直流电动机控制技术的一种，是一种利用变频器控制三相电动机的技术。其通过调整变频器的输出频率、输出电压的大小及角度，来控制电动机的输出。RoboMaster C620 电子调速器（以下简称 C620 电调）使用了 FOC 控制技术，可驱动 RoboMaster M3508 电动机并实现速度、位置、力矩等控制。C620 电调采用 24V 供电，其输入为控制信号与电动机状态反馈信号，输出为三相电。C620 电子调速器如图 3-9 所示。

图 3-9　C620 电子调速器

2）脉冲宽度调制（PWM）。PWM 是一种模拟控制方式，这种方式能使电源的输出电压在工作条件变化时保持恒定，是利用微处理器的数字信号对模拟电路进行控制的一种非常有效的技术，广泛应用在测量、通信、功率控制与变换的许多领域中。

经过脉冲宽度调制生成的 PWM 信号如图 3-10 所示，其中脉宽 T_1 为一个高电平所占时

间。占空比是 PWM 信号的关键参数，通过改变占空比可以实时改变 PWM 信号所表示的电压值。

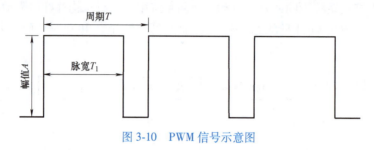

图 3-10　PWM 信号示意图

占空比 d 由脉宽 T_1 和周期 T 决定

$$d = \frac{T_1}{T} \times 100\% \tag{3-1}$$

PWM 信号所表示的电压值 U 由幅值 A 和占空比 d 决定

$$U = Ad \tag{3-2}$$

当幅值、周期不变时，PWM 信号的占空比越大则表示的电压值越大，占空比越小则表示的电压值越小。假设幅值为 5V，则占空比对 PWM 信号所表示电压值的影响如图 3-11 所示。

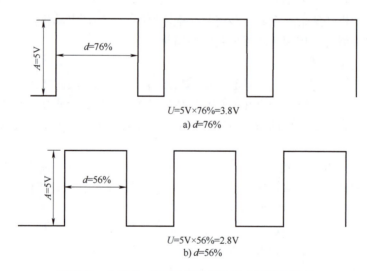

图 3-11　占空比对 PWM 信号所表示电压值的影响

若单片机 I/O 口高电平为 3.3V，低电平为 0V，则通过脉冲宽度调制技术可输出能在 0～3.3V 范围内实时变化的模拟电压信号。但由于单片机引脚电流较小、电压较低，且保护措施不足，故无法用单片机输出的 PWM 信号直接控制电动机。通过使用电动机驱动器，可将单片机输出的 PWM 信号做进一步调制，输出满足电动机工作要求的电压，从而实现单片机对电动机的间接控制。

C615 电调使用 32 位定制电动机驱动芯片，可驱动 Snail 2305 电动机实现精确灵敏的速度控制。C615 电调采用 24V 供电，其输入为 PWM 控制信号（最大兼容控制信号频率

500Hz，控制信号行程 400~2200μs），输出为三相电。使用时，C615 电调 PWM 信号线与单片机相连，电源线与 24V 电源相连，三相线与 Snail 2305 电动机相连。启动前需将 PWM 信号占空比设置在最小值（18.2%）附近，听到开机提示音后方可进行控制操作。C615 电调如图 3-12 所示。

图 3-12　C615 电调

3. 机器人运动学

不同的机器人驱动方式都能实现机器人从"静"到"动"的过程，然而仅让机器人动起来远远不能满足使其完成特殊任务的要求。为了让机器人按照人类期望的效果而"动"，就需要控制各种驱动装置按照期望运转，如机器人的前进、后退、侧移、转弯、自旋。

1）前进（Forward）。移动机器人的正（前）方向运动，保持航向角不变。

2）后退（Backward）。移动机器人的反（后）方向运动，保持航向角不变。

3）侧移（Crabwise）。移动机器人除了前、后方向以外的其他方向的运动，保持航向角不变。

4）转弯（Turning）。移动机器人沿路径切线方向的运动，发生航向角变化。

5）自旋（Rotating）。移动机器人以运动参考点为回转中心，进行的回转运动。

因此就需要引入机器人控制原理，通过控制器算法设计以及机器人模型建立，分析驱动装置运动状态与机器人运动状态之间的关系，使得机器人的状态能够通过驱动器进行精确控制。为便于理解，以下介绍三种轮式移动机器人的开环位姿控制解算方法。

（1）差速结构底盘控制解算　以前后采用万向轮、两侧采用驱动轮的差速结构底盘为例，机器人的运动模型如图 3-13 所示。

其中坐标系 $\{O_I\ \ X_I\ \ Y_I\}$ 为大地坐标系，坐标系 $\{O_B\ \ X_B\ \ Y_B\}$ 为机体坐标系，O_B 为机器人底盘的几何中心。R 和 r 分别为两驱动轮轴心的距离和驱动轮的半径，θ 是 X_B 轴正方向与 X_I 轴的夹角，为机器人的偏航角。设 v 和 ω 分别为机体坐标系下机器人的速度与角速度，v_l 和 v_r 分别为左轮和右轮的速度。通过进一步的数学分析，可得差速结构底盘机器人的正运动学模型如下：

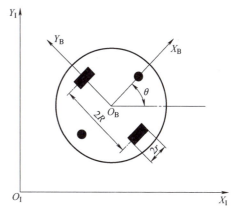

图 3-13　差速结构底盘机器人运动示意图

$$\begin{bmatrix} v \\ \omega \end{bmatrix} = \begin{bmatrix} 1/2 & 1/2 \\ 1/R & -1/R \end{bmatrix} \begin{bmatrix} v_r \\ v_l \end{bmatrix} \tag{3-3}$$

实际实现过程中，需要设计控制算法控制电动机输出所需的控制转矩，从而实现机器人

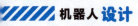

的定位定向，由于外部扰动的存在，需设计闭环控制算法使得机器人系统稳定，应用不同的控制算法，机器人系统在定位定向过程中会展现出不同的性能。

（2）**舵轮控制底盘解算**　以四舵轮底盘为例，机器人的运动如图 3-14 所示。

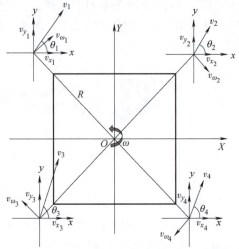

其中坐标系 $\{O \quad X \quad Y\}$ 为机体坐标系，Y 轴正方向为机器人正前方，O 为机器人底盘的几何中心，v_1、v_2、v_3、v_4 分别为 4 个电动机的转速，θ_1、θ_2、θ_3、θ_4 分别为舵轮的角度，M_1、M_2、M_3、M_4 为舵轮的转矩，v 为底盘平移速度向量，v_x、v_y 为速度向量 v 沿 X 轴、Y 轴的分量，ω 为底盘角速度（以逆时针方向为正）。通过进一步的数学分析，可得四舵轮结构底盘机器人的运动学模型如下：

图 3-14　四舵轮结构底盘机器人运动示意图

$$
\begin{bmatrix} v_x \\ v_y \\ \omega \end{bmatrix} \equiv \frac{1}{4} \begin{bmatrix} \cos\theta_1 & \cos\theta_2 & \cos\theta_3 & \cos\theta_4 \\ \sin\theta_1 & \sin\theta_2 & \sin\theta_3 & \sin\theta_4 \\ M_1 & M_2 & M_3 & M_4 \end{bmatrix} \begin{bmatrix} v_1 \\ v_2 \\ v_3 \\ v_4 \end{bmatrix} \qquad (3\text{-}4)
$$

四舵轮底盘数学解算如下：

左前轮　$v_1 = \sqrt{\left(v_{y_1} - v_{\omega_1}\cos45°\right)^2 + \left(v_{x_1} - v_{\omega_1}\sin45°\right)^2}$

$$\theta_1 = \arctan\frac{v_{y_1} - v_{\omega_1}\cos45°}{v_{x_1} - v_{\omega_1}\sin45°}$$

右前轮　$v_2 = \sqrt{\left(v_{y_2} - v_{\omega_2}\cos45°\right)^2 + \left(v_{x_2} - v_{\omega_2}\sin45°\right)^2}$

$$\theta_2 = \arctan\frac{v_{y_2} - v_{\omega_2}\cos45°}{v_{x_2} - v_{\omega_2}\sin45°}$$

左后轮　$v_3 = \sqrt{\left(v_{y_3} - v_{\omega_3}\cos45°\right)^2 + \left(v_{x_3} - v_{\omega_3}\sin45°\right)^2}$

$$\theta_3 = \arctan\frac{v_{y_3} - v_{\omega_3}\cos45°}{v_{x_3} - v_{\omega_3}\sin45°}$$

右后轮　$v_4 = \sqrt{\left(v_{y_4} - v_{\omega_4}\cos45°\right)^2 + \left(v_{x_4} - v_{\omega_4}\sin45°\right)^2}$

$$\theta_4 = \arctan\frac{v_{y_4} - v_{\omega_4}\cos45°}{v_{x_4} - v_{\omega_4}\sin45°}$$

假设机器人位置由机器人底盘几何中心 O 确定，那便可通过 v_x、v_y 确定机器人的速度，通过 ω 确定机器人的方向。即控制器只需根据人为给定的期望状态 v_x、v_y、ω 求解出电动机的期望速度 v_1、v_2、v_3、v_4，并对电动机进行速度设置，便可完成开环控制下的机器人系统的定位定向。

（3）**麦克纳姆轮底盘控制解算**　以四麦克纳姆轮 O-长方形分布底盘为例，机器人的运动如图 3-15 所示。

其中坐标系 $\{O\ \ X\ \ Y\}$ 为机体坐标系，Y 轴正方向为机器人正前方，O 为机器人底盘的几何中心，v_{ω_1}、v_{ω_2}、v_{ω_3}、v_{ω_4} 分别为 4 个电动机的转速（以逆时针方向为正），v 为底盘平移速度向量，v_x、v_y 为速度向量 v 沿 X 轴、Y 轴的分量，ω 为底盘角速度（以逆时针方向为正）。将 4 个麦克纳母轮的轴心进行连线，令其主对角线半长为 b，副对角线半长为 a。通过进一步地数学分析，可得四麦克纳姆轮 O-长方形分布底盘机器人的运动学模型如下：

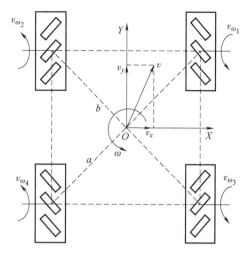

图 3-15　四麦克纳姆轮 O-长方形分布底盘
机器人运动示意图

$$
\begin{bmatrix} v_{\omega_1} \\ v_{\omega_2} \\ v_{\omega_3} \\ v_{\omega_4} \end{bmatrix} = \begin{bmatrix} 1 & -1 & a+b \\ 1 & 1 & a+b \\ -1 & 1 & a+b \\ -1 & -1 & a+b \end{bmatrix} \begin{bmatrix} v_x \\ v_y \\ \omega \end{bmatrix} \tag{3-5}
$$

假设机器人位置由机器人底盘几何中心 O 确定，那便可通过 v_x、v_y 确定机器人的位置，通过 ω 确定机器人的方向，并且这些状态皆可被 $v_\omega = \begin{bmatrix} v_{\omega_1} & v_{\omega_2} & v_{\omega_3} & v_{\omega_4} \end{bmatrix}^{\mathrm{T}}$ 控制。即控制器只需根据人为给定的期望状态 v_x、v_y、ω 求解出电动机的期望速度 v_{ω_1}、v_{ω_2}、v_{ω_3}、v_{ω_4}，并对电动机进行速度设置便可完成开环控制下的机器人系统的定位定向。

四麦克纳姆轮 O-长方形分布底盘数学解算如下：

右前轮　$v_{\omega_1} = v_x - v_y + (a+b)v_\omega$

左前轮　$v_{\omega_2} = v_x + v_y + (a+b)v_\omega$

右后轮　$v_{\omega_3} = v_x - v_y + (a+b)v_\omega$

左后轮　$v_{\omega_4} = v_x - v_y + (a+b)v_\omega$

💡 在轮式机器人的底盘多电动机协同控制中，以四麦克纳姆轮 O-长方形分布底盘为例，在上述已拥有单电动机驱动的能力下，我们将驱动四个独立电动机进行底盘全向运动。根据四麦克纳姆轮 O-长方形分布底盘机器人的运动学模型解算，可以得到各轮的分力，从而实现机器人全向移动的电动机动力分配。程序如下：

```
Void  Mecanum_Calculate(fp32 chassis_vx,fp32 chassis_vy,fp32 chassis_vw)
    {
        fp32  wheel_rpm[4];
        fp32  wheel_rpm_ratio;//车轮转速比
        fp32  rotate_ratio;//旋转比例
```

```
wheel_rpm[0]=(chassis_vx + chassis_vy-chassis_vw * rotate_ratio) *
    wheel_rpm_ratio;//右前电动机
wheel_rpm[1]=(-chassis_vx + chassis_vy-chassis_vw * rotate_ratio) *
    wheel_rpm_ratio;//左前电动机
wheel_rpm[2]=(chassis_vx-chassis_vy-chassis_vw * rotate_ratio) *
    wheel_rpm_ratio;//右后电动机
wheel_rpm[3]=(-chassis_vx-chassis_vy-chassis_vw * rotate_ratio) *
    wheel_rpm_ratio;//左后电动机 }
```

 ## 3.3　机器人控制设计

1. 机器人控制器分类

机器人控制器是机器人控制系统的核心部件，负责接收传感器数据、执行算法和进行逻辑分析，并发出指令驱动机器人完成任务。机器人控制器可以分为多种类型，根据不同的应用场景和需求，选择适合的控制器类型是非常重要的。常见控制器如下。

（1）**可编程逻辑控制器**　可编程逻辑控制器（Programmable Logic Controller，PLC）以其高可靠性、强大的抗干扰能力和简单的编程方式，在工业自动化领域中被广泛应用，是工业现场控制中使用广泛的一种控制器。它主要由控制器主体、输入输出模块、电源模块组成。PLC内部结构类似于计算机，具备强大的计算能力，并配备多样化的输入、输出接口，能够灵活应对复杂多变的生产环境。PLC可根据程序的需要对输入和输出进行逻辑运算和控制输出信号状态。其具有适应性强、可靠性高、控制精度高、安装和维护方便等优点，被广泛应用于自动化生产线、机器人控制系统等领域。

（2）**嵌入式控制器**　嵌入式控制器通常以硬件形式存在，以其体积小巧、功耗低、响应速度快等优势，成为很多复杂机器人任务的首选。它们通常采用ARM、DSP、FPGA等高性能处理器作为核心，并集成存储器、输入和输出接口等组件。

（3）**基于PC的控制器**　这类控制器以通用计算机为基础，具备强大的计算能力和丰富的软件资源，能够运行复杂的控制算法和操作系统。它们利用计算机的高速计算和图像处理能力，适合执行复杂的控制任务，如高级路径规划、视觉识别和人机交互等。

（4）**移动机器人专用控制器**　随着AGV/AMR技术的不断发展，对控制器的算力要求大幅提高，移动机器人专用控制器集成了成熟的导航和运动控制算法，具有功耗低、响应速度快、抗干扰能力强等特点。

嵌入式控制器和基于PC的控制器，分别适用于对实时性要求较高的机器人任务和需要进行多个机器人协作、图像处理及数据分析的应用场景。综上所述，机器人控制器的需求类型多种多样，应根据具体的应用场景、机器人类型、功能要求、性能要求和成本等因素进行选择。

2. 嵌入式控制器硬件设计

嵌入式控制器的硬件设计是一个复杂的过程，涉及多个方面，如处理器选择、电源的设计、通信接口的设计等。在设计嵌入式控制器时，还需要考虑实际的应用场景和需求，以及成本、体积、功耗等因素。通过合理的硬件选择和高效的软件实现，可以充分发挥嵌入式控制器的性能和灵活性。以下以 STM32 最小系统设计和 STM32 开发板设计，来简单的介绍一下嵌入式控制器的硬件设计的关键步骤与影响因素。

（1）**嵌入式控制器选型**　嵌入式控制器中的单片机是应用较广泛的一种控制器，它将整个计算机系统集成到一块芯片中，如图 3-16 所示。

单片机一般以某种微处理器内核为核心，根据某些典型的应用，在芯片内部集成 ROM/EPROM、RAM、总线、总线逻辑、定时/计数器、看门狗、I/O、串行口、脉宽调制输出、A-D、D-A、Flash RAM、EEPROM 等各种必要功能部件和外设。为适应不同的应用需求，对功能的设置和外设的配置进行必要的修改和裁减定制，使得一个系列的单片机具有多种衍生产品，每种衍生产品

图 3-16　STM32 单片机

的处理器内核都相同，不同的是存储器和外设的配置及功能的设置。这样可以使单片机最大限度地和应用需求相匹配，从而减少整个系统的功耗和成本。单片机的片上外设资源一般比较丰富，适合于各类需求，使之成为当前嵌入式系统应用的主流。最具代表性的有 STM32、8051/8052、MCS-96/196、PIC、M16C（三菱）、XA（Philips）和 AVR（Atmel）等系列。

（2）**STM32 最小系统**　单片机最小系统是指由最少部件组成的单片机可以工作的系统，是单片机能够正常运行的最低配置（图 3-17）。无论多么复杂的嵌入式系统都可以认为是由最小系统和扩展功能组成的。典型的最小系统由单片机芯片、供电电路、时钟电路、复位电路、启动配置电路和程序下载电路构成。其各个部分的作用如下：

1）单片机芯片。最小系统电路的核心，负责处理数据和运行程序。

2）供电电路。为 MCU（Microcontroller Unit）和其他电路提供稳定的电源。可能包括电压调节器、滤波电容等。

3）时钟电路。提供 MCU 运行所需的时钟信号，通常包括晶体振荡器和相关的电容。

4）复位电路。确保 MCU 在上电或需要时能够正确地启动和复位。

5）启动配置电路。确保了 MCU 在上电或复位后能够从正确的存储器区域开始执行程序。

6）程序下载电路。允许程序员将代码烧录到 MCU 中，并在开发过程中进行调试。这通常包括 JTAG、SWD、ISP 等接口。

（3）**STM32 开发板**　开发板是用来进行嵌入式系统开发的电路板（图 3-18），包括中央处理器、存储器、输入设备、输出设备、数据通路/总线和外部资源接口（包括 GPIO、UART、USB、SPI、I2C 以及 CAN 等）等一系列硬件组件，是高度集成的单片机应用系统。在 STM32 最小系统的基础上，用户可根据应用需求通过进一步布置外设并拓展接口来完成开发板电路的设计。

3. 机器人驱动装置通信

（1）**驱动装置通信方式**　通信方式按数据传输的流向和时间关系可以分为单工、半双工和全双工通信。

1）单工通信。单工通信是指消息只能单方向传输的工作方式。在单工通信中，通信的信道是单向的，发送端与接收端也是固定的，即发送端只能发送信息，不能接收信息；接收

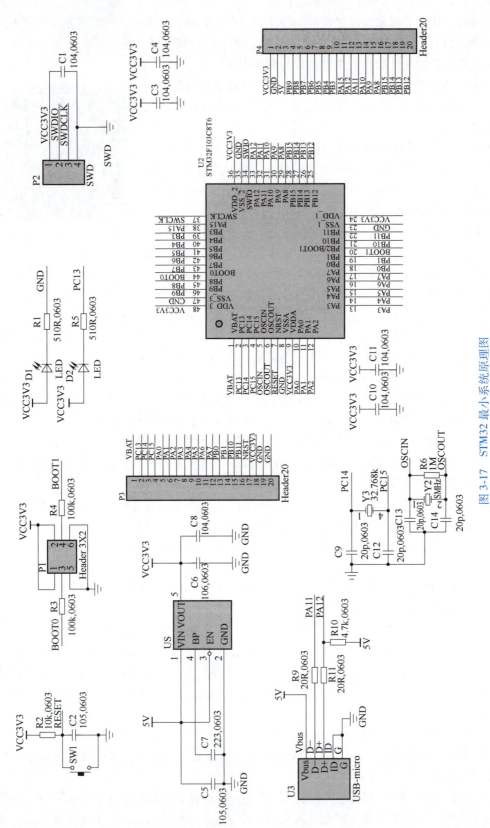

图 3-17 STM32 最小系统原理图

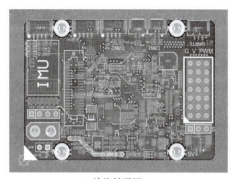
a) 渲染效果图

b) 实物图

图 3-18　开发板

端只能接收信息，不能发送信息。基于这种情况，数据信号从一端传送到另一端，信号流是单方向的。例如，生活中的广播就是一种单工通信的工作方式。广播站是发送端，听众是接收端。广播站向听众发送信息，听众接收获取信息。广播站不能作为接收端获取到听众的信息，听众也无法作为发送端向广播站发送信号。

2）半双工通信。半双工通信可以实现双向的通信，但不能在两个方向上同时进行，必须轮流交替地进行。在这种工作方式下，发送端可以转变为接收端；相应地，接收端也可以转变为发送端。但是在同一个时刻，信息只能在一个方向上传输。因此，也可以将半双工通信理解为一种切换方向的单工通信。例如，对讲机是日常生活中最为常见的一种半双工通信方式，手持对讲机的双方可以互相通信，但在同一个时刻，只能由一方在讲话。

3）全双工通信。全双工通信是指在通信的任意时刻，线路上存在 A 到 B 和 B 到 A 的双向信号传输。全双工通信允许数据同时在两个方向上传输，又称为双向同时通信，即通信的双方可以同时发送和接收数据。在全双工方式下，通信系统的每一端都设置了发送器和接收器，因此，能控制数据同时在两个方向上传送。全双工方式无需进行方向的切换，因此，没有切换操作所产生的时间延迟，这对那些不能有时间延误的交互式应用（例如远程监测和控制系统）十分有利。这种方式要求通信双方均有发送器和接收器。

理论上，全双工传输可以提高网络效率，但是实际上仍是配合其他相关设备才有用。例如必须选用双绞线的网络缆线才可以全双工传输，而且中间所接的集线器（HUB），也要能全双工传输；最后，所采用的网络操作系统也得支持全双工作业，这样才能真正发挥全双工传输的优势。例如，计算机主机用串行接口连接显示终端，而显示终端带有触摸式键盘。这样，一方面触摸式键盘上输入的字符送到主机内存；另一方面，主机内存的信息可以送到终端显示。通常，往触摸式键盘上打入 1 个字符以后，先不显示，计算机主机收到字符后，立即回送到终端，然后终端再把这个字符显示出来。这样，前一个字符的回送过程和后一个字符的输入过程是同时进行的，即工作于全双工方式。

按数据传输的同步方式可分为同步通信和异步通信。

1）同步通信。同步通信是位（码元）同步传输方式。该方式必须在收、发双方建立精确的位定时信号，以便正确区分每位数据信号。在传输中，数据要分成组（或称帧），一帧含多个字符代码或多个独立码元。发送数据前，在每帧开始处必须加上规定的帧同步码元序列，接收端检测出该序列标志后，确定帧的开始，建立双方同步。接收端从接收序列中提取

位定时信号，从而达到位（码元）同步。同步传输不加起、止信号，传输效率高，适用于2400bit/s 以上数据传输，但技术比较复杂。

2）异步通信。异步通信是字符同步传输的方式，又称起止式同步。当发送一个字符代码时，字符前面要加一个"起"信号，长度为 1 个码元宽，极性为"0"，即空号极性；而在发完一个字符后面加一个"止"信号，长度为 1、1.5 或 2 个码元宽，极性为"1"，即传号极性。接收端通过检测起、止信号，即可区分出所传输的字符。字符可以连续发送，也可单独发送，不发送字符时，连续发送止信号。每一个字符起始时刻可以是任意的，一个字符内码元长度是相等的，接收端通过止信号到起信号的跳变（"1""0"）来检测一个新字符的开始。该方式简单，收、发双方时钟信号不需要精确同步；缺点是增加起、止信号，效率低，适用于低速数据传输中。

按数据传输的顺序可以分为并行通信和串行通信。

1）并行通信。并行通信指的是数据以成组的方式，在多条并行信道上同时进行传输。常用的就是将一个字符代码的几位二进制码，分别在几个并行信道上进行传输。例如，采用8 单位代码的字符，可以用 8 个信道并行传输，一次传送一个字符，因此收、发双方不存在字符的同步问题，不需要加"起""止"信号或者其他信号来实现收、发双方的字符同步，这是并行传输的一个主要优点。但是，并行传输必须有并行信道，这带来了设备上或实施条件的限制。

2）串行通信。串行传输是构成字符的二进制代码在一条信道上以位（码元）为单位，按时间顺序逐位传输的方式。按位发送，逐位接收，同时还要确认字符，所以要采取同步措施。速度虽慢，但只需一条传输信道，投资小，易于实现，是数据传输采用的主要传输方式，也是计算机通信采取的一种主要方式。

（2）CAN 通信　CAN 通信属于半双工异步串行通信。CAN 是控制器局域网络（Controller Area Network）的简称，是由以研发和生产汽车电子产品著称的德国 BOSCH 公司开发的，并最终成为国际标准（ISO 11898），是国际上应用最广泛的现场总线之一，其网络结构如图 3-19 所示。

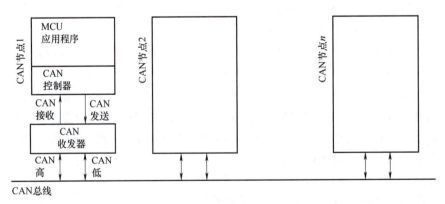

图 3-19　CAN 网络结构框图

以 C620 电调为例，开发板可通过 CAN 总线向 C620 电调输出控制信号，也可通过 CAN总线接收 C620 电调反馈的电动机状态信号；并且 Robomaster A 型开发板具有 24V 电源输出口，可直接向 C620 电调供电。因此在接线方面，Robomaster A 型开发板可直接与 4 个 C620 电调相连，C620 电调再与 M3508 电动机相连。

CAN 通信传输的帧类型共有 5 种（数据帧和遥控帧有标准格式和扩展格式两种格式），各帧的名称及用途见表 3-2。Robomaster A 型开发板与 C620 电调可使用标准格式的数据帧完成双向通信，其帧结构如图 3-20 所示。

表 3-2　CAN 通信的帧类型及用途

帧类型	帧用途
数据帧	用于发送单元向接收单元传送数据
遥控帧	用于接收单元向具有相同 ID 的发送单元请求数据
错误帧	用于当检测出错误时向其他单元通知错误
过载帧	用于接收单元通知其尚未做好接收准备
间隔帧	用于将数据帧及遥控帧与前面的帧分离开来

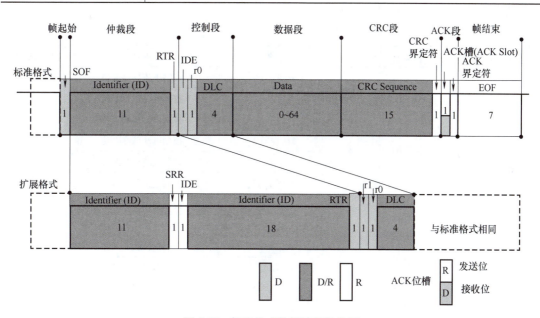

图 3-20　标准格式数据帧的结构图

数据帧可由以下 7 段构成：

1）帧起始段。表示数据帧开始的段。帧起始信号只有一个数据位，是一个显性电平，它用于通知各个节点将有数据传输，其他节点通过帧起始信号的电平跳变沿来进行硬件同步。

2）仲裁段。表示该帧优先级的段。标准格式数据帧该段由 ID（标准格式的 ID 为 11 位，扩展格式的 ID 为 29 位）、RTR 位构成：①ID 位在 CAN 通信中有着重要的作用，它不仅决定帧发送的优先级，接收节点也通过 ID 位对总线上的数据进行筛选；②RTR 位（Remote Transmission Request Bit），即远程传输请求位，它用于区分数据帧和遥控帧，当它为显性电平时表示数据帧，隐性电平时表示遥控帧。

3）控制段。表示数据的字节数及保留位的段。标准格式数据帧该段由 IDE 位、保留位 r0、DLC 位构成：①IDE 位（Identifier Extension Bit），即标识符扩展位，它是用于区分标准格式与扩展格式，当它为显性电平时表示标准格式，隐性电平时表示扩展格式；②保留位 r0 默认为显性电平；③DLC（Data Length Code）位，即数据长度码，它由 4 个数据位组成，用于表示该帧数据段字节长度（范围 0~8）。

4）数据段。数据的内容，一帧可发送 0~8 个字节的数据。

5）CRC 段。检查帧的传输错误的段。

6）ACK 段。表示确认正常接收的段。

7）帧结束段。表示数据帧结束的段，由 7 个隐性位构成。

C620 电调遵循特殊的 CAN 信号接收、发送报文格式，即开发板发送特定格式的帧才能被 C620 电调所接收，C620 电调所发送的帧需要根据其格式判断数据的意义，因此需要在软件方面设计相应数据处理模块。

C620 电调 CAN 信号接收报文格式见表 3-3，控制电流值范围为 −16384~16384，对应电调输出的转矩电流范围为 −20~20A。

表 3-3　C620 电调 CAN 信号接收报文格式

帧 ID	帧格式	帧类型	DLC	数据域	内容	电动机 ID
0x200	数据帧	标准帧	8	DATA［0］	控制电流值高 8 位	1
				DATA［1］	控制电流值低 8 位	
				DATA［2］	控制电流值高 8 位	2
				DATA［3］	控制电流值高 8 位	
				DATA［4］	控制电流值高 8 位	3
				DATA［5］	控制电流值高 8 位	
				DATA［6］	控制电流值高 8 位	4
				DATA［7］	控制电流值高 8 位	
0x1FF	数据帧	标准帧	8	DATA［0］	控制电流值高 8 位	5
				DATA［1］	控制电流值低 8 位	
				DATA［2］	控制电流值高 8 位	6
				DATA［3］	控制电流值高 8 位	
				DATA［4］	控制电流值高 8 位	7
				DATA［5］	控制电流值高 8 位	
				DATA［6］	控制电流值高 8 位	8
				DATA［7］	控制电流值高 8 位	

C620 电调 CAN 信号反馈报文格式见表 3-4，默认数据传输频率 1000Hz，转子机械角度值范围为 0~8191，对应转子机械角度 0~360°，转子转速值的单位为 r/min，电动机温度值单位为℃。

开发板与电子调速器之间可采用 CAN 通信，同样，开发板与开发板之间也可采用 CAN 通信。

表 3-4 C620 电调 CAN 信号反馈报文格式

帧 ID	帧格式	帧类型	DLC	数据域	内容
0x200+电调 ID	数据帧	标准帧	8	DATA［0］	转子机械角度高 8 位
				DATA［1］	转子机械角度低 8 位
				DATA［2］	转子转速高 8 位
				DATA［3］	转子转速低 8 位
				DATA［4］	实际转矩电流高 8 位
				DATA［5］	实际转矩电流低 8 位
				DATA［6］	电动机温度
				DATA［7］	Null

STM32 芯片具有 CAN1 和 CAN2 两条 CAN 总线，其中 CAN1 为主 CAN，用于管理 CAN 与 512 字节 SRAM 存储器之间的通信；CAN2 为从 CAN，无法直接访问 SRAM 存储器，这两个 CAN 单元共享 512 字节 SRAM 存储器。CAN1、CAN2 资源配置及关联如图 3-21 所示。

从图 3-21 中不难看出 CAN1 为主机，CAN2 为从机，CAN2 是基于 CAN1 的。因此须在对 CAN2 的初始化配置前完成对 CAN1 的初始化配置。

（3）UART 通信 UART 串口通信是一种异步串行全双工通信方式，tx 端用于数据发送，rx 端用于数据接收。机载主机与云台开发板之间使用 UART 进行通信，需要人为规定其通信协议，如图 3-22 所示。

例如赛项机器人使用 Robomaster DT7 控制器搭配 DR16 接收机完成对底盘的控制。DR16 接收机输出信号为 DBUS 信号，DBUS 信号与 UART 信号电平相反。Robomaster A 型开发板 DBUS 接口处设有取反电路，因此 DBUS 信号在 A 型开发板内部可当作 UART 信号进行识别与处理，如图 3-23、图 3-24 所示。控制器通道与拨杆定义如图 3-25 所示。

Robomaster DT7 控制器工作频率为 2.4GHz ISM，通信距离为 1km（开阔室外），共 7 个通道。DR16 接收机信号输出遵循 DBUS 协议，当控制器与接收机建立连接后，接收机每隔 14ms 向主控板发送一帧 18 字节数据，主控板的程序对数据进行解包并为变量赋值，从而实现对机器人的控制。遥控控制链路如图 3-26 所示，数据解包与赋值信息见表 3-5。

表 3-5 数据解包、赋值信息

解包操作	赋值变量	变量含义
（rx_message. Data［0］|（rx_message. Data［1］<<8））& 0x07ff	RC_Ctl. rc. ch0	控制器通道 0 数值
（（rx_message. Data［1］>>3）|（rx_message. Data［2］<<5））& 0x07ff	RC_Ctl. rc. ch1	控制器通道 1 数值
RC_Ctl. rc. ch2 =（（sbus_rx_buffer［2］>>6）|（sbus_rx_buffer［3］<<2）|（sbus_rx_buffer［4］<<10））& 0x07ff	RC_Ctl. rc. ch2	控制器通道 2 数值
RC_Ctl. rc. ch3 =（（sbus_rx_buffer［4］>>1）|（sbus_rx_buffer［5］<<7））& 0x07ff	RC_Ctl. rc. ch3	控制器通道 3 数值
（（rx_message. Data［3］>>4）& 0x000C）>>2	RC_Ctl. rc. s1	控制器 S1 拨杆值
（（rx_message. Data［3］>>4）& 0x0003）	RC_Ctl. rc. s2	控制器 S2 拨杆值
RC_Ctl. rc. sw = （sbus_rx_buffer［16］|（sbus_rx_buffer［17］<<8））& 0x07FF	RC_Ctl. rc. sw	控制器通道 SW 数值

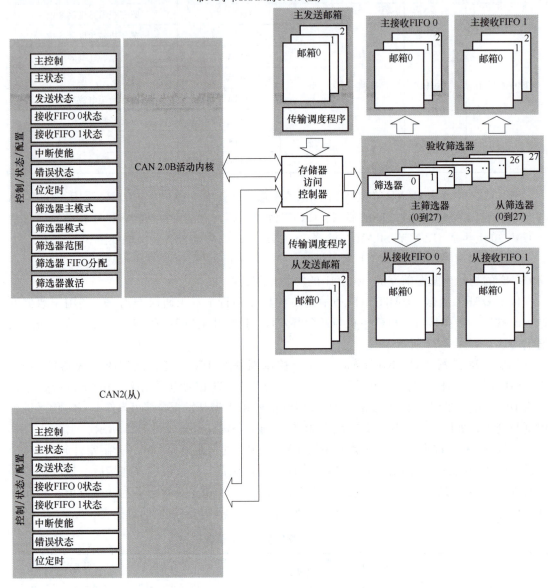

图 3-21　双 CAN 框图

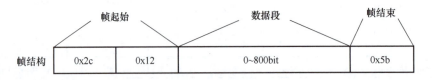

图 3-22　机载主机与云台开发板之间的 UART 通信协议

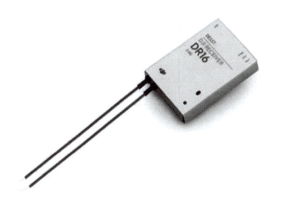

图 3-23 Robomaster DT7 控制器　　　　　图 3-24 DR16 接收机

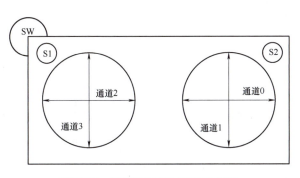

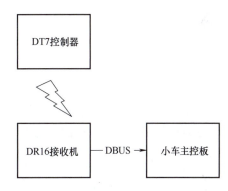

图 3-25 控制器通道与拨杆定义图　　　　图 3-26 控制链路示意图

4. 机器人常用运动控制算法

底盘在实际运行当中会受到各种各样的干扰，由于开环系统无法较好克服外界的扰动，因此电动机实际转速往往无法达到期望转速。一个良好的闭环系统能够克服外界扰动，不仅能使电动机实际转速跟随期望转速，还能满足电动机控制精度、响应速度、稳定性等方面的要求。

（1）经典 PID 控制算法　它是一种闭环系统控制算法，其出现于 20 世纪 30~40 年代，是工业中应用最为广泛、技术最为成熟的一种控制算法。PID 控制算法的一大优势是无需对被控系统进行精确建模，因此它能较好地解决复杂系统的控制问题。理论分析以及实际运行表明，运用经典 PID 控制算法对一般线性与非线性系统进行控制，都能得到较好的效果。经典 PID 控制算法的实质是由给定输入值 r 和实际输出值 y 得到偏差 e，将偏差 e 的比例、积分、微分通过线性组合构成控制量控制被控对象。其算法结构如图 3-27 所示。

偏差 $e(t)$ 与实际输出值 $y(t)$ 构成为

$$e(t) = r(t) - y(t) \tag{3-6}$$

将偏差按照比例、积分、微分的函数关系进行运算，便可得连续的 PID 算法公式：

$$u(t) = K_\mathrm{p}\left[e(t) + \frac{1}{T_\mathrm{i}}\int_0^t e(t)\,\mathrm{d}t + T_\mathrm{d}\frac{\mathrm{d}e(t)}{\mathrm{d}t} \right] \tag{3-7}$$

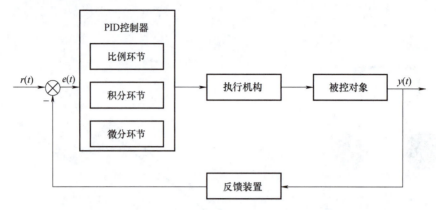

图 3-27　经典 PID 控制算法结构框图

式中，K_p、T_i、T_d分别为比例系数、积分时间常数、微分时间常数。令

$$K_i = \frac{K_p}{T_i}, K_d = K_p T_d$$

则有

$$u(t) = K_p e(t) + K_i \int_0^t e(t)\,\mathrm{d}t + K_d \frac{\mathrm{d}e(t)}{\mathrm{d}t} \tag{3-8}$$

式中，K_i、K_d分别为积分系数、微分系数。

　　然而在数字系统中数据的采样是离散的，故须对算法进行离散化。离散的 PID 算法公式如下：

$$u(k) = K_p e(k) + K_i \sum_{i=0}^{k} e(i) + K_d \left[e(k) - e(k-1) \right] \tag{3-9}$$

式中，$e(k)$ 为当前采样周期所得偏差；$e(k-1)$ 为上一采样周期所得偏差。

　　通过改变 K_p、K_i、K_d这三个系数能够改变系统特性，调整被控系统的偏差，使系统趋于稳定。因此 K_p、K_i、K_d三个参数的整定是经典 PID 控制算法设计的关键。由于这三个参数对系统性能有着不同的影响，故可根据参数与控制系统稳态、动态性能之间的定性关系，用实验的方法来整定这三个参数。

　　增大比例系数 K_p有助于提高系统的调节精度，加快系统的响应速度。但 K_p过大易产生超调，使系统稳定性变差；K_p过小则会降低系统的调节精度，减缓系统的响应速度。因此 K_p的选择需要适中，过大或者过小都会弱化系统的静态、动态性能。

　　增大积分系数 K_i有助于消除系统的稳态误差。K_i越大，系统的稳态误差越小且稳态误差消除越快。但 K_i过大则会产生积分饱和现象，且会助长超调；K_i过小将无法消除系统的稳态误差，使控制系统的精度大大降低。

　　一个具有高鲁棒性的控制系统，需要同时具有较好的静态、动态性能。而 PID 控制器的比例环节与积分环节是根据已发生的偏差 e进行调节，属于事后调节，因此对于突变的输入量或外部扰动，仅有比例环节与积分环节无法较好地克服。微分环节的预测作用能够很好地克服突变的输入量或外部扰动，一旦输入量有变小或变大的趋势，比例环节便会马上输出一个控制量来抑制这种变化。增大微分系数 K_d即增强系统的预测作用，有助于提高系统的动态性能。但 K_d 过大将使系统响应提前制动，反而会延长系统的调节时间，降低系统的抗干扰性能。

> 串级 PID 就是在原 PID 控制块的前面再接一个 PID 控制块，称为外环。下面是一个串级 PID 控制的例子，外环是位置（角度）环，内环是速度（角速度）环，最终的执行器是电动机，电动机输出产生了速度（角速度）和位置（角度），具体框图如图 3-28 所示。

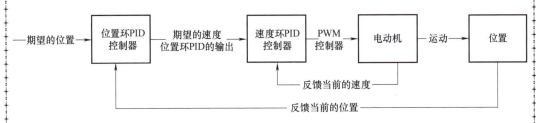

图 3-28 串级 PID 控制结构框图

但是外环 PID 想要直接获取到当前的位移是比较困难的，可进行一些处理来间接获取，如图 3-29 所示。

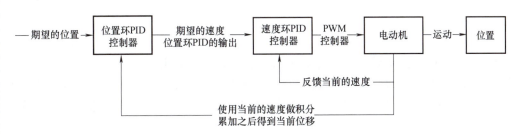

图 3-29 处理后串级 PID 控制结构框图

以小车底盘运动为例，整个小车系统的核心控制点在于其速度。小车的任务丰富多样，其中一项关键任务是准确抵达指定位置。尽管单级 PID 控制系统能够有效调节小车速度，力求在特定时刻迅速接近预设速度值，但它却无法直接控制小车的加速度变化。若要使小车仅通过单级 PID 控制实现复杂路径规划，如起点至终点的快速且平稳行驶（初期加速，接近终点时减速），则要求系统持续动态调整速度期望值，这在实际操作中显得尤为繁琐且低效。期望的是，当给定一个目标位置时，小车能够智能地规划其运动轨迹，初始阶段采用较大的加速度迅速加速，以缩短行驶时间；而在接近终点时，则适时减速，确保平稳停靠。为实现这一复杂而精细的控制需求，单级 PID 控制显得力不从心。

因此，引入串级 PID 控制系统成为必然选择。串级 PID 通过在单级 PID 之前增设一级控制层，能够预先规划并输出一个合理的速度变化曲线。这一速度曲线巧妙融合了加速与减速的需求，使得底层的单级 PID 控制器能够据此精确调节小车速度，从而实现先加速后减速的平滑运动过程，极大地提升了系统的响应速度与控制精度。

（2）**主动扰动抑制控制**（Active Disturbance Rejection Control，ADRC） 它是一种新型的控制算法，具有较强的抗干扰能力和适应性，适用于各种动态系统的控制。ADRC 算法的核心思想是通过建立对系统扰动的动态补偿模型来实现对扰动的实时估计和补偿。它不依赖于系统的精确数学模型，而是通过对系统的扰动进行实时观测和估计，从而抑制其对系统控制性能的影响。图 3-30 所示是 ADRC 算法框架。

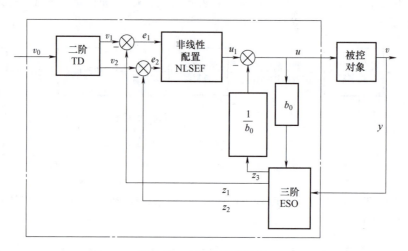

图 3-30　ADRC 算法框架

从图 3-30 中看到 TD 只有输入 v_0（系统的目标值），其输出的 v_1 为 v_0 的过渡过程，例如 v_0 原先是 0，突然将 v_0 改成 10，那么 v_0 就有个突变，而 v_1 不会随 v_0 突变，而是慢慢的爬升到 v_0，不会有静差也不会有超调，v_1 的爬升时间取决于 TD 参数的调整，也可以调整成跟随 v_0 突变。v_2 是 v_1 的导数，即 v_1 的微分。

图 3-30 中，v_0 为目标速度，v 为实际速度，v_1 为跟踪速度，v_2 为跟踪加速度，z_1 为观测速度，z_2 为观测加速度，z_3 为观测扰动。

从图 3-30 中可以看出 ESO 的输入有两项，一项是反馈值 y，另一项是输出值 $u*b_0$（b_0 被称为系统系数）。输出则为 z_1、z_2、z_3；z_1 和 z_2 是被称为系统的两个状态，z_1 的数值是跟随着反馈值 y 的，假若系统闭环成功的话，z_1、y、v_1 三个数值应该是一样的。z_2 是跟随 y 的微分的，假若系统闭环成功的话，z_2、y 的微分、v_2 三个数值应该是一样的。z_3 是系统扩张的一个状态，观测的是系统的总扰动，同时 z_3 也是自抗扰的关键所在。

NLSEF 的输入是 $e_1(e_1=v_1-z_1)$、$e_2(e_2=v_2-z_2)$，其输出是 u_1，u_1 并没有叠加系统总扰动补偿，它只是 NLSEF 的输出，并不是系统的最终输出。系统最终的输出是直接作用到被控对象的量 $u(u=u-z_3/b)$。

（3）**线性二次型调节器**（Linear Quadratic Regulator，LQR） 它是一种广泛应用于现代控制理论中的最优控制方法，其核心思想是通过最小化一个定义良好的二次型代价函数来设计出能够引导系统达到预定性能指标的控制策略。LQR 控制通过对系统的状态和输入进行加权求和，计算出最优的控制量，从而实现系统的最优性能。LQR 控制框图如图 3-31 所示。

LQR 控制系统通常由三大部分组成，即：系统模型、控制器、观测器。代价函数是

LQR 控制中关键的一部分，它表示为时间关于状态变量和控制变量的二次函数，数学表达式为

$$J = \int_0^\infty \left(\boldsymbol{x}^{\mathrm{T}} \boldsymbol{Q} \boldsymbol{x} + \boldsymbol{u}^{\mathrm{T}} \boldsymbol{R} \boldsymbol{u} \right) \mathrm{d}t \tag{3-10}$$

式中，$\boldsymbol{x}$ 表示系统状态变量，$\boldsymbol{u}$ 表示控制输入，$\boldsymbol{Q}$ 和 $\boldsymbol{R}$ 是加权系数矩阵。在这个问题中，假设整个实验时间 t 为有限值。该代价函数可以看作是综合了系统状态变量和控制变量加权平方和的能量度量。通过不断改变代价函数的构造方式和权重矩阵，可以得到不同控制策略的结果。

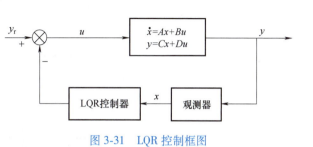

图 3-31　LQR 控制框图

当 $\boldsymbol{Q}$ 和 $\boldsymbol{R}$ 不同时，得到的最优解也会不同。通过调整 $\boldsymbol{Q}$ 和 $\boldsymbol{R}$ 的相对大小，可以实现对系统不同方面的控制需求，例如想要提高系统的稳定性或者减少控制器对输入扰动的敏感度等。总之，LQR 的代价函数和 $\boldsymbol{Q}$、$\boldsymbol{R}$ 矩阵在计算最优的状态反馈增益矩阵时起重要作用，代价函数表示控制效果的好坏，$\boldsymbol{Q}$、$\boldsymbol{R}$ 矩阵则体现了控制目标和能力的权衡关系。通过调整加权系数，可以实现对系统不同方面的控制需求。

LQR 控制中的增益矩阵 $\boldsymbol{K}$ 是一种常用的状态反馈控制。控制器可以表示为 $\boldsymbol{u} = -\boldsymbol{K}\boldsymbol{x}$，其中 $\boldsymbol{u}$ 是控制输入，$\boldsymbol{x}$ 是状态向量，$\boldsymbol{K}$ 是增益矩阵。状态反馈控制结构如图 3-32 所示。

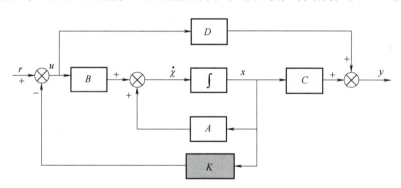

图 3-32　状态反馈控制

3.4　机器人控制系统开发环境

1. CubeMX

CubeMX 是 STM32Cube 工具家族中的一员，从 MCU/MPU 选型、引脚配置、系统时钟以及外设时钟设置，到外设参数配置、中间件参数配置，其为 STM32 开发者们提供了一种简单、方便并且直观的方式来完成这些工作。所有的配置完成后，它还可以根据所选的 IDE 生成对应的工程和初始化 C 语言代码。除此以外，CubeMX 还提供了功耗计算工具，可作为产品设计中功耗评估的参考。而且它包含了 STM32 所有系列的芯片，包含示例和样本、中间组件、硬件抽象层。CubeMX 功能如图 3-33 所示。

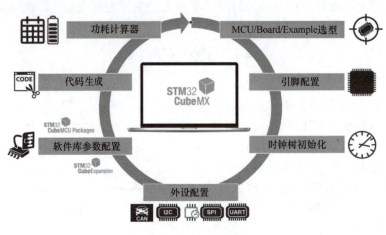

图 3-33　CubeMX 功能图

（1）**安装 CubeMX 软件**　可以从 ST 官网下载 CubeMX，选择与自身计算机的操作系统相符合的版本。例如计算机的操作系统为 Windows，可在如图 3-34 所示界面选择第三项进行下载并解压安装。

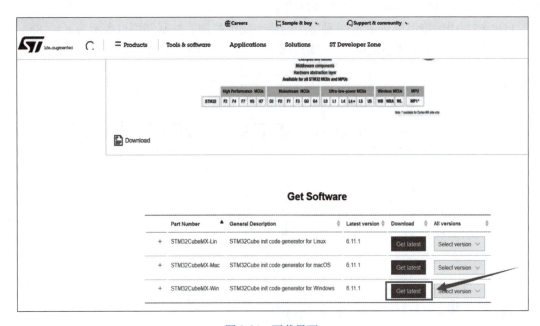

图 3-34　下载界面

（2）**使用 CubeMX 软件**　进入程序后，我们从选择 MCU/MPU 型号开始，在如图 3-35 所示界面中 "MCU/MPU Selector" 标签页下，可以按照 Flash/RAM 大小、外设、封装、价格等条件来筛选符合应用需求的产品型号。如果有人工智能方面的应用需求，可以使能 AI 筛选项后，选择要使用的神经网络模型、拓扑结构和压缩比，CubeMX 会计算大致需要的 FLASH 和 RAM 大小，同时在右侧的列表栏中列出满足要求的 MCU 型号，进而帮助选出适宜的 MCU 型号，进行图形化配置。

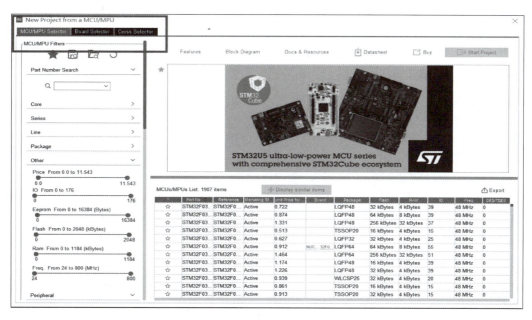

图 3-35　芯片选择界面

　　创建一个新的 CubeMX 工程后，就会打开如图 3-36 所示的配置窗口。配置窗口有四个标签页："Pinout&Configuration""Clock Configuration""Project Manager""Tools"。

　　在如图 3-36 所示界面中，我们可以进行引脚配置、时钟树初始化、外设配置等。在"Pinout&Configuration"标签页面的左边一栏，所有的外设被分成：系统内核、模拟、定时器、通信、多媒体、安全和计算几个组进行显示。如通信（connectivity）组，可以配置 CAN、串口、I2C 这些外设等，同时单击芯片上的引脚也可进行引脚功能配置。

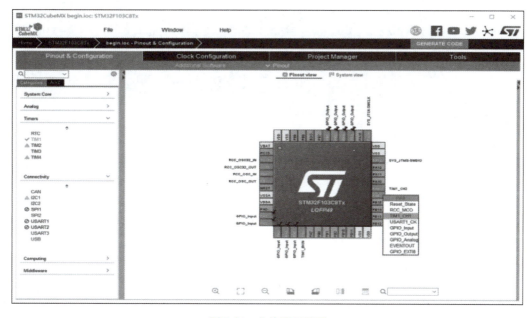

图 3-36　芯片配置界面

在 "Clock Configuration" 标签页面，可以看到整个 MCU 的时钟树结构，包括系统的时钟源、时钟路径、分频和倍频等。

在 "Project Manager" 标签页面，待所有的参数都设置好后，单击 "GENERATE CODE"，CubeMX 就开始创建工程了。需要注意选择不同的项目结构，选择不同的 Cube 库版本，设置代码相关选项。

在 "Tools" 标签页面，可以对系统进行功耗评估，在 "Tools-PCC" 标签页下，功耗评估工具页面中：选择电池的容量，添加运行模式及持续时间，CubeMX 将会计算出系统的平均功耗以及电池的寿命。此为理论计算值，可作为产品设计的参考。

2. Keil μVision5

使用 STM32 单片机进行开发之前，需要搭建相应的开发环境。STM32 的开发方式有基于寄存器开发、基于标准库开发、基于 HAL 库开发等。下面以基于 HAL 库开发为例，介绍开发环境的搭建。

（1）**安装 Keil MDK 软件** Keil MDK，也称 MDK-ARM。该软件提供了包括 C 语言编译器、宏汇编、链接器、库管理和仿真调试器等在内的完整开发方案，通过一个集成开发环境将这些部分组合在一起，为基于 Cortex-M 内核的处理器提供了一个完整的开发环境。Keil μVision5 软件界面如图 3-37 所示。

图 3-37　Keil μVision5 软件界面

（2）**安装下载器驱动** 经编译完成的程序需要通过下载器烧录至单片机，常用的下载器有 J-Link、ST-Link，如图 3-38 所示。J-Link 下载器烧录时遵守 JTAG 协议或者 SWD 协议，ST-Link 下载器烧录时遵守 SWD 协议。

向单片机烧录程序时需要将 PC 机与开发板通过下载器进行连接，因此要在 PC 上安装相应下载器的驱动，以使 PC 机能够正常识别下载器。J-Link 与 ST-Link 的驱动程序均可在对应官方网站中下载。

a) J-Link下载器　　　　　　　　　b) ST-Link下载器

图 3-38　下载器

【设计案例】

轮式机器人控制系统设计

　　首先分析轮式机器人（以下简称"机器人"）的控制系统需求，从任务完成角度提出机器人需具备的各项功能，根据各项功能对机器人控制系统的需求进行分析。其次根据控制系统需求进行控制系统方案设计，完成机器人总体控制框图的设计以及机器人技术指标的确定。随后根据控制系统方案进行机器人控制器设计、机器人控制开发及调试、机器人感知及交互控制。机器人控制器设计包括硬件设计和软件设计；机器人控制开发需完成嵌入式代码编写并进行机器人实机调试；机器人感知及交互控制加入视觉系统实现机器人感知并搭建控制器通信链路实现人机交互。最后对机器人控制系统进行测试，操纵机器人完成特定任务，并对任务结果进行分析，综合评价机器人控制系统性能。若控制性能未能达到所提出的指标，则返回机器人控制调试或优化控制系统方案。轮式机器人控制系统设计流程如图 3-39 所示。

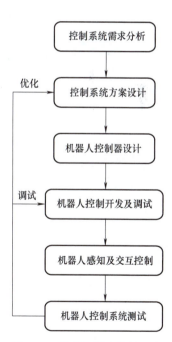

图 3-39　轮式机器人控制系统设计流程

1. 控制系统需求分析

　　RoboMaster 机甲大师高校单项赛"步兵竞速与智能射击"赛项中，机器人需要跨越障碍依次经过比赛场地中的指定位置，并在最后使用装载的 17mm 弹丸对"能量机关"进行射击。这项任务要求机器人具备快速移动、翻越障碍（爬坡、飞坡）、瞄准目标、发射弹丸等功能。"步兵对抗"赛项中，我方机器人与敌方机器人在设有遮蔽物的场地中互相使

用 17mm 弹丸射击对方装甲模块，因此步兵除了需要具有上述功能外，还需要具备灵活移动的功能以躲避敌方的攻击。通过分析，提出机器人的功能与控制系统需求见表 3-6。

表 3-6　机器人的功能与控制系统需求分析

功能需求	内容描述	控制系统需求
全向移动	机器人能够进行前进、后退、侧移、转向等全方位的移动	底盘三自由度（x 轴、y 轴、z 轴旋转）控制
目标瞄准	机器人能够调整云台姿态使弹道瞄准目标	云台二自由度（pitch 轴、yaw 轴）控制
弹丸发射	机器人能够以可变射频、射速发射 17mm 弹丸	拨弹轮电动机、摩擦轮电动机转速控制
遥控控制	机器人能够由控制器控制完成各项运动	具备控制器通信链路
裁判系统读取	读取相对应的限制参数，保障机器人能在规则内进行比赛	具有串口读取官方裁判系统的功能
视觉通信	获取视觉发出的坐标信息	具有与视觉串口通信获得目标数据的功能

2. 控制系统方案设计

根据机器人控制系统需求分析，控制设计方案将大致分为三大部分，即底盘、云台和发射机构，见表 3-7。

表 3-7　机器人控制设计方案

	控制设计方案		理由
底盘	拥有多种接口（CAN，UART）		能与其他控制器信息交互
	分别使用 M3508 直流电动机驱动麦克纳姆轮		驱动轮单独控制，可以在算法进行底盘解算后进行全向移动
云台	yaw 轴	M6020 云台电动机控制	能进行 2 自由度的运动控制
	pitch 轴	M6020 云台电动机控制	
	拥有多种接口（CAN，UART）		能与其他控制器信息交互
发射机构	摩擦轮	M3508 电动机	快速的动态响应，驱动摩擦轮
	供弹	M2006 电动机	驱动拨弹盘对链路供弹，进行弹丸填补

在完成基本的运动控制时，满足射击初速度、底盘功率控制，以及发射管热量超限和冷却等比赛要求。在射击初速度控制时，通过控制电动机驱动摩擦轮，控制 PWM 占空比进行初速度调整。在底盘功率控制时，通过裁判系统读取底盘实时功率，进而控制电动机转速对功率实现闭环控制，防止超功率。发射管热量超限和冷却也是通过裁判系统读取发射管热量，进而控制射速来实现发射管热量闭环控制。具体参数见表 3-8。

表 3-8　机器人技术指标

规格	参数
射击初速度上限（m/s）	30
底盘类型（功率优先）上限血量/级	150、175、200、225、250、275、300、325、350、400

（续）

规格	参数
底盘类型（功率优先）底盘功率上限（W）/级	60、65、70、75、80、85、90、95、100、100
底盘类型（血量优先）上限血量/级	200、225、250、275、300、325、350、375、400、400
底盘类型（血量优先）底盘功率上限（W）/级	45、50、55、60、65、70、75、80、90、100
发射机构（爆发优先）发射管热量上限/级	200、250、300、350、400、450、500、550、600、650
发射机构（爆发优先）发射管热量每秒冷却值/级	10、15、20、25、30、35、40、45、50、60
发射机构（冷却优先）发射管热量上限/级	50、85、120、155、190、225、260、295、330、400
发射机构（冷却优先）发射管热量每秒冷却值/级	40、45、50、55、60、65、70、75、80、80

根据上述控制系统需求，初步设计机器人控制系统如图 3-40 所示。

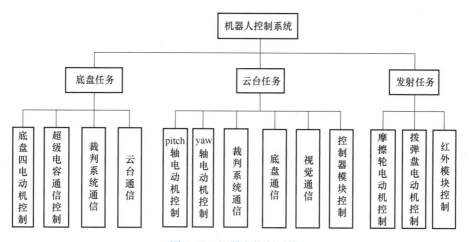

图 3-40 机器人控制系统

轮式机器人控制系统采用 FreeRTOS 系统架构进行编程，其三大控制任务分别为：

1）底盘任务。通过对底盘的解算，对底盘的四个驱动电动机进行控制，能进行前后、左右、旋转的运动，并且通过串口对裁判系统数据进行实时读取，如机器人血量数据，比赛机器人状态，实时功率、发热量数据，以及机器人模块完整性，进而再发给云台主控板。

2）云台任务。能够控制 pitch 轴电动机和 yaw 轴电动机，使云台能够上下左右转动进行瞄准。能通过 CAN 通信收取底盘主控板的数据，还能利用串口读取官方裁判系统的实时功率数据，如电动机实时功率，使云台电动机能够在功率方面做到限制保护控制。又能通过串口与视觉系统进行通信，收取视觉传感器发出的坐标数据，然后进行两个云台电动机的响应，从而在对战过程中实现自瞄以及接收控制器的数据。

3）发射任务。拥有一对摩擦轮电动机，能对弹丸的发射初速度进行调整，还能控制拨弹盘电动机进行链路弹丸的填补及红外模块的辅助瞄准。

3. 机器人控制设计

轮式机器人具体程序框架如图 3-41 所示。

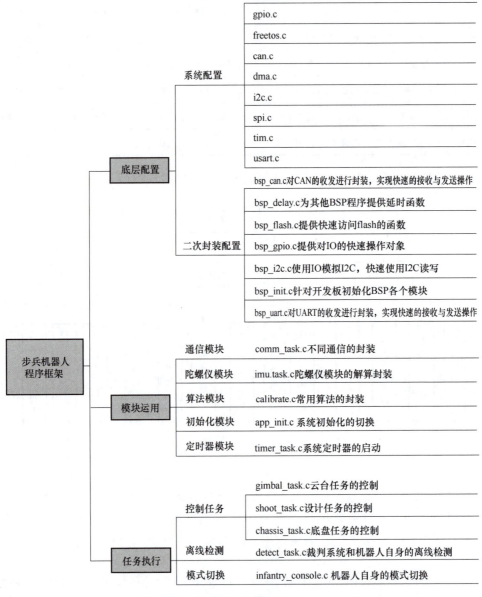

图 3-41　程序框架

1）底层配置。底层配置中针对单片机的内部定时器、串口、GPIO 口、SPI、CAN、I2C 等基础和特殊单片机引脚进行配置和初始化，对复杂配置的调用函数进行封装，为模块运用和任务执行的离线检测提供通信。

2）模块运用。模块运用中包括通信模块、陀螺仪模块、算法模块、定时器模块以及初始化模块五个模块。通信模块负责云台主控和底盘主控的数据传输（CAN 通信）、视觉数据的（串口）中断接收，及对电动机数据、陀螺仪数据、裁判系统的实时数据进行读取。算法模块是对各个传感器数据进行处理，进而发送给任务执行模块，进行相对应的操作。算法模块引用数学公式的库函数，主要包括常见数学公式以及电动机 PID 控制算法。

3）任务执行。任务执行包括了控制任务、离线检测以及模式切换。控制任务通过通信模块读取各个部分的数据，经过数据的处理，并且在相对应的模式下进行姿态解算，解算完的数据分配给云台电动机和底盘驱动电动机，从而实现机器人的功能。一旦机器人出现故障，离线检测可以通过数据进行分析，通过蜂鸣器或者 LED 灯进行告警，实现对故障问题的准确、快速判断和提示。

（1）**底盘控制**　底盘任务的交互控制图如图 3-42 所示，其中机器人接收 DT7 控制器发送的数据，并做出响应。

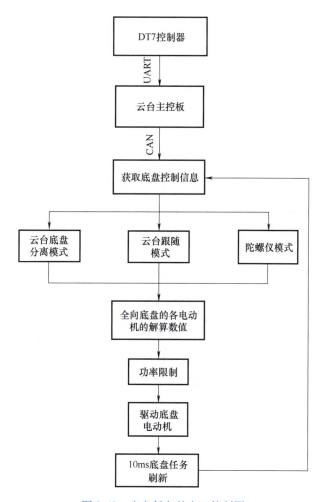

图 3-42　底盘任务的交互控制图

底盘任务通过 Chassis_app 确定机器人数据的读取通道，并完成各模块的初始化。然后通过 Chassis_function 对底盘所需要的算法进行添加与申明。最后在 Chassis_task 中，实现各个模式的切换。底盘任务程序结构见表 3-9。

表3-9　底盘任务程序结构

函数	程序	说明
Chassis_app	chassis_handle. chassis_can = &can2_obj;	底盘 CAN 选取
	chassis_handle. imu = IMU_GetDataPointer( )	底盘陀螺仪读取
	chassis_handle. ctrl_mode	底盘初始化模式选择
	pid_init(&chassis_handle. chassis_follow_pid, POSITION_PID, 0, 0)	底盘 PID 初始化
	OfflineHandle_Init( )	底盘部分模块离线检测
Chassis_function	Mecanum_Calculate(ChassisHandle_t * chassis_handle, fp32 chassis_vx, fp32 chassis_vy, fp32 chassis_vw)	麦克纳姆轮底盘解算
	Chassis_LimitPower(ChassisHandle_t * chassis_handle)	底盘功率闭环
Chassis_task	CHASSIS_RELEASE_CMD	无输出模式
	CHASSIS_SEPARATE_GIMBAL_CMD	云台底盘分离模式
	CHASSIS_FOLLOW_GIMBAL_CMD	云台底盘跟随模式
	CHASSIS_SPIN_CMD	陀螺仪模式

其中全向底盘分为三种模式：云台底盘分离模式，云台底盘跟随模式，陀螺仪模式。

1）云台底盘分离模式。由控制器分别实现底盘的全向移动和云台的俯仰及左右运动。

2）云台底盘跟随模式。跟随模式是将机器人云台的偏转和底盘转动相结合，利用安装在底盘上的 Yaw 轴电动机上的编码器，来读取云台和底盘的方位。同时，还可以通过对底盘的转动进行控制，使平台的方向和底盘的方向保持在相同的方向上。这样，就可以让底盘的朝向，跟平台的方向保持一致。

3）陀螺仪模式。陀螺仪模式在分离模式的基础上保持底盘始终进行顺时针旋转，控制系统使用陀螺仪读取云台当前位置信息，并以此作为反馈信息进行云台的位置闭环控制。同时进行麦克纳姆轮速度分配，实现底盘旋转的同时按照云台坐标系进行全向移动。

在此基础上，还可根据自身需求去增添更高阶的模式，如快速掉转车头、变速云台瞄准等。在底盘任务中，一旦出现底盘驱动电动机的离线或其他异常，可以从主控板上面的 LED 灯状态以及蜂鸣器的鸣叫频率来快速排除故障。

> 裁判系统持续监控机器人底盘功率，机器人底盘需在功率限制范围内运行。考虑到机器人在运动过程中难以准确控制瞬时输出功率，为避免因瞬时超功率导致的惩罚，设置了缓冲能量 Z。缓冲能量耗尽后，若机器人底盘功率超限，每个检测周期的扣除血量=上限血量×$N\%$×0.1。
>
> 裁判系统进行底盘功率检测的结算频率是 10Hz。
>
> 超限比例 $K=(P_r-P_1)/P_1×100\%$，
>
> 式中，P_r 为瞬时底盘输出功率；P_1 为上限功率。
>
> 机器人的底盘功率检测以及扣除血量的逻辑如图 3-43 所示。

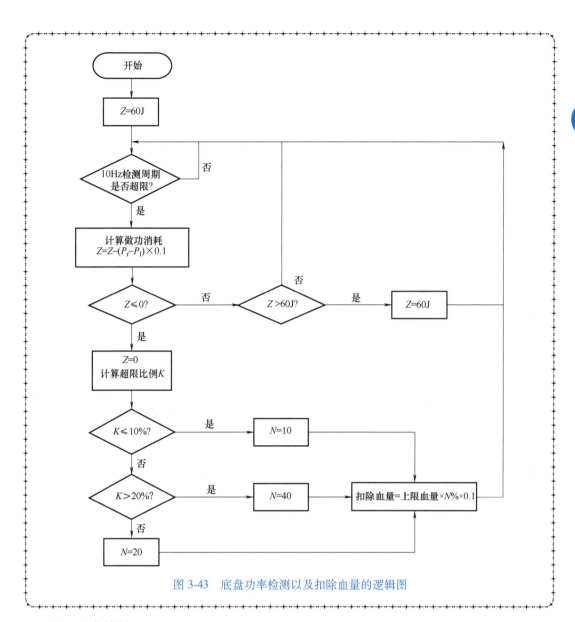

图 3-43　底盘功率检测以及扣除血量的逻辑图

（2）云台控制

1）云台控制设计。云台的交互控制图如图 3-44 所示，其中机器人接收 DT7 控制器发送的数据，并做出响应。

云台任务通过 Gimbal_app 确定各个数据的读取通道，并完成各部分的初始化，然后通过 Gimbal_function 将所需要的算法进行声明添加，最后在 Gimbal_task 中，实现各个云台模式的切换。云台任务程序结构见表 3-10。

表 3-10　云台任务程序结构

函数	程序	说明
Gimbal_app	gimbal_handle. gimbal_can　=&can1_obj;	云台 CAN 选取
	gimbal_handle. imu　=IMU_GetDataPointer ( ) ;	云台陀螺仪读取

（续）

函数	程序	说明
Gimbal_app	gimbal_handle. ctrl_mode	云台初始化模式选择
	id_init(&gimbal_handle. yaw_motor/pitch_motor. pid. outer_pid, POSI-TION_PID,);	云台 yaw/pitch 轴电动机 PID 控制初始化
	gimbal_handle. pitch_motor. max_relative_angle/gimbal_handle. yaw_motor. max_relative_angle	云台相对角度限位保护
	OfflineHandle_Init( )	云台部分模块离线检测
Gimbal_function	AimCalc(AimCalcData_t * data, fp32 angle, fp32 time, fp32 angle_raf)	视觉数据解算
Gimbal_task	GIMBAL_RELEASE_CMD	无输出模式
	GIMBAL_INIT_CMD	初始化模式
	GIMBAL_GYRO_CMD	陀螺仪模式
	GIMBAL_NORMAL_CMD	编码器模式
	GIMBAL_RELATIVE_CMD	分离模式
	GIMBLA_VISION_CMD	视觉模式

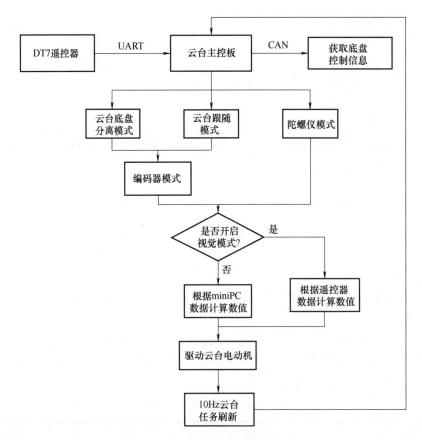

图 3-44　云台的交互控制图

根据底盘的运行模式，确定云台相对应的运行模式。

① 初始化模式。云台复位到初始设定位置。

② 陀螺仪模式。读取云台主控板陀螺仪数据，进行云台位置的定位，达到位置的闭环控制，使底盘云台分离模式和陀螺仪模式联动。

③ 编码器模式。读取电动机编码器的数值，进行云台位置的定位，编码器位置信号较陀螺仪更为准确，且不会产生零值漂移现象，因此云台控制精度较高，与底盘跟随模式配合使用。

④ 分离模式。对云台进行单独测试的模式。底盘对应无输出模式。

⑤ 视觉模式。视觉模式使用视觉信号作为控制信号，此模式云台全自动工作，在识别到打击目标后进行跟随自动打击。

2）机器人云台感知及交互控制。云台的编码器模式与陀螺仪模式，分别通过电动机编码器与陀螺仪，获取云台位置信息进行云台位置闭环控制。按照控制信号来源的不同可分为控制器模式与视觉模式。

控制器模式中操作员使用 DT7 控制器并通过蓝牙串口的方式，实现对轮式机器人的远程控制。视觉模式则通过在轮式机器人装载一个 MiniPC，由 MiniPC 将固定在云台上的摄像头获取的当前云台视野图像，通过识别算法解算出目标对象与当前云台间的相对角度，即当前云台所需转动角度，再通过 USB 接口发送至云台主控板，最终控制云台转动。

（3）**射击控制**　射击控制有控制器模式与视觉模式两种。其程序说明见表 3-11。

表 3-11　射击任务程序说明

任务	函数	说明
射击	SHOOT_RELEASE_CMD	无输出模式
	SHOOT_START_CMD	射击模式
	SHOOT_STOP_CMD	停止模式

在发射弹丸的同时，我们需要注意发射管的发热量和温度，所以在执行射击任务时需做到发射管发热量和冷却的闭环控制。发射管发热量和冷却逻辑如图 3-45、图 3-46 所示。

> 💡 设定机器人的发射管热量上限为 Q_0，当前发射管热量为 Q_1，裁判系统每检测到一发 17mm 弹丸，当前发射管热量 Q_1 增加 10J（与 17mm 弹丸的初速度无关）。发射管热量按 10Hz 的频率结算冷却，每个检测周期热量冷却值＝每秒冷却值/10J。
>
> 1）若 $Q_1 > Q_0$，该机器人对应操作员计算机的第一视角可视度降低。直到 $Q_1 \leq Q_0$，第一视角才会恢复正常。
>
> 2）若 $2Q_0 > Q_1 > Q_0$，每 100ms 扣除血量＝[$(Q_1 - Q_0)$/250]/10×上限血量。扣血后结算冷却。
>
> 3）若 $Q_1 \geq 2Q_0$，立刻扣除血量＝$(Q_1 - 2Q_0)$/250×上限血量。扣血后令 $Q_1 = 2Q_0$。

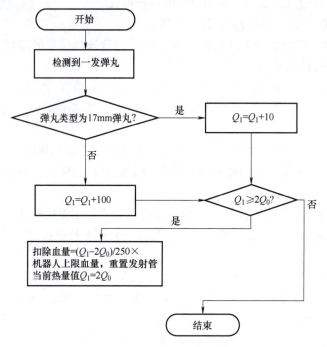

图 3-45　发射管发热量逻辑图

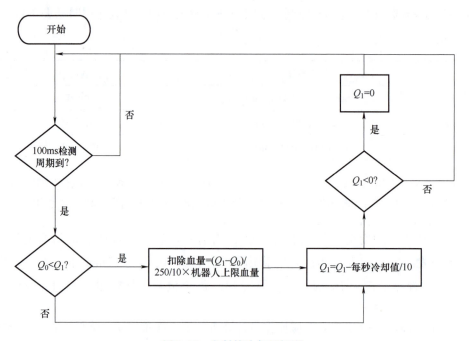

图 3-46　发射管冷却逻辑图

（4）**视觉控制**　视觉通过串口与云台主控进行数据的交互，其中主要传输 miniPC 解算完成的目标与目前云台状态的偏移量的大小，也就是 aim_x，aim_y 的值，视觉通信结构体见表 3-12。

表 3-12　视觉通信结构体变量

	数据	说明
视觉通信	aim_ x	x 方向偏移量
	aim_ y	y 方向偏移量

以打击装甲板为例，机器人进入打击装甲板模式，视觉传感器进行图像识别，并且预测下一个点的运动轨迹，将重力、弹丸初速度以及能量机关转速数据输入算法，系统算出的数据通过串口通信发给云台主控板，从而实现 Pitch 轴电动机、Yaw 轴电动机的响应，当云台位置达到一定的误差范围时，发出发射弹丸指令进行射击。

4. 功能测试

在完成机器人的基本控制需求的同时，通过算法实现了基于麦克纳姆轮结构的移动机器人陀螺仪模式的移动功能，可以快速进行回转运动以闪避敌方弹丸。机器人还可以切换自动（自瞄）模式，通过视觉传感器和 miniPC 的解算，机器人云台可以根据目标数据自动响应瞄准并射击。最终功能检测结果见表 3-13。

表 3-13　轮式移动机器人功能检测结果

功能说明	测试方法	是否达标
全向移动	机器人接收控制器指令，能控制底盘进行前进、后退、侧移、转向等全方位的移动	是
云台二自由度运动	机器人接收控制器指令，能控制云台进行俯仰和水平转动	是
与裁判系统通信	能读取到机器人的实时数据，如功率、热量等	是
发射弹丸	机器人接收控制器指令，能够以可变射频、射速发射 17mm 弹丸	是
视觉目标自瞄	能识别指定目标，云台能够跟随并锁定目标	是
故障报警/声光报警	人工模拟故障状态，观察机器人是否具备声光报警功能	是

【本章小结】

本章以轮式机器人作为案例，简单介绍了嵌入式控制系统的设计，包括硬件设计和软件设计，以及嵌入式控制系统的接口技术。通过本章的学习，读者可以对入式系统的常用接口设计以及机器人的嵌入式控制系统架构有较为初步的了解。

【拓展阅读】

特种机器人持续推进新兴领域探索

特种机器人是指用于特定领域或特定任务的机器人，是专为完成某些特定领域内的特定任务而设计的机器人。这些机器人不仅仅拥有传统工业机器人的功能，还具有独特的功能和特性，能够在那些通常难以触及或条件苛刻的应用环境中出色地执行任务，甚至能够完成人类难以胜任的工作。

与通用工业机器人相比，特种机器人更加注重专业化和定制化。它们在设计和制造时就考虑到了特定行业和特定场景的要求，因此在应用上也更加精确和高效。这些机器人可能需要具备更多的智能、更强的适应能力以及更灵活的操作方式。

随着人工智能技术的迅猛发展，以及仿生学的深入研究和新型材料的不断创新，特种机器人的潜力正被充分挖掘。特别是在机器学习和深度学习技术的推动下，机器人能够通过智能算法更好地理解和适应其所处的环境，做出更为精准的决策，能够执行更为复杂的任务，并且这些机器人有望拥有更为强大的人工智能系统、更高级的自主性，以及更长的续航能力。

此外，它们的应用空间将会更加广阔，无论是在医疗、农业、工业还是军事等多个领域都能发挥巨大作用。特种机器人将继续成为我们应对各种严峻挑战，解决复杂任务的有力工具，为人类社会的发展带来革命性的影响。随着技术的进步和创新，特种机器人正逐步从科幻概念转变为现实中可操作的强大工具。

【知识测评】

一、填空

1. 机器人控制系统组成包括_____、_____、_____和_____。

2. 机器人控制器可划分为三类，_____、_____和_____。

3. 动力源的类型划分，机器人的驱动可以分为_____驱动、_____驱动和_____驱动。

4. 通信方式按数据传输的流向和时间关系可以分为_____通信、_____通信和_____通信

二、选择

1. 在机器人控制系统设计中，选择PID控制器的主要原因是：（   ）。

A. 设计简单且能处理非线性系统

B. 能够有效消除稳态误差并提供较好的动态响应

C. 适用于所有类型的控制问题

D. 可以在没有系统建模的情况下直接使用

2. 在机器人控制系统中，为了提高系统的鲁棒性，设计时应优先考虑哪种策略（   ）。

A. 使用带有反馈的闭环控制　　　　　B. 增加系统的采样频率

C. 使用开环控制降低计算复杂度　　　D. 减少控制器的增益

3. 在机器人控制系统设计中，加入前馈控制的主要目的是（   ）。

A. 提高系统的响应速度　　　　　　　B. 减少反馈控制的计算量

C. 补偿已知的干扰或系统动态　　　　D. 简化系统的建模过程

4. 在机器人控制系统设计中，使用状态反馈控制的主要目的是（   ）。

A. 增强系统的稳定性和动态响应　　　B. 简化控制器的设计流程

C. 减少传感器使用数量　　　　　　　D. 提高控制器的计算效率

5. 在设计机器人的自适应控制系统时，最关键的步骤是（   ）。

A. 精确测量所有环境参数　　　　　　B. 设计一个能够实时更新控制参数的机制

C. 使用高频采样提高系统精度　　　　D. 确保控制器的硬件性能足够

三、判断

1. 对于简易机器人系统，电源管理系统、状态感知系统、驱动系统、人机交互系统不可共用一个控制器。　　　　　　　　　　　　　　　　　　　（　　）

2. 机器人传感器可以分为两类：一是内部传感器，二是外部传感器。　（　　）

3. 气压驱动拥有易于控制和精确定位等优点，但对比其他驱动结构复杂。（　　）

4. 数据传输的同步方式可分为并行通信和串行通信。　　　　　　　　（　　）

5. 伺服电动机和步进电动机比无刷电动机的控制精度高，且闭环控制系统相较于开环控制系统更具有鲁棒性。　　　　　　　　　　　　　　　　　　（　　）

第 **4** 章

Chapter

机器人视觉系统设计

　　机械与电控是制作机器人的过程中基本而又重要的技术，但仅靠这两者还不足以使机器人达到较高的智能水平，需要机器人视觉等技术进行补充。受到生物启发，人们将视觉应用于机器人，帮助机器人获取丰富的外界信息，协助完成各类运动。

　　本章主要围绕硬件设备及算法两方面展开介绍，帮助学生较为全面地认识机器人视觉系统的组成及其基本原理，知晓其应用功能和作用领域。最后详述机器人视觉系统的设计案例，实现知识的整合运用。

 【学习目标】

知识学习

1）能够了解机器人常用传感器。

2）能够了解机器人视觉系统的结构组成。

3）能够了解机器人视觉系统的坐标系标定原理。

4）能够了解机器人视觉系统的常用算法。

能力培养

1）能够自主选用硬件设备并搭建基本的机器人视觉系统。

2）能够调整光学器件以改善图像效果，增强目标的特征。

3）能够灵活运用计算机视觉库中的函数完成目标识别等任务。

素养提升

1）学习机器视觉、人工智能等颠覆性技术，了解机器人技术深度融合重塑的"机器人+"应用新发展格局，领悟学科交叉渗透对创新驱动发展的引领性、先导性作用。

2）采用机器视觉技术赋予机器人"能看会认"的环境感知能力，理性评价智能机器人视觉系统解决方案对非结构环境等复杂工作场景的适用性、经济性、可靠性，培养解决复杂工程问题的能力。

【学习导图】

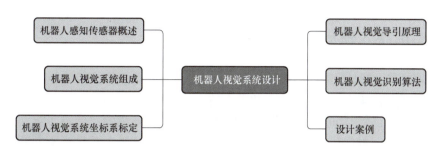

【大国重器】

"智"农时代，视觉感知给农业机器人配上"火眼金睛"

当下，以机器视觉为主的作业信息感知已成为农业机器人智能化的研究热点。机器视觉作为农业机器人最大的信息源，具有感知信息丰富、采集信息完整、识别信息直接等特点。但农田自然环境中光照条件复杂多变、作业空间不可预知、作业目标随机分布、作业对象形态多样、枝叶果实交错遮挡、苗草簇生、地形起伏且垄沟纵横，给农业机器人技术研发与应用带来了很大挑战。

2020 年度，"非结构环境下农业机器人机器视觉关键技术与应用"项目获得吴文俊人工智能技术发明奖。该项目通过分析视觉信息对自然光照变化的敏感程度，构建光照波动控制模型，突破了自然光照变化对作物信息动态稳定获取的技术局限，增强了机器视觉对农田自然光照的适应能力。项目研究了集光谱检测、可见光视觉技术和深度学习方法交叉融合的农业非结构环境作物信息获取技术，对农业机器人末端执行机构视觉伺服控制进行了技术创新，提高了自然环境下农作物信息获取的精准度，破解了农业机器人精度与速度、效率与损伤之间辩证关系的协同控制难点问题。

该项目的技术成果目前已经在果蔬采摘机器人、精准喷药机器人、大田锄草机器人、植保无人机等农业智能装备领域进行了应用。

目前，相关机器人产品已经推广到北京、江苏、新疆、河南等地，覆盖大田、温室、果园等农业作业场景，可节省劳动力 50% 以上。未来，项目技术将应用到设施农业果蔬采摘、巡检、运输等系列机器人产品和大田田间管理到产后各生产环节作业机器人中。

视觉感知为农业机器人配上了"火眼金睛"，为精耕细作、绿色高效的农业可持续发展模式提供了技术支撑。机器视觉已然成为机器人的核心部分之一。要全面认知机器人，我们有必要学习机器视觉的组成、原理及其使用方式。

【知识讲解】

4.1 机器人感知传感器概述

用于获取机器人控制所需的内部和外部信息的传感器称为机器人传感器（Robot Sensor）。就像人的活动需要依赖自身感官一样，机器人的运动控制离不开传感器。机器人需要先进的传感装置来丰富自己的"知觉"，以提升对自身状态和外部环境的"感知"能力，实现"感知-决策-行为-反馈"的闭环工作流程。综合当前科学技术发展水平和现场应用情况，机器人传感器不仅是模拟人体感觉器官所具有的视觉、听觉和触觉功能等，有些还具备"超人"的本领，可应用于高温、高压和辐射等恶劣环境，能检测微弱的磁、电、离子和射线等人类无法感知的信息。概括来讲，机器人传感器可以分为内部状态传感器和外部状态传感器。

1. 内部状态传感器

内部状态传感器（Internal State Sensor，GB/T 12643—2013）是用于测量机器人内部状态的机器人传感器，如旋转编码器、力觉传感器和防碰撞传感器等，应满足机器人末端执行器的运动要求及防碰撞安全要求，安装在机器人本体上。常见的内部状态传感器见表4-1。

表4-1 常见的内部状态传感器

传感器类别	工作原理	应用场合	结构图示
旋转编码器	又称码盘，按照码盘的刻孔方式不同，可将其分为增量式和绝对式两类。增量式编码器是将角位移转换成周期性的电信号，再把这个电信号转变成计数脉冲，用脉冲的个数表示位移的大小；绝对式编码器的每一个位置对应一个确定的数字编码，因此它的示值只与测量的起始和终止位置有关，而与测量的中间过程无关	主要用来测量机器人操作机各运动关节（轴）的角位置和角位移	
力觉传感器	通过检测弹性体变形来间接测量所受力，目前常见的六维力觉传感器可实现全力信息的测量，一般装于机器人关节处	主要用来测量机器人自身力与外部环境力之间的相互作用力	
防碰撞传感器	在机器人操作机和末端执行器发生碰撞时提前或同步检测到这一碰撞，防碰撞传感器发送一个信号给机器人控制器，机器人会立即停止或者避免碰撞发生	主要用来检测机器人操作机和末端执行器与工件、夹具以及周边设备之间发生的碰撞，是一种机器人过载保护装置	

2. 外部状态传感器

外部状态传感器（External State Sensor，GB/T 12643—2013）是用于测量机器人所处环境状态或机器人与环境交互状态的机器人传感器，如视觉传感器、超声波传感器和接触/接近觉传感器等。常见的外部状态传感器见表 4-2。

表 4-2　常见的外部状态传感器

传感器类别	工作原理	应用场合	结构图示
视觉传感器	利用光学元件和成像装置获取外部环境图像信息的仪器，是整个机器人视觉系统信息的直接来源，通常用图像分辨率来描述视觉传感器的性能	主要的工业应用包括机器人定位和引导（纠偏、实时反馈）、检测（防错、计数、分类、表面探伤）、测量（距离、角度、平面度、全跳动、表面轮廓等）和识别	
超声波传感器	超声波传感器是将超声波信号（振动频率高于 20kHz 的机械波）转换成其他能量信号（通常是电信号）的传感器。常用的超声波传感器主要由压电晶片组成，既可以发射超声波，也可以接收超声波。其主要性能指标包括工作频率、工作温度、灵敏度、指向性等	在工业方面，超声波的典型应用是对金属的无损探伤和超声波测厚两种。此外，还可用于包装、制瓶、塑料加工等行业的液位监测、透明物体和材料探测、距离测量等	
接触/接近觉传感器	接触/接近觉传感器是指采用机械接触式或非接触式（光电式、光纤式、电容式、电磁感应式、红外式、微波式等）原理，感知相距几毫米至几十厘米内对象物或障碍物距离、相对倾角、表面性质的一种传感器	主要用来感知机器人与周围对象物或障碍物的接近程度，判断机器人是否接触物体，避免碰撞，实现无冲击接近和抓取操作	

> 💡 视觉传感器按类型可分为单个成像传感器、条带传感器和阵列传感器三种。在生成图像时，单个成像传感器需要按照行和列移动，每次得到一个像素；而条带传感器仅按列移动，每次得到一行像素；阵列传感器无需移动就能得到全部像素。以图像左上角像素中心为坐标原点，一幅尺寸为 $m \times n$ 的数字图像 F 可以用矩阵表示为：
>
> $$F = \begin{bmatrix} f(0,0) & \cdots & f(0,n-1) \\ \vdots & & \vdots \\ f(m-1,0) & \cdots & f(m-1,n-1) \end{bmatrix} \tag{4-1}$$

3. 传感器融合

人在打乒乓球时，既可用视觉观察，也能用听觉分辨，但单一地使用视觉或听觉往往效率低下，而两者结合就会轻松许多。传感器在应用时也是如此，单个传感器获取的信息终归有限。当机器人的应用场景较为复杂时，将多个传感器的信息融合，不失为一种稳妥的策略。

传感器融合，或称多传感器融合（Multiple-sensor Fusion，MSF）最早发展于国防领域，是利用计算机技术，将来自多传感器或多源的信息和数据以一定的准则进行自动分析和综合，以完成所需的决策和估计而进行的信息处理过程。其是多学科交叉的新技术，涉及信号

处理、概率统计、信息论、模式识别、人工智能、模糊数学等理论。相较于单个传感器，传感器融合具有很多优点。

(1) 提高系统感知的能力 不同的传感器具有不同的功能，传感器融合能够破除单一传感器的局限性，具有一定程度的信息冗余，能提高系统感知的可靠性与鲁棒性；传感器融合还能够减少噪声，提升数据质量。

(2) 增强环境适应能力 伴随技术的发展，机器人等智能化设备逐渐面向复杂多变（如温度、湿度、光照等）的应用场景，传感器融合能够覆盖的时间、空间范围更广，弥补单一传感器对空间分辨率和环境语义的不确定性。此外，即使某一传感器出现问题，系统仍然可以利用其余传感器进行工作。

(3) 降低成本 多个价格低廉的传感器融合后，能够与价格昂贵的传感器实现相同的作用，在保证系统性能的基础上又减少了预算成本。

融合产生的优点是单一传感器所无法比拟的，但同时融合所需要的技术难度也提升了不少。在机器人使用多个传感器之前，需要先保证各传感器"时空同步"：统一的同步时钟能保证传感器信息的时间一致性与正确性；统一的空间信息能保证数据结果的准确性与可靠性。要使同一时刻不同传感器实现信息的空间一致性，就需要统一坐标系。

传感器的融合可以分为低级融合、高级融合与混合融合三种。其中低级融合是一种集中式的融合（图 4-1a），包括有数据级（也称像素级）融合与特征级融合。而高级融合既可以是集中式也可以是分布式的融合，如图 4-1b 所示。混合融合则是多个低级融合与高级融合组合而成的融合方式。

传感器融合虽然未形成完整的理论体系，但在不少应用领域根据各自的具体应用背景，已经提出了许多成熟并且有效的融合方法。传感器融合的常用算法基本上可概括为随机和人工智能两大类，见表 4-3。

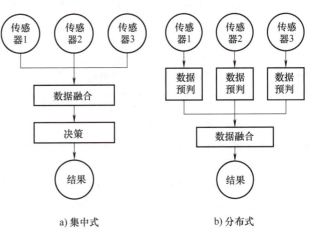

a) 集中式　　　　b) 分布式

图 4-1　融合方式

表 4-3　传感器融合算法

大类	具体算法	方法说明	优缺点
随机类	加权平均法	一种直接对数据源进行操作的方法，将一组传感器提供的冗余信息进行加权平均，结果作为融合值	信号级融合最简单、直观的方法
	卡尔曼滤波法	一种利用线性状态方程，通过系统输入输出观测数据，对系统状态进行最优估计的算法。能合理并充分地处理多种差异很大的传感器信息，主要用于融合低层次、实时动态多的传感器冗余数据	系统处理时不需要大量的数据存储和计算。对于很大部分的问题，是最优、最高效甚至是最有用的

（续）

大类	具体算法	方法说明	优缺点
随机类	多贝叶斯估计法	各传感器数据作为贝叶斯估计，各单独物体的关联概率分布合成一个联合且后验的概率分布函数。使似然函数最小，提供多传感器信息的最终融合值，融合信息与环境的先验模型提供整个环境的特征描述	当传感器组的观测坐标一致时，可以直接对传感器的数据进行融合
	D-S 证据推理方法	它是贝叶斯推理的扩充，推理结构自上而下分三级，分别是目标合成、推断和更新	具有直接表达"不确定"和"不知道"的能力。但所需的证据必须是独立的，计算上存在"指数爆炸"问题
	产生式规则	采用符号表示目标特征和相应传感器信息之间的联系，与每一个规则相联系的置信因子表示它的不确定性程度	每个规则的置信因子的定义与系统中其他规则的置信因子相关，如果系统中引入新的传感器，需要加入相应的附加规则
人工智能类	模糊逻辑推理	基于多值逻辑，打破以二值逻辑为基础的传统思想，模仿人脑的不确定性概念判断、推理思维方式。其实质是将一个给定输入空间通过模糊逻辑的方法映射到一个特定输出空间的计算过程，比较适合高层次上的融合	一定程度上克服了概率论所面临的问题，它对信息的表示和处理更加接近人类的思维方式，但是本身还不够成熟和系统化
	人工神经网络法	根据当前系统所接受的样本相似性确定分类标准，这种确定方法主要表现在网络的权值分布上。同时，可以采用特定的学习算法来获取知识，得到不确定性推理机制	有很强的容错性以及自学习、自组织及自适应能力，能够模拟复杂的非线性映射

近年来，传感器融合技术广泛应用于复杂工业过程控制、惯性导航、农业、遥感和医疗诊断，特别是在机器人和自动驾驶等领域，如图 4-2 所示即为常见的车载传感器位置及种类。除图示内容外，车载传感器还包括了速度传感器、胎压传感器、碰撞传感器和气囊检测传感器等。传感器融合技术的发展得到了越来越多国家的重视。

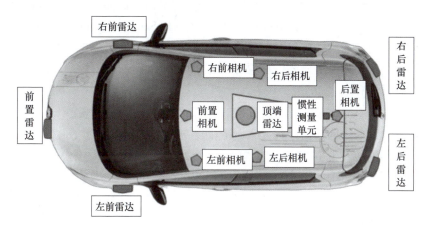

图 4-2　车载传感器

4.2 机器人视觉系统组成

视觉传感器获取的图像信息是整个机器人视觉系统信息的直接来源。所谓的视觉系统（Vision System），也称为视觉单元（Vision Unit），用于采集目标环境的图像，并对之分析处理以获取目标物相关信息（如几何参数、位置姿态、表面形态及对象质量等）的软硬件系统。

1. 机器人视觉系统的主要组成部分

一般来说，机器人视觉系统由光源（照明系统）、相机、镜头、视觉控制器和软件算法五个主要部分组成，此外还可以添加显示器和辅助传感器等，如图 4-3 所示。

（1）相机 相机作为机器人视觉系统中的关键组件之一，最本质的功能就是将光信号转变成有序的电信号。选择相机是机器人视觉系统设计中的重要环节，它不仅直接决定了采集图像的分辨率和色彩等指标，同时还影响着整个系统的运行模式。例如，相较于普通相机，性能较强的工业相机（图 4-4）就常被用于机器人视觉系统中。相机的分类方式有很多，以下从相机的传感器芯片和曝光模式进行划分。

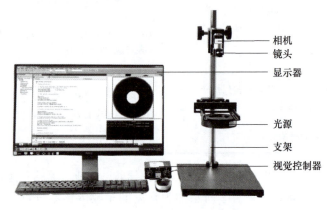

相机
镜头
显示器
光源
支架
视觉控制器

图 4-3 机器人视觉系统组成

图 4-4 工业相机

1）传感器芯片。相机的传感器芯片有电荷耦合器件（Charge Coupled Device，CCD）和互补型金属氧化物半导体（Complementary Metal-Oxide Semiconductor，CMOS）两种。CCD芯片使用一种高感光度的半导体材料制成，能把光线转变成电荷，并通过模数转换器芯片转换成数字信号。数字信号经过压缩以后保存在相机内部的存储器或硬盘卡中，能够将数据便捷地传输给计算机。

CMOS 芯片（图 4-5）的制造技术与一般计算机芯片没有区别，通常是由硅和锗两种元素制成的半导体。CMOS 芯片上并存着带 N 级（带负电）和 P 级（带正电）的半导体，这两种半导体互补效应形成的电流可以被处理芯片记录并解释为图像。CMOS 传感器芯片可分为被动式和主动式两种，其在处理快速变化的图像时，由于电流变化过于频繁而会产生过热的

图 4-5 视觉传感器

现象，较容易出现杂点。CMOS 芯片与 CCD 芯片的对比见表 4-4。

表 4-4　传感器芯片对比

对比内容		对比结果
CCD	CMOS	
被动式采集，需有外加电压	主动式采集，感光二极管产生的电荷直接由晶体管放大输出	CMOS 数据转换更快且更节能，耗电量为 CCD 的 1/8～1/10
制造工艺复杂，成品率控制较为困难	采用一般制造工艺，周边电路易集成，可节省外围芯片成本	CMOS 成本更低
感光元件包括感光二极管和存储单元，物件少，有效感光面积大	感光元件包括感光二极管、放大器和模数转换电路，有效感光面积小	CCD 感光度更高
每行像素共用一个放大器	每个像素单独配备一个放大器，放大器所得结果难以保持一致	CCD 成像质量更好

随着 CCD 与 CMOS 传感器技术的进步，两者的差异呈现出逐渐缩小的态势。例如，CCD 传感器在功耗上进行改进，以应用于移动通信市场；CMOS 传感器则在改善分辨率与灵敏度等方面努力，以应用于更高端的图像产品。

2）曝光方式。曝光（Expose、Exposure），使感光体的感光面受可见光或其他辐射能的作用形成可见像或潜在影像的过程。按照曝光方式，可以分为全局曝光和卷帘曝光。一般来说，CCD 相机是全局曝光，而 CMOS 相机则还存在卷帘曝光。

全局曝光的方式比较简单，即光圈打开后，整个图像芯片同时曝光。因此，曝光时间与机械的开关速度有关。因为曝光时间与机械运动相关，所以存在理论上的最小值。

卷帘曝光是当光圈打开后，还存在由卷帘（从左到右）来控制的传感器的曝光时间。因此，曝光时长完全取决于卷帘的开口大小与卷帘的运动速度，即卷帘运动得越快，卷帘间距越小，传感器的曝光时间就越少。相对于全局曝光，卷帘曝光方式能够实现更少的曝光时间。但卷帘曝光的缺点在于进行曝光取像的时间不同，所以如果物体是运动的，则图像中会存在明显的拖影（图 4-6），因此，卷帘曝光不适合拍摄快速运动的物体。

a) 全局曝光　　　　　　　　　b) 卷帘曝光

图 4-6　两种曝光模式下的成像效果

（2）**镜头**　镜头作为视觉系统的眼睛，主要作用是负责光束调制：将目标物体的图像聚焦在相机图像传感器的光敏器件上。数据系统所处理的所有图像信息均需要通过镜头得到，所以镜头的质量直接影响到视觉系统的整体性能。相机镜头（图 4-7）按焦距可分为定焦镜头、变焦镜头和增倍镜，也可以分为短焦镜头、中焦镜头和长焦镜头；按视场（Field of View）大小可以分为广角、标准和远摄镜头；

图 4-7　相机镜头

按结构分为固定光圈定焦镜头，手动光圈定焦镜头，自动光圈定焦镜头，手动光圈定焦镜头，自动变焦镜头，自动光圈电动变焦镜头等。按接口类型又可分为 C 接口镜头、CS 接口镜头、U 接口镜头和特殊接口镜头等。

（3）光源 光源是视觉系统中极为重要的组成部分，通过恰当的光源照明设计，能够强化特征、弱化背景，提高图像信息，简化软件算法，降低视觉系统设计的复杂度，且能提高系统的检查精度和速度，但由于没有通用的机器视觉光源设备，所以针对每个特定的应用实例，要选择相应的视觉光源，以达到最佳效果。

机器人视觉光源主要用到可见光、部分红外光和部分紫外光。在可见光中，红色调的构成暖色光，蓝色调的构成冷色光。当被测物体的特征与光源色温不同时，会吸收光线，特征在图像中呈现黑色；当色温相同时，则会反射光线，特征在图像中呈现白色，如图 4-8 所示。红外光对塑料的穿透性好，可以将封装好的金属电路等内部元件显示出来，在此应用场景下，红外光的作用效果堪比 X 射线同时又对人体无害。紫外光的波长短，穿透力强，能够应用于证件检测、金属表面划痕检测等。

a) 物体颜色　　　　　　　　b) 蓝光照射下的图像　　　　　　　c) 红光照射下的图像

图 4-8　不同成像颜色

目前常见的视觉光源有 LED 光源、卤素灯（白炽灯的变种）和高频荧光灯等。其中 LED 光源具有很多优点，因此最常用。LED 光源由许多单个 LED 组成，能够针对应用场景，设计光源的颜色、亮度、形状、尺寸和照射角度，且 LED 发光管的响应时间短，使用寿命长，在长时间连续工作后的亮度衰减少，综合性运营成本低。LED 光源按照形状可以分为很多种类，具有不同的功能和用途，表 4-5 中列举出了部分。

表 4-5　LED 光源介绍

种类	图例	特点	应用场景
环形光源	 	提供不同照射角度、不同颜色组合，更能突出物体的三维信息，有效解决对角照射阴影问题	PCB 基板检测、IC 元件检测、显微镜照明、液晶校正、塑胶容器检测、集成电路印字检查等
背光源		高密度 LED 阵列提供高强度背光照明，能突出物体的外形轮廓特征；免受表面反光影响	机械零件尺寸的测量，电子元件、IC 的外型检测，胶片污点检测，透明物体划痕检测等

（续）

种类	图例	特点	应用场景
条形光源		可以消除表面反光影响；性价比高，是大面积打光、较大方形结构被测物的首选光源	金属表面检查，图像扫描，表面裂缝检测，LCD 面板检测等
同轴光源		可以消除物体表面不平整引起的阴影，减少干扰	最适用于反射度极高的物体，如金属、玻璃、胶片、晶片等表面的划伤检测，芯片和硅晶片的破损检测，Mark 点定位等
AOI 光源		不同角度的三色光照明，照射凸显焊锡三维信息；外加漫射板导光，减少反光	专用于电路板焊锡检测；多层次物体检测等
点光源		大功率 LED，体积小，发光强度高；尤其适合作为镜头的同轴光源；高效散热，寿命长	适合远心镜头使用，用于芯片检测，Mark 点定位，晶片及液晶玻璃底基校正等

（4）**视觉控制器**　视觉控制器的内部集成了图像采集卡和图像处理器等模块，具有较快的传输速度、较大的存储容量和较强的计算处理能力，在机器人视觉系统中起到决策管理作用。其能够控制相机的工作状态，采集相机数据并进行处理，最后将处理结果发送给机器人控制器或者根据处理结果对视觉系统工作状态进行调整。某些视觉控制器具有光源供电接口，能控制光源的照明状态，还可以通过触发信号实现光源的频闪，进而最大程度增加光源的寿命并节约能源。

相较于一般计算机控制，视觉控制器（图 4-9）有更丰富的外设接口，也能提供强大的性能，调整灵活、功耗低且坚固耐用，更加能够承受严苛工作环境的考验。视觉控制器能帮助用户更轻松地配置 3D 和多相机二维应用，减少开发所需的时间和精力。

2. 设备选型技术指标

（1）**相机的技术指标**　相机的技术指标有很多，

图 4-9　视觉控制器

商家一般会提供接口类型、传感器类型、靶面尺寸、分辨率、帧率、环境规格、机械规格、色彩类型和功率等信息，下面对部分指标进行介绍。

1）靶面尺寸。相机上标注的靶面尺寸通常指相机传感器的对角线尺寸，以 in 为单位（1in 即 16mm），如 1/3in（也可写成 1/3″）等。一般来说，传感器的尺寸使用勾三股四弦五的标准，即传感器的宽高比为 4∶3。常见的 CCD 靶面尺寸见表 4-6。

表 4-6　常见 CCD 靶面尺寸　　　　　　　　　　　　（单位：mm）

规格	传感器宽	传感器高	对角线长度	规格	传感器宽	传感器高	对角线长度
1/6″	2.4	1.8	3	1/2.5″	5.76	4.29	7.182
1/4″	3.2	2.4	4	1/2.3″	6.16	4.62	7.7
	3.6	2.7	4.5	1/2″	6.4	4.8	8
1/3.6″	4	3	5	1/1.8″	7.2	5.4	9
1/3.2″	4.536	3.416	5.678	1/1.7″	7.6	5.7	9.5
1/3″	4.8	3.6	6	1/1.6″	8.08	6.01	10.07
1/2.8″	4.59	3.42	5.71	2/3″	8.8	6.6	11
1/2.7″	5.27	3.96	6.592	1″	12.8	9.6	16
	5.371	4.035	6.718				

靶面尺寸涉及传感器中像素的尺寸和数量，因此直接关系到成像的质量。当视觉传感器的靶面尺寸相同时，相机分辨率越高，则靶面内像素数量越少，成像的质量越差。而当分辨率相同时，相机的靶面尺寸越大就意味着像素尺寸越大，相机的成像质量就越好。一般情况下，在靶面尺寸相同时，工业相机相较于民用相机，其分辨率较低，因此其成像质量更好。

2）帧率。用于测量显示帧数的量度，即每秒显示的帧数（Frames per Second），单位为 fps 或"赫兹"（Hz）。高帧率配置可以得到更流畅、更逼真的动画。一般来说 30fps 的流畅感是人类可以接受的，将性能提升至 60fps 则可以明显提升交互感和逼真感，但是超过 75fps 就不容易察觉到有明显的流畅度提升了。当帧率超过屏幕刷新率时，超过刷新率的几帧图像会被浪费。

最大帧率（Frame Rate）/行频（Line Rate）即相机采集传输图像的速率，对于面阵相机而言一般为每秒采集的帧数，对于线阵相机而言为每秒采集的行数。

3）分辨率。分辨率（Resolution）是成像系统重现图像最小细节的本领，一般通过像素数来表示。例如，640(H)×480(V) 的相机分辨率表示相机的传感器中每行有 640 个像素，且共有 480 行像素，相乘可得总像素数为 307200，也就是所谓的 30 万像素（像素总数也能代表分辨率）。

计算分辨率时，可以用相机视野的大小和最小测量精度来求解，即

$$分辨率的宽（高）＝\frac{视野的宽（高）}{最小测量精度} \tag{4-2}$$

当视野大小为 12mm×9mm，测量精度为 0.01mm 时，分辨率为 1200×900。此外，还可以用相机传感器的尺寸除以像元尺寸（即一个像素的大小）得到分辨率。

4）镜头接口。在提到工业相机的时候，通常是不包括镜头的，一般也称之为"裸机"。为了增强视觉系统的适应性，相机所搭配的镜头是需要根据不同的应用场景来更换的。因此

需要建立工业相机和镜头之间连接安装的通用标准，之后生产相机的厂家和生产镜头的厂家才能按照统一的标准来生产对应的产品，确保两者可以完美匹配与安装。

相机可以分成螺纹接口和卡口接口两大类，其中螺纹接口类别中，最常用的接口有 C、CS、M12、M42 和 M58 五种。C 和 CS 接口非常相似，它们的接口直径、螺纹间距都是一样的，只是法兰距不同。所谓法兰距，也叫作像场定位距离，是指机身上镜头卡口平面与机身曝光窗平面之间的距离，即镜头卡口到感光元件（一般是 CMOS 或 CCD）之间的距离。C 接口的法兰距是 17.5mm，而 CS 接口是 12.5mm。因此，CS 接口的相机，要接入 C 接口的镜头，必须加一个 CS-C 的转接环（该转接环的厚度是 5mm），如图 4-10 所示。

a) C接口　　　　　　　b) CS接口　　　　　　c) CS-C转接环

图 4-10　接口及转接环

M12 接口指的是接口直径为 12mm。同理，M42 接口的直径是 42mm，M58 是 58mm。由于 M12 的直径比较小，因此这个接口一般在微型工业相机上才会使用，例如无人机上搭载的相机一般用的都是这种接口。

5）数据接口。工业相机为了向主机（一般是工控计算机）传输图像数据时所采用的一种电气接口（除了硬件接口以外，当然也要有配套的数据传输协议规范）。相机的数据接口直接决定了这款相机核心的性能指标以及它的适用范围。工业相机的数字接口主要包括以下几类：Camera Link 接口、IEEE 1394 接口、USB 接口、网络接口、CoaXPress 接口。

6）机械规格。机械规格包括了相机的重量和外形尺寸，这些参数涉及相机的安装和安装位置的结构设计等事项。如果搭建的视觉系统留给相机的安装空间较小，就需要特别留意相机的长宽高等尺寸参数，确保相机是可应用的。此外，如果相机安装在运动部件上，那么计算该部件处的结构强度、重心及电动机功率时需将相机的重量等考虑上。

（2）**镜头的技术指标**　供应商提供的镜头参数一般会包括名称、品牌、产地、分辨率、对比度、焦距、光圈值、视野、工作距离、景深和接口等信息，并应在产品说明书中标注结构形式及精度规格。其中分辨率、焦距和景深等指标既基础又重要，应当关注并知悉。

1）分辨率。镜头的分辨率更多采用每毫米线对数的方式来表示，即 1mm 间距内能分辨出黑白相间的线条对数，单位是线对/毫米（LP/mm）。若 1mm 内有 N 条黑白线对，则总共为 $2N$ 条线，以相机传感器的一个像元对应一条线，那么就需要有 $2N$ 个像元来对应所有的线条，此时相机的像元密度为 $2N$/mm。一般来说，镜头的选用要与相机配套，当相机像元密度为 $2N$/mm 时，镜头的每毫米线对数要为 N 才不会造成镜头或者相机能力的浪费。

为了方便了解镜头与相机的匹配关系，人们常采用相机的分辨率来命名镜头，如 90LP/mm 的镜头也称为 100 万像素镜头。但是注意，同一分辨率下，不同靶面尺寸的相机，其像元密度是不同的。例如，设有 200 万像素的相机，其靶面尺寸为 1/3″，查表 4-6 可知传

感器水平尺寸为4.8mm，竖直尺寸为3.6mm，则水平和竖直方向的像元密度分别为水平方向像素数量/4.8、竖直方向像素数量/3.6。

由于总像素数量为200万，因此可以得到像元密度为

$$\sqrt{\frac{2000000LP}{4.8mm \times 3.6mm}} \approx 340LP/mm$$

而当相机靶面尺寸为1/2″时，计算得到的像元密度为255LP/mm。

2）焦距。焦距（Focal Length，GB/T 13964—2008），光学系统的像方主点到像方焦点之间的距离，也为平行光入射时从透镜光心（一般为透镜的几何中心）到光汇聚点的距离。

在描述镜头焦距时，常用的单位是毫米（mm）。选择焦距需要根据实际场景，涉及视野和物距等，其中物距指镜头到目标物体的欧式距离，常以毫米为单位。计算焦距时用到了相似三角形的原理（图4-11），计算公式为

$$镜头的焦距 = \frac{物距 \times 传感器尺寸}{视野的宽（高）} \tag{4-3}$$

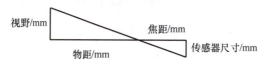

图4-11　算法模型

> 💡 像方焦点：无限远点所发出的光线通过光学系统后所汇聚在图像一侧的点。
>
> 像方主点：入射光线与出射光线的反射延长线必交于一点，过该交点做垂直于光轴的平面，平面与光轴交点即为像方主点（图4-12）。

图4-12　像方主点

3）景深。景深（Depth of Field，GB/T 41864—2022），在相机镜头或其他成像器能够取得清晰图像的成像所测定的被摄物体的前后距离范围。对应的前后景深如图4-13a所示。工业镜头景深越长，那么能清晰呈现的范围就越大。此外，焦距越短，景深越大；光圈越小，景深越大，如图4-13b所示。

3. 机器人视觉系统集成方式

机器人视觉系统的集成方式主要有外置式、固定式和运动式三种，其中外置式系统通常

也称为手眼式系统。不同的集成方式各有优劣，适用于不同的场合，具体见表4-7。

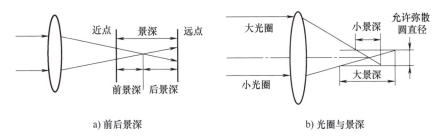

a) 前后景深   b) 光圈与景深

图 4-13 景深

表 4-7 视觉系统的集成

安装方式	特点	图示
外置式	视觉传感器安装在机器人本体上，可随机器人运动。视觉传感器安装应牢固，能抵抗振动，工作时不与机器人发生干涉，且线缆采用 JB/T 10696.3 的试验方法后应满足表 4-8 的抗折弯要求	
固定式	视觉传感器固定安装在机器人运动空间内。视觉传感器安装应牢固，不随机器人进行运动，不与机器人干涉	
运动式	视觉传感器安装在可移动部件上，如云台或滑轨等。视觉传感器安装应牢固，能抵抗振动，工作时与机器人及其他周围环境应不发生干涉	

表 4-8 抗折弯要求

相机传输数据接口	电缆类型	最小折弯半径	抗折弯次数	线缆最大长度
USB2.0/3.0 接口	多芯双绞线	<6 倍电缆外径	≥1000 万次	5m
GigE 千兆网接口	多芯双绞线	<6 倍电缆外径	≥1000 万次	100m
1394FireWire 接口	多芯双绞线	<6 倍电缆外径	≥1000 万次	100m
Camera Link 接口	Camera Link 线缆	<6 倍电缆外径	≥1000 万次	10m

4. 机器人视觉系统应用

机器视觉历经了几十年的发展，在技术上有了长足的进步。相较于人体的视觉系统，机器视觉具有实时性强、定位精度高、重复性好等诸多优点，见表4-9。将机器视觉应用于机器人，可以使机器人具有和生物视觉类似的场景感知能力，让机器人具备更强大的实时的自主决策能力。

138

表4-9 人类视觉与机器视觉对比

项目	人类视觉	机器视觉
精确性	差，64 灰度级，不能分辨小于 $100\mu m$ 的目标	强，256 灰度级，可观测微米级目标
速度	慢，无法看清间隔小于 40ms 的运动目标	快，快门时间可达 $10\mu s$
适应性	弱，很多环境对人体有损害	强，对环境适应性强
客观性	低，数据无法量化	强，数据可量化
重复性	弱，易疲劳	强，可持续工作
可靠性	易受主观情绪影响	客观，检测效果稳定可靠
效率	低	高

目前机器人视觉系统已经进入到电子、汽车、电池、半导体、包装、食品和药品等诸多行业领域之中。同时，机器人视觉的应用环节也非常多元，在汽车制造的生产线中，从初始原材料质量的检测，到汽车零部件尺寸精密测量、装配定位，以及制造过程中的焊接、涂胶、冲孔等工艺把控，还有最后整车质量的检查等十几个环节都能够运用机器人视觉系统。视觉传感器的应用功能可以归纳为四类：定位和导引（Guidence）、检测（Inspection）、测量（Gauging）和识别（Identification），通常称作"GIGI"。

（1）定位和导引 定位和导引技术是自动导引小车（Automated Guided Vehicle，AGV）的核心技术之一。近年来同步定位与建图（Simultaneous Localization and Mapping，SLAM）技术得到迅猛发展，能够使小车实现自主避障、自主规划路径。由于该技术不需要预设参照物，能够大幅降低成本，深受人们的欢迎。AGV（图 4-14）主要有电磁感应引导式、激光引导式和机器视觉引导式三种主流方式，其中机器视觉引导方式能够

图 4-14 AGV

达到 5cm 级别的误差，被誉为"视觉 GPS"系统，具备广阔的发展前景。

（2）检测 机器视觉检测技术主要应用于物体的表面，传统的视觉方法可以根据形状（直线、圆）、颜色和灰度值等特征，利用模版匹配、图像滤波和斑点分析等算法对目标的有无、表面缺陷等进行检测，但这些方法不太适合情况复杂的、检测难度较大的目标。随着深度学习的发展应用，这种问题迎刃而解，检测质量也能有所提升。通常将 2D 视觉模块、机器人及 AGV 有机结合，再融入 5G 技术，打造成兼具工作柔性化、检测智能化及功能多

样化的高精度视觉检测协作机器人，如图 4-15a 所示。其系统具备路径规划及避障能力，可自行运动到指定的多个工位完成相应的检测及抓取工作，并收集分析产品质量数据，为实现工业现场的人机协同柔性制造提供了技术支撑。

（3）**测量** 视觉系统能够提取图像的边缘和轮廓等信息，进行非接触的尺寸测量、位置度测量和高度测量等。视觉测量具有精度高、速度快的特点，由于不用接触目标物，故而又可以有效避免人工测量对目标物造成的影响。测温机器人能够在 5m 范围内测量人体温度，精度范围达±0.3℃，如图 4-15b 所示。

（4）**识别** 利用计算机对图像进行处理、分析和理解，以识别各种不同模式的目标和对象。常见的视觉识别技术有光学字符识别（Optical Character Recognition，OCR）、指纹识别、人脸识别、二维码识别和唇语识别技术等。其中，指纹识别和人脸识别主要用于身份识别，应用范围不限于考勤打卡、门禁解锁、支付和交通等领域；OCR 技术已被广泛应用于标签、票据、仪表读数等识别领域。图 4-15c 所示的智能设备为下棋机器人，能够识别棋子位置变化、计算胜率并借助机械手完成棋子码放、与人对弈等功能。

  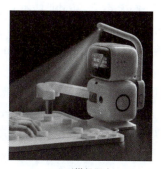

a) 视觉检测协作机器人   b) 测温机器人   c) 下棋机器人

图 4-15　包含视觉系统的机器人

综上，机器人视觉系统已然在生产生活中体现出其广泛的应用需求和实用价值。

4.3　机器人视觉系统坐标系标定

当视觉系统（视觉单元）选型完成并安装在机器人上之后，两者间仍然无法进行数据的有效交流，因为机器人的执行机构与视觉系统处于不同坐标系下。通俗来讲，假使目标既处于视觉系统的左侧，又位于执行机构的右侧，那么当视觉系统告知执行机构向左移动寻找目标时，必定出错。因此在机器人调用视觉系统之前，需先建立执行机构与视觉系统（坐标系）关联，即坐标系标定。

标定中常用的坐标系包括有世界坐标系、工具坐标系、工件坐标系、相机坐标系和工件坐标系等，其中部分坐标系的位姿如图 4-16 所示。坐标系标定可分为三步，首先进行机器人工具坐标系标定，紧接着是工件坐标系标定，最后是视觉单元坐标系标定。标定时，一般以世界坐标系 $O_oX_oY_oZ_o$ 为基准，将工业机器人坐标系中的工件坐标系 $O_wX_wY_wZ_w$ 和图像坐标系（以图像为参照）$O_iX_iY_iZ_i$ 通过相机坐标系（以相机为参照）$O_cX_cY_cZ_c$ 建立转换关系。

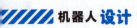

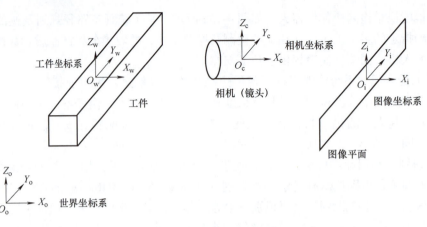

工件坐标系

相机坐标系

图像坐标系

图像平面

相机（镜头）

工件

世界坐标系

图 4-16　各坐标系关系图

💡 世界坐标系（World Coordinate System）是机器人视觉系统中作为基准的参照坐标系；机座坐标系（Base Coordinate System）又称基坐标系，位于机器人基座，一般单台机器人的世界坐标系和基坐标系是重合的。工件坐标系（Workpiece Coordinate System）是以目标工件为参照的坐标系（图 4-17）。视觉单元坐标系（Vision Unit Coordinate System）是相机坐标系和图像坐标系的总称。

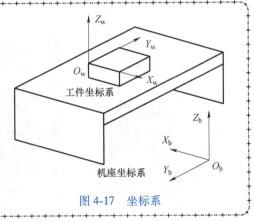

工件坐标系

机座坐标系

图 4-17　坐标系

1. 机器人工具坐标系标定

在不同的任务和环境条件下，为了方便机器人进行工作，会在机器人的末端固定特别的工具（也称执行器），因此就需要对不同的工具进行工具坐标系 $O_tX_tY_tZ_t$ 的标定。工具坐标系 $O_tX_tY_tZ_t$ 的标定一般分为工具中心点（TCP）的位置标定以及工具坐标系姿态（TCF）标定两部分。机器人工具坐标系标定可按照下列标定步骤进行。

1）算法模型。根据实际应用场景，在进行工具中心点（TCP）标定过程中，控制机器人进行多次定位，并记录相应的角度值，建立通用运动学模型如下

$$ {}_e^bT_{it}^eT = {}_t^bT_i \tag{4-4} $$

式中，b 代表机座坐标系；e 代表机械接口坐标系；t 代表工具坐标系；${}_t^bT_i$ 为机器人工具坐标系相对于机座坐标系 $O_bX_bY_bZ_b$ 的坐标变换矩阵；${}_e^bT_i$ 为机械接口坐标系 $O_eX_eY_eZ_e$ 相对于机座坐标系 $O_bX_bY_bZ_b$ 的变换矩阵；${}_t^eT$ 为机械接口坐标系到工具坐标系 $O_tX_tY_tZ_t$ 的变换矩阵，如图 4-18 所示。

2）参考点选取。工具中心点（TCP）标定需要控制机器人以多个姿态约束工具中心点（TCP）处于同一个空间参考点。

3）标定点选取。根据不同的标定装置可以选择不同的标定点数，通常选择范围是 3 点标定到 7 点标定。

4）姿态标定。通常在工具中心点（TCP）标定完成之后，可对工具坐标系的 X/Y、X/Z 方向或 Y/Z 方向进行标定，即姿态标定。

2. 机器人工件坐标系标定

工件坐标系更利于描述工件的位置变化，当机器人要处理多个工件时，为每个工件定义一个坐标系能便于调整程序。工件坐标系的标定过程中要用到机器人末端工具的 TCP，故而需要先完成工具坐标系的标定。机器人工件坐标系标定可按照下列标定步骤进行。

1）算法模型。根据实际应用场景，在进行工件坐标系标定过程中，控制机器人进行多次定位，并记录相应的角度值，建立通用运动学模型如下

$$\begin{matrix} b \\ t \end{matrix}\boldsymbol{T}\begin{matrix} t \\ i \end{matrix}\boldsymbol{T} = \begin{matrix} b \\ w \end{matrix}\boldsymbol{T}_i \tag{4-5}$$

式中，b 代表机座坐标系；t 代表工具坐标系；w 代表工件坐标系；$\begin{smallmatrix}b\\w\end{smallmatrix}\boldsymbol{T}_i$ 为机器人工件坐标系相对于机座坐标系 $O_bX_bY_bZ_b$ 的坐标变换矩阵，变换过程如图 4-18 所示；$\begin{smallmatrix}b\\t\end{smallmatrix}\boldsymbol{T}_i$ 为工具坐标系 $O_tX_tY_tZ_t$ 相对于机座坐标系 $O_bX_bY_bZ_b$ 的变换矩阵，$\begin{smallmatrix}t\\w\end{smallmatrix}\boldsymbol{T}$ 为工件坐标系到工具坐标系 $O_tX_tY_tZ_t$ 的变换矩阵，如图 4-18 所示。

2）参考点选取。工件坐标系标定需要控制机器人以同一姿态约束工具中心点（TCP）分别处于原点、X 方向和 Y 方向三个不同的空间参考点。

3. 视觉单元坐标系标定

世界是三维的，而物理成像平面（像面）是二维的，这样可以把视觉单元看作为一个函数，输入量是一个场景，输出量是一幅图像。这个从三维到二维的过程函数是不可逆的。视觉单元标定的目标是找到一个合适的数学模型，求出模型的参数，这样能够近似上述三维到二维的过程，同时，使三

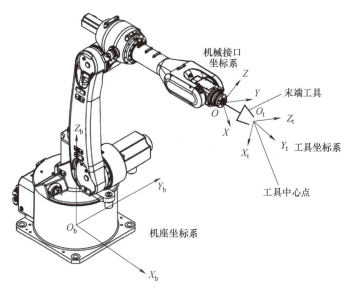

图 4-18　工具坐标系位姿

维到二维的过程函数找到反函数。这个逼近的过程就是"视觉单元坐标系标定"，也即"相机标定"。

简而言之，这种标定主要是求取相机内、外参数以及镜头畸变参数，实现图像坐标和工件坐标间的变换。变换包括两个部分，一个是在相机坐标系下，真实物体投射到成像平面的坐标变换，这部分的变换矩阵称作相机的内参；另一个是相机坐标系相对于工件坐标系的变换，该部分的变换矩阵称作相机的外参。视觉单元标定可按下列标定通用步骤进行。

1）算法模型。根据实际应用场景，建立描述工业机器人几何特性和运动性能之间的数学模型，提供通用参数个数并给出其对应的几何特性的描述和定义。视觉单元坐标系的标定即工件坐标系 $O_wX_wY_wZ_w$ 到图像坐标系 $O_iX_iY_iZ_i$（相机内像素点空间）的映射。通俗来讲，

就是工件坐标系旋转平移后与图像坐标系重合，该过程的通用模型如下

$$s\tilde{\boldsymbol{m}} = \boldsymbol{K}[\boldsymbol{R}, \boldsymbol{t}]\tilde{\boldsymbol{M}} \tag{4-6}$$

式中，s 为常数；$\tilde{\boldsymbol{m}}$ 为图像的空间坐标；$\boldsymbol{K}$ 为内参矩阵；$\boldsymbol{R}$ 为旋转矩阵；$\boldsymbol{t}$ 为平移矩阵，$\tilde{\boldsymbol{M}}$ 为工件的空间坐标，$\boldsymbol{R}$ 和 $\boldsymbol{t}$ 共同组成相机的外参矩阵。

2）测量参数。测量工业机器人在世界坐标系下的多点位置坐标，以精确计算出内参矩阵以及旋转矩阵和平移矩阵的值。

4. 视觉单元标定原理

相机坐标系下目标物上的某点 P_c 经过相机的光心（相机镜头的中心）O_c 后投影到像面上，对应点 P_i，如图 4-19a 所示。按照小孔成像的原理将此模型进行简化，可以看成一个相似三角形问题，如图 4-19b 所示。

在相机坐标系中，我们习惯上把 Z_c 轴指向相机前方，X_c 轴向右，Y_c 轴向下。O_c 为相机的光心，也是小孔成像模型中的小孔。设点 P_c 的坐标为 $[X_c, Y_c, Z_c]^T$，投影在图像坐标系下的坐标 P_i 为 $[X_i, Y_i, Z_i]^T$，成像平面和光心的距离为像距 v（用焦距 f 代替）。

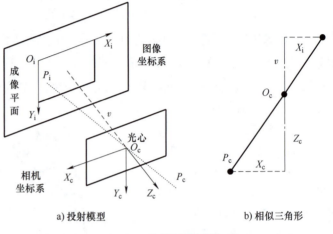

a) 投射模型　　　　b) 相似三角形

图 4-19　物体投射到像面

> 💡 焦距 f、像距 v 和物距 u（光心到物体的距离）之间最基本的关系可以用高斯成像公式表达：
>
> $$\frac{1}{f} = \frac{1}{v} + \frac{1}{u} \tag{4-7}$$
>
> 由式（4-7）可知，当物距 u 很大时，像距 v 的大小近似于焦距 f。

根据图 4-19b 所示的三角形相似关系，有

$$\frac{Z_c}{f} = -\frac{X_c}{X_i} = -\frac{Y_c}{Y_i} \tag{4-8}$$

式（4-8）中出现负号是因为物体所成的像是倒立的，即物和像处于坐标系的不同象限。为了表示起来更方便，我们把像面从相机的后面对称到前面去（图 4-20），以此去除负号。

在对称后，有

$$\frac{Z_c}{f} = \frac{X_c}{X_i} = \frac{Y_c}{Y_i}$$

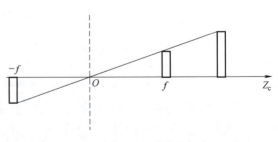

图 4-20　成像

$$X_i = f\frac{X_c}{Z_c}$$

$$Y_i = f\frac{Y_c}{Z_c}$$

$$\begin{bmatrix} X_i \\ Y_i \\ 1 \end{bmatrix} = \frac{1}{Z_c}\begin{bmatrix} f & 0 & 0 \\ 0 & f & 0 \\ 0 & 0 & 1 \end{bmatrix}\begin{bmatrix} X_c \\ Y_c \\ Z_c \end{bmatrix}$$

也可以把 Z_c 写到等式左边去，变成

$$\lambda\boldsymbol{P}_i = Z_c\begin{bmatrix} X_i \\ Y_i \\ 1 \end{bmatrix} = \begin{bmatrix} f & 0 & 0 \\ 0 & f & 0 \\ 0 & 0 & 1 \end{bmatrix}\begin{bmatrix} X_c \\ Y_c \\ Z_c \end{bmatrix} = \boldsymbol{K}\boldsymbol{P}_c \tag{4-9}$$

式中，通常把 Z_c 称为尺度因子 λ，把 $\boldsymbol{K}$ 称为相机的内参矩阵。显然，$\boldsymbol{K}$ 描述的是相机坐标系到图像坐标系的转换关系。通常来说，相机在出厂之后其内参就是固定的了。

需要注意的是，镜头并非理想的透视成像，相机透镜制造精度以及组装工艺的偏差会导致畸变。所谓畸变（Distortion GB/T 29298—2012），即横向放大率随像高或视场大小变化而引起的一种失去物像相似的像差。畸变不影响像的清晰度。

镜头的畸变分为径向畸变和切向畸变两类。径向畸变是由于镜头自身凸透镜的固有特性造成的，因为光线在远离透镜中心的地方比靠近中心的地方更加弯曲。径向畸变主要包括桶形畸变和枕形畸变两种，如图 4-21 所示。

1）枕形畸变。枕形畸变（Pincushion Distortion，GB/T 13964—2008），即正畸变，横向放大率随视场增大而增大的畸变。它使对称于光轴的正方形物体的像呈枕形。

2）桶形畸变。桶形畸变（Barrel Distortion，GB/T 13964—2008），即负畸变，横向放大率随视场增大而减小的畸变。它使对称于光轴的正方形物体的像呈桶形。

切向畸变是由于透镜本身与相机传感器平面（成像平面）或图像平面不平行而产生的，这种情况多是由于透镜被粘贴到镜头模组上的安装偏差导致，如图 4-22 所示。

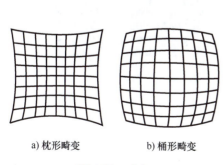

a）枕形畸变　　　　b）桶形畸变

图 4-21　畸变

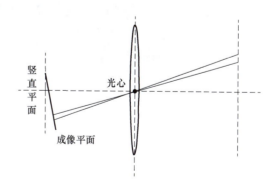

图 4-22　安装偏差展示

机器人视觉中，使用的相机质量较好，一般不会出现切向畸变。所以在内参矩阵中仅引入径向畸变参数 s，此时 $\boldsymbol{K}$ 变为

$$K = \begin{bmatrix} f & s & 0 \\ 0 & f & 0 \\ 0 & 0 & 1 \end{bmatrix} \tag{4-10}$$

下面对相机外参进行推导。工件坐标系经过旋转和平移后可以与相机坐标系重合。旋转变换用大小为 3×3 的单位正交旋转矩阵 $\boldsymbol{R}$ 来描述；平移变换用大小为 3×1 的向量 $\boldsymbol{t}$ 描述，数学表达式为

$$\boldsymbol{P}_c = \boldsymbol{R}\boldsymbol{P}_w + \boldsymbol{t}$$

$$\boldsymbol{P}_c = [\boldsymbol{R}, \boldsymbol{t}] \begin{bmatrix} \boldsymbol{P}_w \\ 1 \end{bmatrix} \tag{4-11}$$

式中，$\boldsymbol{P}_w$ 为工件坐标系下的点位，将式（4-10）代入求内参的式（4-9）中，得到

$$\lambda \boldsymbol{P}_i = K\boldsymbol{P}_c = K[\boldsymbol{R}, \boldsymbol{t}] \begin{bmatrix} \boldsymbol{P}_w \\ 1 \end{bmatrix} = K[\boldsymbol{R}, \boldsymbol{t}] \tilde{M}$$

$$s\tilde{m} = K[\boldsymbol{R}, \boldsymbol{t}] \tilde{M} \tag{4-12}$$

5. 常用相机标定方法

根据需求和使用场景等不同，技术人员发明出了多种相机标定方法，有使用标定物进行标定的，也有根据图像几何信息进行标定的。一般来说，较为常用的相机标定方法有三种：传统相机标定法、主动视觉相机标定法和相机自标定法。

（1）**传统相机标定法** 需要使用尺寸已知的标定物，通过建立标定物上坐标已知的点与其图像点之间的对应关系，利用一定的算法获得相机模型的内外参数，根据标定物的不同可以分为三维标定物和平面型标定物，如图 4-23 所示。三维标定物可实现单幅图像完成标定，标定的精度较高，但是高精度标定物本身的加工和维护较困难。而平面型标定物制作起来相对简单，精度也能保证，但是标定时要采用多幅图像完成。传统相机标定法在标定的过程中始终需要标定物，且标定物的制作精度会影响标定结果。

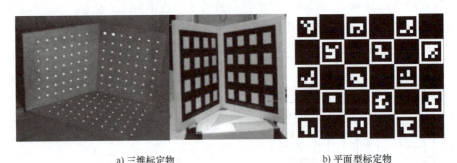

a) 三维标定物   b) 平面型标定物

图 4-23 标定物

（2）**主动视觉相机标定法** 主动控制相机做某些特定运动并拍摄多组图像，依据图像信息和已知的位移变化来求解相机内外参数。有两种典型的特定运动：一种是使相机在三维空间内稳定平移，另一种是使相机做参数固定的旋转运动。基于主动视觉的相机标定法算法简单，往往能够获得线性解，故鲁棒性较高；但是系统的成本高、实验设备昂贵、实验条件要求高，而且不适合于运动参数未知或无法控制的场合。

（3）**相机自标定法**　相机自标定法大致可以分为基于场景约束的自标定方法和基于几何约束的自标定方法两类。基于场景约束主要是利用场景中的一些平行或者正交的线条信息。其中空间平行线在相机图像平面上的交点被称为消失点，它是射影几何中一个非常重要的特征，所以很多学者研究了基于消失点的相机自标定方法。基于几何约束的自标定法不需要外在场景的约束，仅依靠多视图自身彼此间的内在几何限制来完成标定。

> 标定方法还可以分为在线标定和离线标定。在线标定是指在系统运行之初或者系统运行过程中完成标定；离线标定是指在采集传感器的数据后离线处理，求出待标定参数。传统相机标定法属于离线标定，而相机自标定法属于在线标定。

三种相机标定方法各有优劣，它们的常用方法及适用场合见表 4-10。

表 4-10　标定方法比较

标定方法	优点	缺点	常用方法	适用场合
传统相机标定法	精度高、适用于任意相机模型	需要标定物且算法复杂	直接线性变换法、Tsai 两步法、张氏标定法	精度要求较高且相机参数基本不变
主动视觉相机标定法	无需标定物、算法简单、鲁棒性强	成本高、设备昂贵	主动系统控制相机做特定运动	相机运动信息已知
相机自标定法	灵活性强、可在线标定	精度低、鲁棒性差	分层逐步法、利用绝对二次曲线（如基于 Kruppa 方程）法、利用对偶二次曲线法	需要经常调整相机或者无法设置已知参照物

传统相机标定方法可以适用于大部分的场合，因此在视觉领域有其重要的意义。下面对传统相机标定法中著名的张氏标定法和直接线性变换法进行介绍。

（1）**张氏标定法**　张氏标定法（或称张正友标定法）是张正友教授于 1998 年提出的使用单平面棋盘格的相机标定方法。该方法介于传统相机标定法和相机自标定法之间，克服了传统相机标定法需要的高精度标定物的缺点，仅使用一个打印出来的棋盘格作为标定板，如图 4-24 所示。同时相对于相机自标定方法而言提高了精度，便于操作，因此被广泛使用。

棋盘格图案具有明显的角点，角点之间的间隔是固定的。假设左上角角点的坐标为（0，0），则其他角点的像素坐标都可以通过格子数量进行计算。一张已知分辨率的

图 4-24　棋盘格

标定板图像，在打印后每个角点的二维空间坐标也是完全已知的（通过像素换算成空间尺寸）。

在标定时，通常将标定板图案以某种方式安置于一个平面上，这样能使标定图案的角点都位于一个平面上。在此情况下，就可以将角点的二维坐标转换成 Z 坐标值为 0 的三维世界坐标。具体操作时，可以将打印后的标定图案粘贴至一块平板上；但若对精度的要求较高，可以找专业厂家制作高精平板（如陶瓷板）并将标定图案以某种工艺刻印到平板上。

张式标定法需要移动相机实现多个（大于三个）不同位姿下标定板图案的拍摄，继而对拍摄图像中的角点进行检测提取（图4-25），然后解算标定参数。角点提取和参数解算的过程可以用Matlab的计算机视觉工具箱快速实现：只需要导入拍摄图像并选择畸变参数个数，单击标定即可产生结果，结果中包括有内参矩阵、焦距、径向和切向畸变、旋转矩阵、平移向量和重投影误差等。Matlab还提供了重投影误差和可视化的相机外参等，方便评估标定结果，如图4-26所示。最后，用户可以通过删除高误差图像、添加更多图像或者修改标定程序设置等来改进标定结果。

图4-25　棋盘格角点检测

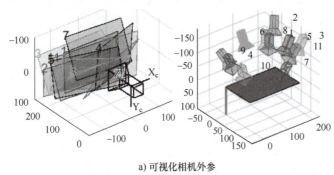

a）可视化相机外参

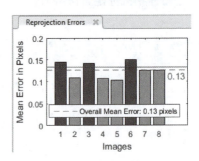

b）重投影误差条形图

图4-26　评估标定结果

若使用OpenCV利用相关算法库进行相机标定，那么在得到标定结果后，可以通过函数优化相机内参和畸变系数，然后再用函数计算重投影误差来评估，同时也可以对图像进行畸变矫正，直观地体现相机标定的准确性。

（2）直接线性变换法　对于张氏标定法来说，标定板精度越高，标定结果越准确。但当测量距离很大时，高精度的标定平面就难以实现了。这时可以用到大型的三维标定场，并通过直接线性变换法（Direct Linear Transform，DLT）进行标定。

DLT算法属于多点透视成像方法（Perspective-n-Point，PNP）中的一种。PNP算法通过已知的 n 个3D点的坐标（世界坐标系下的坐标）以及在相机像素平面下对应的2D点的像素坐标，对相机位姿进行估计，即求解世界坐标系到相机坐标系的旋转矩阵 R 和平移向量 t。PNP算法还包括了P3P、EPNP和光束法平差（Bundle Adjustment，BA）等算法。

DLT算法将 n 个世界坐标系下的空间点投影到相机归一化平面，投影矩阵的最后一行用于消去深度，得到 $2n$ 个约束方程，再利用奇异值分解求解超定方程并得到位姿矩阵的估计。

现已知空间中的点 P_i，其真实空间坐标为 $[x, y, z]^T$，对应的齐次坐标系坐标为 $[x, y, z, 1]^T$；投射到相机中的像素坐标（以图像左上角为原点，由图像坐标系平移得到）为 $[u, v]^T$，对应的齐次坐标系坐标为 $[u, v, 1]^T$，相机内参矩阵为 K。定义相机外参 R、t 分别为旋转量与平移量。有 R、t 透视模型

$$Z_c \begin{bmatrix} u \\ v \\ 1 \end{bmatrix} = K \begin{bmatrix} R & t \\ 0^T & 1 \end{bmatrix} \begin{bmatrix} x \\ y \\ z \\ 1 \end{bmatrix} \tag{4-13}$$

展开得到

$$
Z_c\begin{bmatrix} u \\ v \\ 1 \end{bmatrix} = \begin{bmatrix} f_{11} & f_{12} & f_{13} & f_{14} \\ f_{21} & f_{22} & f_{23} & f_{24} \\ f_{31} & f_{32} & f_{33} & f_{34} \end{bmatrix} \begin{bmatrix} x \\ y \\ z \\ 1 \end{bmatrix}
$$

转化成方程组形式

$$
\begin{cases} Z_c u = f_{11}x + f_{12}y + f_{13}z + f_{14} \\ Z_c v = f_{21}x + f_{22}y + f_{23}z + f_{24} \\ Z_c = f_{31}x + f_{32}y + f_{33}z + f_{34} \end{cases}
$$

消去 Z_c，将其全部列至左侧，得到方程组

$$
\begin{cases} f_{11}x + f_{12}y + f_{13}z + f_{14} - f_{31}xu - f_{32}yu - f_{33}zu - f_{34}u = 0 \\ f_{21}x + f_{22}y + f_{23}z + f_{24} - f_{31}xv - f_{32}yv - f_{33}zv - f_{34}v = 0 \end{cases} \tag{4-14}
$$

由于式（4-14）中含有 12 个未知数，每一个点可以提供 2 个方程，因此至少需要 6 个点，才可以解出该方程的解，带入 6 组数据，可得到如下矩阵

$$
\begin{bmatrix} x_1 & y_1 & z_1 & 1 & 0 & 0 & 0 & 0 & -u_1x_1 & -u_1y_1 & -u_1z_1 & -u_1 \\ 1 & 0 & 0 & 0 & x_1 & y_1 & z_1 & 1 & -v_1x_1 & -v_1y_1 & -v_1z_1 & -y_1 \\ \vdots & \vdots & \vdots & \vdots & \vdots & \vdots & \vdots & \vdots & \vdots & \vdots & \vdots & \vdots \\ x_n & y_n & z_n & 1 & 0 & 0 & 0 & 0 & -u_nx_n & -u_ny_n & -u_nz_n & -u_n \\ 1 & 0 & 0 & 0 & x_n & y_n & z_n & 1 & -v_nx_n & -v_ny_n & -v_nz_n & -v_n \end{bmatrix} \begin{bmatrix} f_{11} \\ f_{12} \\ f_{13} \\ f_{14} \\ f_{21} \\ f_{22} \\ f_{23} \\ f_{24} \\ f_{31} \\ f_{32} \\ f_{33} \\ f_{34} \end{bmatrix} = 0 \tag{4-15}
$$

式（4-15）为奇异方程 $\boldsymbol{AF} = 0$ 求解问题，通过奇导值分解法可得

$$
\boldsymbol{F} = \boldsymbol{UDV}^{\mathrm{T}} \tag{4-16}
$$

当 $n \geqslant 6$ 时候我们可以得到 $\|\boldsymbol{F}\| = 1$ 约束条件下的最小二乘解，其中 $\boldsymbol{V}$ 矩阵的最后一列即所求 $f_{11} \sim f_{34}$ 未知数的解，得到相机的位姿矩阵。

4.4 机器人视觉导引原理

给机器人配置机器视觉单元，让机器人借助视觉等传感器具备定位自身、定位目标的能力，并完成底盘移动轨迹规划，最终实现目标取放、搬运、焊接等操作，这就是视觉导引技术。要完成视觉导引任务，最关键、最本质的技术就是让视觉单元通过图像获取、处理等步骤实现 "GIGI" 功能，并将数据处理后的特定结果传达给机器人。

1. 数字图像获取

图像（Image，GB/T 41864—2022）是一种客观世界视觉信息的静态可视化表示，可以分为数字图像与模拟图像。模拟图像是指图像的空间、色彩和灰度（一种图像亮度表示方式）等内容都是连续变化的，如生物观察到的景象和在成像系统中未经数字化处理而直接获取的图像。数字图像（也叫数码图像、数位图像）由模拟信号数字化得到，图像内容是离散的。图像数字化的过程包括了图像采样和量化两个操作。

（1）图像采样　图像采样（Image Sampling，GB/T 41864—2022）是指在水平和垂直方向上对二维空间上连续图像进行等间距地分割，形成矩形网状结构过程的操作。矩形网状结构中所形成的微小方格称为像素点。采样方式分为有缝、无缝和重叠三种；采样参数包括了采样间距和采样孔径，如图 4-27 所示。

a) 采样间距　　　　　　　　　　　　　　　b) 采样孔径

图 4-27　采样参数

采样间距越大，所得的图像像素数越少，图像的空间分辨率（图像中可辨别的场景的最小细节）越低，图像的质量越差，如图 4-28 所示。

512×512　　　　　　　64×64　　　　　　32×32

图 4-28　不同空间分辨率下的图像

（2）图像量化　图像量化是将像素灰度转换成离散整数值的过程。对于同一图像来说，不同灰度值的个数越多（即灰度级越高），图像的灰度分辨率就越高，图像的层次就越丰富、质量越好，如图 4-29 所示。一般数字图像的灰度级数 G 为 2 的整数次幂，即 $G = 2^g$（g 称为量化位数）。如某图像的量化灰度级 $G = 256$，此时灰度值范围为 0~255，称为 8 位量化。

7位量化　　　　　　4位量化　　　　　　2位量化

图 4-29　不同灰度级下的图像

彩图

根据灰度级数的差异，数字图像可以分为二值图像、灰度图像和彩色图像，如图 4-30 所示。二值图像（Binary Image）是一种采用单通道二值分量表示的图像，即用数字 0 和 1 表示，也称黑白图像。灰度图像中像素的信息由一个量化的灰度来描述。彩色图像（Color Image）是一种采用多通道（如红、绿、蓝）分量表示可见光波段光谱信息的图像，红、绿和蓝通道各用一个灰度级进行描述。

二值图像　　　　　　　　灰度图像　　　　　　　　彩色图像

图 4-30　三类图像　　　　　　　　　　　　　　彩图

在使用相机获取数字图像时，有内触发和外触发两种模式。其中相机通过设备内部给出信号而采集图像的称为内触发，包括手动触发和自动触发。通过外部给出信号而采集图像的称为外触发，外触发又可分为软触发和硬触发，具体内容见表 4-11。

表 4-11　相机的触发方式

触发方式		图像采集形式	应用场景	备注
内触发	手动触发	连续采集、单帧采集	前期视觉分析和实验	用户手动完成触发
	自动触发		类似智能视频分析或安防等系统	可以指定自动触发周期
外触发	软触发	单帧、多帧触发采集，长曝光触发采集等	半自动或全自动视觉系统，一键式测量设备等	由上位机程序调用相机触发函数
	硬触发			相机硬件触发接口收到外部触发信号

2. 数字图像处理

数字图像处理（Digital Image Processing）又称为计算机图像处理，是通过计算机或者其他实时的硬件对图像进行去除噪声、增强、分割、提取特征等处理的方法和技术。数字图像处理的主要内容包括图像的变换、增强与复原、编码压缩、形态学处理、分割、表示与描述、分类（目标识别）、重建等。

数字图像处理的历史可追溯至 20 世纪 20 年代，最早应用于报纸行业。当时为了用海底电缆传输图像数据而进行了图像编码，至今数字图像的变换、编码和压缩技术已广泛用于图像的存储和传输。数字图像处理技术可以用来提升图像的视觉效果，如电子游戏、电影特效制作、文物照片资料的修复和美颜等；此外，提取图像的特征信息也是处理的一种目的，如身份认证、气象预报和资源调查等。

（1）**图像预处理**　在图像处理中，图像质量的好坏能直接影响识别算法的设计与处理效果。因此，在分析图像内容（特征提取、分割、匹配和识别等）前，先进行预处理（包

括但不限于几何变换、平滑、归一化、复原和增强）来消除图像中无关的信息、突出有用的真实信息，这样能够简化数据并增强有关信息的可检测性，从而改进特征提取、图像分割、匹配和识别的可靠性。在很多视觉任务中，都有图像预处理这一步骤。

1）几何变换。几何变换（Geometrical Transformation，GB/T 41864—2022），一种改变像素空间位置的图像变换方法。几何变换又称空间变换，通过平移、转置、镜像、旋转、缩放等操作（表 4-12）对图像进行处理，可用于改正图像采集系统的系统误差和仪器位置（成像角度、透视关系乃至镜头自身原因）的随机误差。此外，还需要使用灰度插值算法，因为在利用几何变换关系进行计算时，输出图像的像素可能被映射到输入图像的非整数坐标上。常用的差值算法有最近邻插值、双线性插值和双三次插值。

表 4-12　基础几何变换

变换类型	变换示意图	变换矩阵	备注
平移		$\begin{bmatrix} X_1 \\ Y_1 \\ 1 \end{bmatrix} = \begin{bmatrix} 1 & 0 & \Delta x \\ 0 & 1 & \Delta y \\ 0 & 0 & 1 \end{bmatrix} \begin{bmatrix} X_0 \\ Y_0 \\ 1 \end{bmatrix}$	$(X_0,\ Y_0)$ 是原点 Δx、Δy 为平移量 $(X_1,\ Y_1)$ 是变换后的点
旋转		$\begin{bmatrix} X_1 \\ Y_1 \\ 1 \end{bmatrix} = \begin{bmatrix} \cos\theta & -\sin\theta & 0 \\ \sin\theta & \cos\theta & 0 \\ 0 & 0 & 1 \end{bmatrix} \begin{bmatrix} X_0 \\ Y_0 \\ 1 \end{bmatrix}$	X、Y 的数值是相对于旋转中心而言的，θ 是旋转角度
缩放		$\begin{bmatrix} X_1 \\ Y_1 \\ 1 \end{bmatrix} = \begin{bmatrix} s_x & 0 & 0 \\ 0 & s_y & 0 \\ 0 & 0 & 1 \end{bmatrix} \begin{bmatrix} X_0 \\ Y_0 \\ 1 \end{bmatrix}$	s_x、s_y 为缩放因子

在上述的几何变换基础上，延伸出仿射变换和透视变换等概念，效果如图 4-31 所示。仿射变换（Affine Transformation），指一个向量空间进行线性变换（包括旋转、错切和缩放）并接上一个平移，变换为另一向量空间。因三点可以确定一个平

a) 原图　　　　　　　b) 仿射变换　　　　　　c) 透视变换

图 4-31　仿射变换与透视变换

150

面，故仿射变换需要有三组映射点（x，y）数据。透视变换（Perspective Transformation）也叫透视投影（物体在视觉上呈现近大远小的特点），本质是将图像投影到一个新的视平面，它需要有四组映射点数据。透视变换常用于图像的校正，即把如图 4-31c 所示图像校正为如图 4-31a 所示图像。根据两者的实现原理不难得出，能够用仿射变换进行处理的图像也可以用透视变换来完成。

2）图像平滑。图像平滑也称图像去噪（Image Denoising，GB/T 41864—2022），是通过抑制图像噪声改善图像质量的图像复原方法。

噪声的分类方式有很多，按照噪声和信号之间的关系，可将噪声分为乘性噪声、加性噪声和量化噪声；按照噪声产生的原因可分为外部噪声和内部噪声；若按照概率密度函数，则可将噪声分为高斯噪声、瑞利噪声、伽马噪声、脉冲噪声、指数分布噪声和均匀分布噪声，见表 4-13。脉冲噪声在图像上就像随机撒上的一些盐粒和黑胡椒粒，因而也被称作椒盐噪声。

表 4-13　噪声类型及概率密度函数

噪声类型	噪声图像	噪声灰度直方图	噪声概率密度函数曲线
高斯噪声		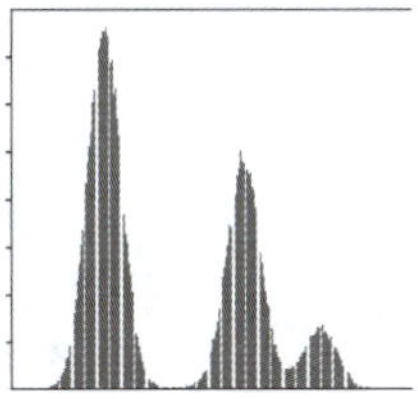	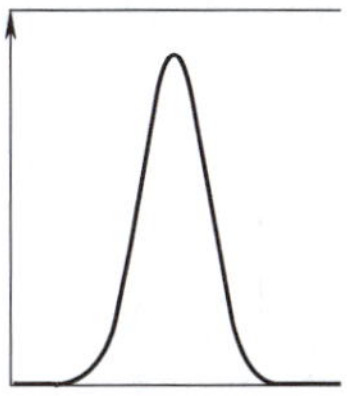
瑞利噪声	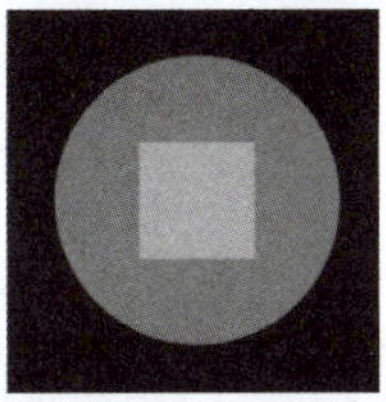	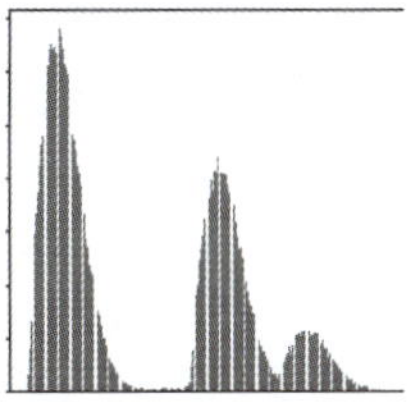	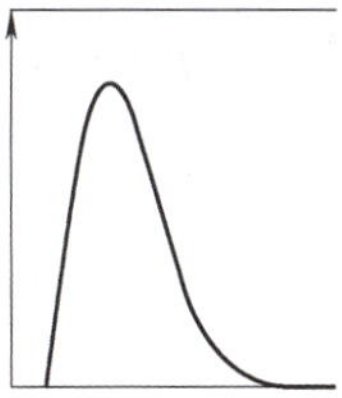
伽马噪声	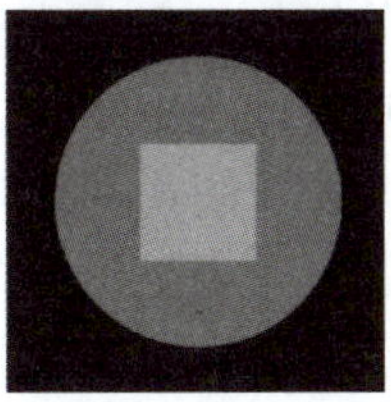	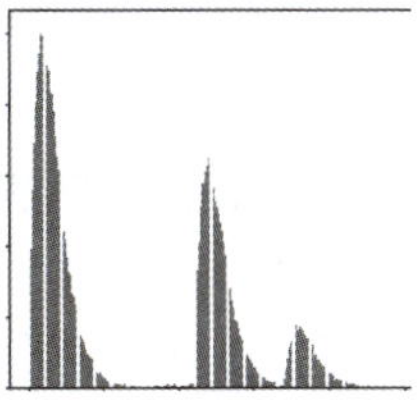	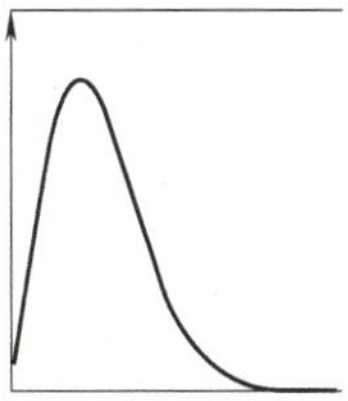
脉冲噪声	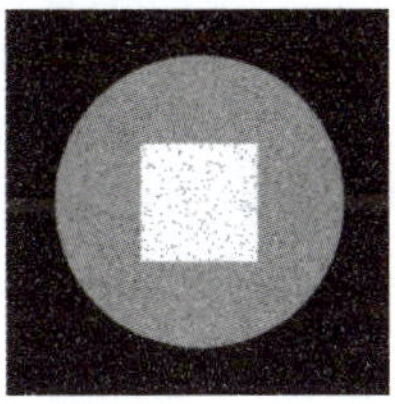	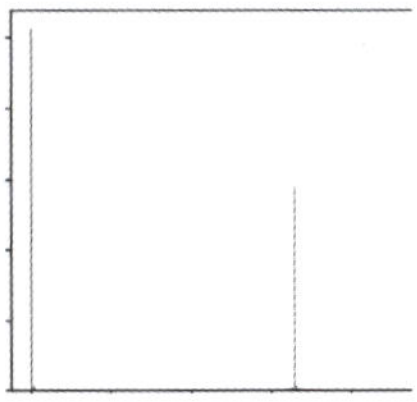	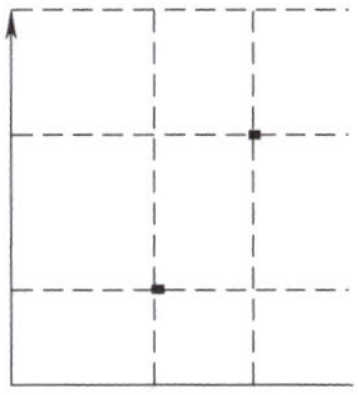

（续）

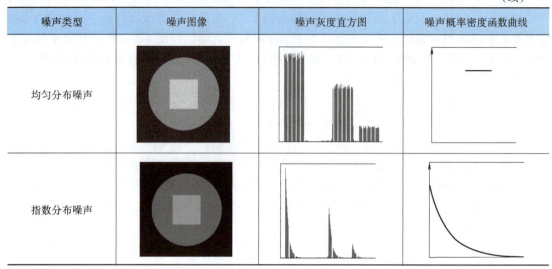

噪声类型	噪声图像	噪声灰度直方图	噪声概率密度函数曲线
均匀分布噪声			
指数分布噪声			

为抑制噪声，改善图像质量，应对图像去噪。去噪算法包括了滤波、稀疏表达、聚类低秩、统计模型和深度学习等算法。其中，滤波算法可以归纳为三类，见表 4-14。

表 4-14　滤波算法

类别	算法原理	具体算法	备注
空间域	直接在原图像上进行数据运算，对像素的灰度值进行处理	高斯、均值、中值、双边滤波，偏微分方程，变分法，加权最小二乘法，NLM（非局部平均）算法	基于随机信号的零和特点为理论出发点
变换域	将图像从空间域转换到变换域，分离出噪声后再反变换到空间域	傅里叶变换、小波变换、K-L 变换	变换域也称为频域，根据信号的频率来分离噪声
混合域	结合空间域和变换域的算法	BM3D 算法、PID、形态学滤波与小波变换结合	去噪效果最好，保留更多细节的同时噪声更少，但算法复杂度高，欠缺效率

3）图像增强。除了噪声外，光照、焦距、拍摄角度等众多因素都会影响图像的质量。图像增强不考虑图像质量降低的原因，也不拘泥于逼近原始图像，其目的在于使有利于识别的信息得到增强，而不利于识别的信息被抑制，以此来增强图像的整体或者局部特征，为图像的信息提取及识别奠定良好的基础。当然，图像增强也可以是提升图像的清晰度，增强视觉效果。图像增强技术按照实现方法同样可分为空间域方法和变换域方法，见表 4-15。

图像的频率表示了图像灰度变化的剧烈程度：低频是灰度缓慢变化的图像内容（如渐变色和背景等），一般是大范围大尺度的信息，较大的图像比例对应着高能量，因此在图像频谱中表现得较亮；高频则表示灰度变化较快的图像内容（一般为边缘，如明暗交界处以及噪点），反应了小范围的细节信息，能量较低，在图像频谱中表现得较暗。

图像数据变换到频域后，低频中心是分散在四个角落上的，如图 4-32a 所示。为了方便后续频域处理，需要变换低频中心的位置（通常移到图像中心），如图 4-32b 所示。此时，低频部分显示在图像中间，离图像中心越远则频率越高。故而图像增强中的高通滤波（滤除低频部分）能将频谱图的中间部分过滤，如图 4-32c 所示，其余滤波原理类似。待频域滤波完成后再将低频中心重新偏移到四个角落上，最后再整体变换到空间域。

表 4-15　不同的图像增强方法

方法		概念	说明
空间域图像增强	点运算增强	点运算增强是一种通过灰度映射来改变图像灰度值的图像增强方法，包括指数变换（基于指数函数曲线形成灰度映射函数）、对数变换、幂指数变换和分段线性变换等方法	一般是对数字图像局部增强
	邻域、模板运算	邻域运算可归纳为图像锐化和平滑两类。锐化是一种能突出边缘或轮廓的图像增强方法，包括梯度运算、拉普拉斯运算等算法，大量应用于医学图像分析、遥感和人脸比对查询等，在清晰图像的同时也会增强噪声。平滑的性质恰与锐化相反，能降低图像噪声，却会使图像变模糊。两种技术有时需要先后使用，也出现了结合两者同步进行的方法	
频域图像增强		频域图像增强是一种将图像从空域变换到频域并借助滤波器改变图像中的频率分量的图像增强方法。常用的算法有低频滤波、高频滤波、带通-带阻滤波和同态滤波等	对数字图像全局增强

a) FFT变换得到频谱　　　b) 频移　　　c) 高通滤波

图 4-32　图像频谱

（2）**形态学处理**　为了使图像中不完整、残缺的物体形态变得丰满，或者去除掉多余的像素，可以用到图像形态学处理的操作。形态学处理是指一系列处理形状特征的图像处理技术，常用于二值化图像的预处理和后处理中，成为图像增强技术的有力补充。

形态学处理的基本操作是腐蚀与膨胀。对于一张黑底的、前景为白色的二值图而言，腐蚀操作后其黑色区域的面积会增大、白色前景的面积会缩小，就像被腐蚀了边界，如图 4-33c 所示。膨胀与腐蚀恰好相反，能够使白色的前景区域变大，即表现为边界膨胀，如图 4-33d 所示。腐蚀和膨胀的效果由运算核（也叫结构元素）决定，其大小和形状（多为矩形、十字形和椭圆形）可以是任意的。在腐蚀图像时，运算核会从左至右、从上到下扫过整幅图像，当运算核所覆盖的区域均为白色时，该区域的中心颜色不变，否则变黑（即像素变为 0）。而膨胀图像时，只要运算核覆盖区域的中心为白色，则整个覆盖区域变白。

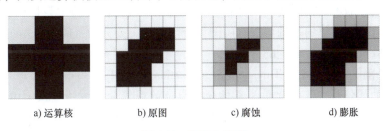

a) 运算核　　　b) 原图　　　c) 腐蚀　　　d) 膨胀

图 4-33　腐蚀与膨胀

基于腐蚀、膨胀操作的原理及效果，变化出一些常用的形态学处理算法，包括开运算、闭运算、顶帽运算、底帽运算、形态学梯度、击中-击不中变换等。

1）开运算。先腐蚀再膨胀。即先利用腐蚀去除无用的、对于识别有碍的白色部分，再膨胀使目标特征变回原先的尺寸大小。开运算可以消除暗背景下较亮的细小区域（如白色噪点和毛刺等），如图4-34a所示去除了"i"字外部的白点。

2）闭运算。先膨胀再腐蚀。先使用膨胀来连通区域、或者填补区域内部的黑色空隙，再通过腐蚀将目标特征的体积回缩，几乎不会使图像边缘轮廓加粗。闭运算可以删除亮背景下较暗的细小区域，如图4-34b所示去除了"i"字内部的黑点。

a) 开运算　　　　　　　　　b) 闭运算

图 4-34　开闭运算

3）顶帽运算。原图像与开运算所得图像之差，可以得到原图中灰度较亮的细小区域，所以又称白顶帽变换，如图4-35b所示得到了"i"字外表的白色细毛边。顶帽运算还具有一个很重要的作用，就是校正不均匀光照。

4）底帽运算。原图像与闭运算结果图像之差，可以得到原图中灰度较暗的细小区域，所以又称黑底帽变换，如图4-35c所示得到了"i"字内部的小黑点。

5）形态学梯度。形态学梯度是根据膨胀、腐蚀与原图三者用不同的布尔运算组合来实现突出高亮目标区域外围的处理算法，如图4-35d所示得到了白色细毛边、黑点以及"i"字本身的轮廓边缘。常见的形态学梯度有四种：①基本梯度，膨胀图像

a) 原图　　　b) 顶帽运算　　　c) 底帽运算　　　d) 梯度

图 4-35　顶帽、底帽、梯度运算

减去腐蚀图像；②内部梯度，原图像减去腐蚀图像；③外部梯度，膨胀图像减去原图像；④方向梯度，使用 X 方向与 Y 方向的直线作为结构元素之后得到图像梯度。用 X 方向直线做结构元素分别膨胀与腐蚀之后得到的图像求差结果称为 X 方向梯度；用 Y 方向直线做结构元素分别膨胀与腐蚀之后得到的图像求差结果称为 Y 方向梯度。

（3）图像分割　图像分割是指根据灰度、彩色、空间纹理、几何形状等特征把图像划分成若干个互不相交的区域，使得这些特征在同一区域内表现出一致性或相似性，而在不同区域间表现出明显的不同，即使得图像划分为"背景"和不同类的"目标"，这是进一步实现图像识别、分析和理解的基础。现有的图像分割方法主要分为：阈值分割、区域分割、基于边缘的分割以及基于特定理论的分割等。

1）阈值分割。阈值分割（Threshold Segmentation，GB/T 41864—2022），利用给定（或自适应获得）的阈值将图像的背景和目标分离出来的图像分割方法。按阈值数量可分为全局阈值、局部阈值和最佳阈值。全局阈值分割即对整个图像指定同一个阈值进行处理，其原理可表示为

154

$$g(i,j) = \begin{cases} 255, & f(i,j) > \text{threshold} \\ 0, & f(i,j) \leq \text{threshold} \end{cases} \qquad (4\text{-}17)$$

式（4-17）表明了输入图像到输出图像的变换。式（4-17）中，255 为像素灰度的最大值（对应白色）、$f(i,j)$ 为输入点（i,j）的灰度值、threshold 为分割阈值、$g(i,j)$ 为对应输出点的灰度值（二值化结果）。阈值的大小是算法的关键，决定了图像分割结果的精确性。常用的全局阈值选取方法包括灰度直方图的峰谷法、最小误差法、最大类间方差法、最大熵自动阈值法等。

局部阈值（或称自适应阈值），指在处理时将图像分成若干子区域分别选择阈值，或者在一定范围内对每个输入点设置对应的阈值，进行图像分割，其原理如式（4-18）所示。局部阈值的常用算法包括 Sauvola 算法、Bersen 算法等。

$$g(i,j) = \begin{cases} 255, & f(i,j) > \text{threshold}(i,j) \\ 0, & f(i,j) \leq \text{threshold}(i,j) \end{cases} \qquad (4\text{-}18)$$

最优阈值的选取一般要通过实验或者分析直方图来确定。直方图可以用两个或更多个正态分布的概率密度函数的加权和进行构建，在这些正态分布最大值间的最小概率处，取其最近的灰度值，即可作为最优阈值。如图 4-36a 所示两概率密度函数合并后如图 4-36b 所示。

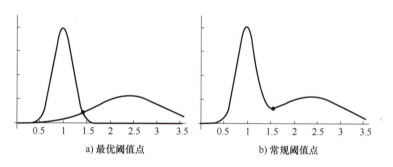

a) 最优阈值点　　　　　　　b) 常规阈值点

图 4-36　最优阈值和常规阈值

在生产条件固定且目标与背景对比较强的情况下，使用全局阈值能够使目标与背景形成显著对比并分割。但当环境条件（如光照）变化较大时，目标与背景的灰度值及对比情况可能随时间、图像区域而不同，此时全局阈值效果大减，选择局部阈值更为适合，如图 4-37 所示。

a) 原图　　　　　b) 全局阈值为170　　　　c) 全局阈值215　　　　d) 局部阈值

图 4-37　分割鸡蛋

2）区域分割。基于区域的分割方法是以直接寻找区域为基础的分割技术，有两种基本

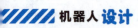

方式：一种是区域生长，从单个像素出发，逐步合并以形成所需要的分割区域；另一种是区域分裂合并，从全局出发，逐步切割至所需的分割区域。

① 区域生长（Region Growing），根据同一物体区域内像素的相似性质来聚集像素点以实现图像分割。需先给每个分割区域找一个种子像素作为生长起点，然后根据事先确定的生长/相似性准则，将种子周围与其有相同或相似性质的像素合并为同一区域。合并后的区域作为新的种子继续上述步骤，直到没有满足条件的像素可被包括进来，一个区域就生长结束了。

② 在区域生长方式的基础上改进，得到分水岭算法（Watershed Algorithm），效果如图 4-38 所示。分水岭算法直观、易于理解、计算速度较快、分割精度较高，但对噪声敏感，容易产生分割偏差或者过分割等。

③ 区域分裂合并（Region Splitting and Merging）是一种将分裂和合并操作结合的区域分割方法。该方法克服了区域生长方法的缺点，无需选取种

a) 原图　　　　　　　　　b) 区域分割结果

图 4-38　分水岭算法效果

子点。其将整个图像划分成若干互不重叠的子区域，然后按照一定准则确定子区域进行分裂或合并，当不再满足分裂与合并条件时，图像分割完成，代表算法为四叉树分解法。

3）基于边缘的分割。基于边缘的分割（Edge Based Segmentation）是通过搜索图像中的边缘像素点进行图像分割的方法。边缘表明一个特征区域的终结和另一个特征区域的开始，如灰度、颜色的突变和不连续。边缘分割方法一般包括两个步骤：先用合适的边缘检测算子（如 Canny 算子、Sobel 算子、LoG 算子、Kirsch 算子）提取出待分割场景不同区域的边界，然后对分割边界内的像素进行连通和标注，从而构成分割区域。基于边缘的图像分割与另外两种方法的对比见表 4-16。

表 4-16　方法对比

方法	优点	缺点
基于阈值	计算简单、运算效率高、速度快	对噪声敏感，需要目标与背景的灰度差异大，要根据具体问题确定阈值
基于区域	在没有先验知识可用时能取得最佳性能，可以用来分割较为复杂的图像，有较好的区域特征	是迭代算法，占用资源多、速度慢，容易造成过度分割
基于边缘	搜索检测的速度快，对边缘的检测较好	对噪声较敏感，不适合复杂图像，不能得到较好的区域结构

图像分割技术广泛应用于指纹识别、行人检测和医学影像等任务中，尤其影响通信领域内可视电话的信息传输——其将可视电话图像中的运动部分与静止部分分开，用不同的编码传输以降低传输码率。虽然目前人类已研究出众多边缘提取、区域分割的方法，但大都基于具体问题出发，仍然没有普遍适用的有效方法，尚无通用的分割理论。

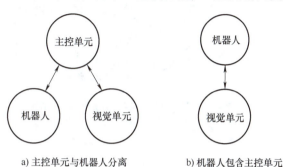

3. 视觉导引数据

视觉单元与机器人执行系统的联系一般要通过主控单元。主控单元（Main Control Unit，GB/T 39005—2020）是指通过执行用户编写的程序对与之相连接的工业设备进行控制的软硬件系统。根据应用的实际情况和复杂程度，主控单元的分布有两种形式（图 4-39）。当应用情况较为简单时，机器人可以同时作为主控单元，与视觉单元直接通信；当应用情况复杂时，为使条理清晰，可以将主控单元、机器人和视觉单元相对独立，视觉单元的数据经由主控单元传给机器人执行系统。当视觉单元的运算任务较大，耗时较多时，可以选择降低视觉单元对数据的处理程度，例如只提供目标在视觉单元坐标系下的位姿，而数据的坐标系转换以及机器人执行系统中对应的电动机旋转角度交由主控单元或机器人计算完成。

a) 主控单元与机器人分离　　b) 机器人包含主控单元

图 4-39　主控单元分布情况

在不同应用场景中，机器人视觉系统的任务目标可能大相径庭，任务的实现也会有一定区别（如末端执行器的类型和体积不同），这就对机器人的导引数据提出了具体的要求。因此在设计视觉算法之前，要明确各部分的任务分工，明确视觉单元应提供的数据类型及数据内容。下面对部分机器人应用场景中的视觉数据进行简要说明，详见表 4-17。

对于提供的导引数据，应当根据实际情况来定义数据类型等，避免机器人各单元之间在运算通信数据时出错。选择数据类型时既要减少空间占用，又要提高数据的传输效率，因此，要在保证数据的完整性的同时尽量减少数据的字节长度。例如，视觉单元需要计算并传

表 4-17　部分应用场景中的视觉数据

场景	图示	视觉功能	导引数据
工件抓取		定位工件的位置、角度（圆形工件除外）等，引导机器人完成工件抓取	当前工件位姿相对于示教点位的偏移和旋转量
激光视觉焊缝跟踪		检测焊缝位置，引导焊枪沿焊缝行进	当前焊缝中心相对于初始焊缝中心的偏移量

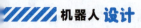

（续）

场景	图示	视觉功能	导引数据
室内巡检红外测温		识别人脸，引导机器人向人体正面靠近并检测体温等	人体位置、方向数据等
室内移动地面清洁		地图构建、障碍物识别、家电识别、地面颗粒物识别等，协助机器人完成清洁	空间尺寸数据、障碍物位置数据等

输角度数据时，可先定义一个 4 字节长度的浮点型角度变量，同时明确变量的单位为度（°）。数据类型选择参考见表 4-18。

表 4-18　数据类型选择参考

数据名称	数据构成	数据类型	单位	数据长度	备注
角度		Float	度（°）	4 字节（B）	角度
坐标系	X	Float	毫米（mm）	24 字节（B）	表示坐标系的空间位置及姿态
	Y	Float	毫米（mm）		
	Z	Float	毫米（mm）		
	A	Float	度（°）		
	B	Float	度（°）		
	C	Float	度（°）		
物体 3D 位姿	X	Float	毫米（mm）	24 字节（B）	视觉单元所识别的物体在某坐标系的坐标和姿态
	Y	Float	毫米（mm）		
	Z	Float	毫米（mm）		
	A	Float	度（°）		
	B	Float	度（°）		
	C	Float	度（°）		
物体 2D 位姿	X	Float	毫米（mm）	12 字节（B）	视觉单元所识别的物体在某坐标系 X 轴和 Y 轴组成的 2D 坐标平面中的坐标和姿态
	Y	Float	毫米（mm）		
	A	Float	度（°）		
距离		Float	毫米（mm）	4 字节（B）	距离

（续）

数据名称	数据构成	数据类型	单位	数据长度	备注
2D 直线	点 1X	Float	毫米（mm）	8 字节（B）	2D 直线上的点 1 和点 2 在某坐标系 X 轴和 Y 轴组成的 2D 坐标平面中的坐标
	点 1Y	Float	毫米（mm）		
	点 2X	Float	毫米（mm）		
	点 2Y	Float	毫米（mm）		
2D 圆	圆心 X	Float	毫米（mm）	12 字节（B）	2D 圆的圆心在某坐标系 X 轴和 Y 轴组成的 2D 坐标平面中的坐标
	圆心 Y	Float	毫米（mm）		
	半径	Float	毫米（mm）		
2D 圆弧	圆心 X	Float	毫米（mm）	13 字节（B）	2D 圆弧的圆心、圆弧起点、圆弧终点在某坐标系 X 轴和 Y 轴组成的 2D 坐标平面中的坐标
	圆心 Y	Float	毫米（mm）		
	半径	Float	毫米（mm）		
	圆弧起点 X	Float	毫米（mm）		
	圆弧起点 Y	Float	毫米（mm）		
	圆弧终点 X	Float	毫米（mm）		
	圆弧终点 Y	Float	毫米（mm）		
字符串		Char［］	—	不定长	采用 UTF-8 编码
OCR	字符串	Char［］	—	不定长	表示光学图像中的字符串、字符串中心的坐标以及外接矩形的长和宽
	中心 X 坐标	Float	毫米（mm）		
	中心 Y 坐标	Float	毫米（mm）		
	长	Float	毫米（mm）		
	宽	Float	毫米（mm）		
相机帧率		Float	帧（fps）	4 字节（B）	每秒传输帧数
触发方式		Int8	—	1 字节（B）	相机的触发方式
曝光时间		Float	毫秒（ms）	4 字节（B）	相机的曝光时间
数量		Int	—	2 字节（B）	数量
JPEG		Int8	—	不定长	图像格式
PNG		Int8	—	不定长	图像格式
H. 264		Int8	—	不定长	视频压缩格式
H. 265		Int8	—	不定长	视频压缩格式

4.5　机器人视觉识别算法

视觉识别从实现方法上来看，可以分为传统的机器视觉方法和基于深度学习的新式方法。两种方式的识别流程如图 4-40 所示。深度学习是一种端到端的模式，需要输入大量数据、耗费大量时间进行训练，由于中间过程不可知，一旦训练结果不理想，只能用不同的数据重新训练。而传统视觉方法进行图像识别时，整个实现过程对技术人员来讲完全透明。技术人员可以将自己对于识别特征的深入见解放入算法中，并能方便地评估算法对于环境的适应性，一旦出现问题也能够较为快速地进行代码定位并修改。

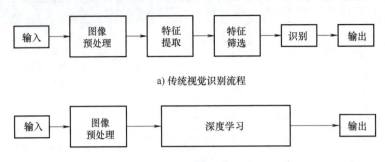

a) 传统视觉识别流程

b) 基于深度学习的视觉识别流程

图 4-40   基本的视觉识别流程

目前深度学习已经成为视觉领域的主流方式，但传统视觉方法仍然保留有其价值和意义。对于两种识别方式来说，图像预处理操作都很重要，而图像预处理需要用传统视觉方法来完成。因此，深度学习不能取代传统视觉方法，传统的方法有其独特的作用和不可比拟的优点，仍然可以大显身手。掌握传统视觉方法能够帮助理解、使用深度学习，对于复杂问题而言，将两者配合使用是更好的选择。

1. 视觉识别处理工具

使用传统视觉方法时，有很多计算机视觉软件、工具能够帮助技术人员完成图像处理，减少开发者的工作量，提升开发效率和程序简洁性，如国内的 VisionMaster、SciVision、VisionBank 和 VisionWare，国外的 eVision、HALCON、NI Vision 和 OpenCV。此外，Matlab 和 Labview 也有对图像处理的支持。不同的视觉软件、工具各有优点，HALCON 功能最为强大；eVision 侧重相机 SDK 开发；VisionWare 擅长印刷品检测；VisionBank 简单易用；Labview 在工控方面首屈一指；而 OpenCV 在识别方面较强，并且是开源的，有利于科研和学习。

OpenCV 是一个基于 Apache2.0 许可发行的跨平台计算机视觉和机器学习软件库，能够在 Linux、Windows、Android 和 Mac OS 操作系统上运行，对代码稍加修改后还能够移植到 DSP 系统和 ARM 嵌入式系统中，应用范围很广。它由一系列 C 函数和少量 C++ 类构成，是轻量且高效的，提供了 Python、Ruby 和 Matlab 等语言的接口，实现了图像处理和计算机视觉方面的很多通用算法。因此，OpenCV 在数字图像处理领域发挥着重要作用。

第一代 OpenCV 开源版本发布于 2000 年，至今已更新完善多次，即使是深度学习的崛起也并不能动摇其地位。OpenCV 紧跟时代步伐，还专门设置了一个深度学习模块 OpenCV DNN。在 2022 年 12 月发布的 4.7.0 版中，具有了全新的 ONNX 层，大大提高了 DNN 代码的卷积性能。

OpenCV 的函数众多，建议读者去官网搜索文档进行学习，或者访问官方中文学习网站（http://www.woshicver.com/）。对于一些简易常见的函数，以熟练掌握并记忆为佳，而复杂少用的函数，可以先熟悉、留下印象，当需要使用时再详细查阅。下面对部分常用的函数进行简单介绍。

（1）**图像读取**   cv2. imread（file_name，flags）函数用于读取指定路径的图像文件，并返回读取结果。如果图像的路径错误、破损或者格式不支持，则无法正确读取图像，但此时函数返回 None，并不报错；若读取正确，则返回图像对象（对象名称由用户自定义）。函数的第一个参数 file_name 表示图像文件的路径（路径最好不要包含中文），第二个参数 flags 表示图像的读取方式（省略时默认读取原图），具体见表 4-19。例如，当第二个参数的位置填入 0 时，函数会读取灰度图像。

表 4-19　flags 参数

参数内容	简记	作用
CV. IMREAD_UNCHANGED	−1	按照图像原样读取，保留 alpha 通道（第四个通道）
CV. IMREAD_GRAYSCALE	0	将图像转换为单通道灰度图像读取
CV. IMREAD_COLOR	1	将图像转换为三通道 RGB 色彩图像读取
CV. IMREAD_ANYDEPTH	2	保留原图像的 16 位、32 位深度。若不做申明，则转换 8 位深度后读取
CV. IMREAD_ANYCOLOR	4	以任何可能出现的颜色格式读取图像
CV. IMREAD_LODA_GDAL	8	使用 GDAL 驱动程序加载
CV. IMREAD_REDUCED_GRAYSCALE_2	16	将图像转化为单通道灰度图像，尺寸缩小至原来的一半，尺寸可以修改，改为 4 时，缩小四分之一
CV. IMREAD_REDUCED_COLOR_2	17	将图像转化为三通道色彩图像，尺寸缩小至原来的一半，尺寸可以修改，改为 4 时，缩小四分之一
CV. IMREAD_IGNORE_ORIENTATION	128	不以 EXIF 的方向旋转图像

（2）**图像显示**　cv2.imshow（window_name，img）函数用于显示图像。运行该函数后，会在显示屏上弹出一个自动适合图像尺寸的窗口。函数的第一个参数 window_name 是窗口名称（是一个字符串），会显示在窗口内左上方的位置；第二个参数 img 是待显示的图像对象。当有多个图像需要显示时，用户可以根据需要多次使用该函数，用不同的窗口名称创建出不同的图像显示窗口。具体使用方法如图 4-41 所示。

```
1    import cv2
2
3    # 图像路径使用英文，并注意斜杠方向
4    path = "C:/Users/stq/Pictures/Saved Pictures/red.png"
5    # 读取图像
6    img = cv2.imread(path)
7    # 显示图像，命名显示窗口为red LED
8    cv2.imshow("red LED", img)
9    # 图像显示时长设置为2000毫秒
10   cv2.waitKey(2000)
11   # 关闭窗口，释放资源
12   cv2.destroyWindow("red LED")
```

图 4-41　读取、显示图像

（3）**获取视频** cv2. VideoCapture（index）函数用于获取视频。通常情况下，我们使用相机捕捉实时画面，如计算机的内置或外接相机。函数的参数 index 为相机设备的索引值（如 0、1、2 等）。如果处理器上连接有多个相机，就会根据索引值调用对应相机。此外，该参数也可以是视频文件的路径及名称。

定义 cv2. VideoCapture（index）函数的返回对象为 cap，则使用 cap. read( ) 函数来逐帧读取视频内容，会返回布尔值（True 或 False），当成功读取一帧图像时布尔值为 True。在获取视频之前，可以通过 cap. isOpened( ) 函数检查对象 cap 是否已初始化，从而避免程序运行出错。如果检查函数返回 True，表明视频获取已经初始化，否则请使用 cap. open( ) 函数打开它（即初始化）。这些函数的具体使用方法如图 4-42 所示。

```python
import cv2

# 读取电脑内置相机视频
cap = cv2.VideoCapture(0)
# 当视频被打开时
while cap.isOpened():
    # 读取视频，读取到的某一帧存储到frame，若是读取成功，ret为True，反之为False
    ret, frame = cap.read()
    # 读取成功
    if ret:
        # 显示读取到的这一帧画面
        cv2.imshow('frame', frame)
        # 等待1毫秒，并且检测键盘输入
        key = cv2.waitKey(1)
        # 若是键盘输入'q'
        if key == ord('q'):
            # 释放视频
            cap.release()
            # 退出循环
            break
    else:
        cap.release()
# 关闭所有窗口，释放资源
cv2.destroyAllWindows()
```

图 4-42　捕获笔记本内置相机视频

（4）**图像二值化** cv2. threshold（src，thresh，maxval，type）函数通过改变图像中各像素点的灰度值将灰度图转化为二值图。函数中的参数 src 即为原图，thresh 是自定义的灰度阈值（分割值），maxval 是自定义的灰度最大值，type 表示改变灰度值时使用的算法，见表 4-20。例如，当使用算法 cv2. THRESH_BINARY 时，图像中所有小于阈值 thresh 的像素点灰度值变为 0，否则灰度值变为最大值 maxval。该函数具有两个返回值：第一个是使用的阈值，第二个就是处理后得到的图像。

表 4-20　图像二值化方式

算法	效果	原理
cv2. THRESH_BINARY	像素灰度值小于阈值为 0，大于阈值为最大值	$dst(x,y) = \begin{cases} maxval & \text{if } src(x,y) > thresh \\ 0 & \text{otherwise} \end{cases}$
cv2. THRESH_BINARY_INV	像素灰度值小于阈值为 255，大于阈值为 0	$dst(x,y) = \begin{cases} 0 & \text{if } src(x,y) > thresh \\ maxval & \text{otherwise} \end{cases}$

（续）

算法	效果	原理
cv2. THRESH_TRUNC	像素灰度值小于阈值不变，大于阈值即为阈值	$\mathrm{dst}(x,y)=\begin{cases} \mathrm{threshold} & \text{if } \mathrm{src}(x,y)>\mathrm{thresh} \\ \mathrm{src}(x,y) & \text{otherwise} \end{cases}$
cv2. THRESH_TOZERO	像素灰度值小于阈值不变，大于阈值为 0	$\mathrm{dst}(x,y)=\begin{cases} \mathrm{src}(x,y) & \text{if } \mathrm{src}(x,y)<\mathrm{thresh} \\ 0 & \text{otherwise} \end{cases}$
cv2. THRESH_TOZERO_INV	像素灰度值小于阈值为 0，大于阈值不变	$\mathrm{dst}(x,y)=\begin{cases} 0 & \text{if } \mathrm{src}(x,y)<\mathrm{thresh} \\ \mathrm{src}(x,y) & \text{otherwise} \end{cases}$

> 💡 若原图为彩色图像，直接使用二值化函数会出错，应该先使用 cv2. cvtColor（img，cv2. COLOR_BGR2GRAY）函数将图像转换为灰度图，然后再二值化，效果如图 4-30 所示。

（5）**轮廓查找与绘制** 轮廓在 OpenCV 中被解释为连接具有相同颜色或强度的所有连续点（沿边界）的曲线，它可以用于形状分析以及对象检测和识别，具有重要作用。cv2. findContours（img，mode，method）函数能够从黑色背景中找到白色物体（即仅适用于二值图像）。函数的参数 img 为输入的图像，mode 表示轮廓的检索模式，method 表示轮廓的逼近方法，具体见表 4-21。该函数检测到的轮廓及其等级信息分别储存在两个列表中，最后返回。每个轮廓的等级信息包含了四个元素，分别是后一轮廓、前一轮廓、父轮廓和子轮廓的索引号，如果没有对应元素，则该项值为 -1。函数用法如图 4-43 所示。

表 4-21 mode 和 method 参数使用

参数	模式	效果
mode	RETR_EXTERNAL	只检索最外面的轮廓
	RETR_LIST	检索所有的轮廓，不建立轮廓的等级（层级）关系
	RETR_CCOMP	检索所有的轮廓并建立两个层级：顶层为外边界，第二层为内孔边界（孔内连通区域的边界也算为顶层）
	RETR_TREE	检索所有的轮廓并建立轮廓的等级树结构
method	CHAIN_APPROX_NONE	存储所有的轮廓点，相邻的两个点的像素位置差不超过 1
	CHAIN_APPROX_SIMPLE	压缩水平、垂直和对角线方向的像素，函数只保留该方向的终点坐标，如仅用四个角点来保存矩形轮廓的信息

找到的轮廓可以使用 cv2. drawContours（image，contours，contourIdx，color[，thickness[，lineType[，hierarchy[，maxLevel[，offset]]]]]）函数进行绘制。只要有边界点，该函数可以用来绘制任何形状的轮廓。函数的参数 image 是待绘制的图像对象。该图像只是一块画板，可以与轮廓无关，但若选用了原图像，就能直观比对绘制的轮廓与实际想要轮廓的区别。参数 contours 是储存所有轮廓的列表（即 cv2. findContours 函数返回的一个列表）；contourIdx 是待绘制轮廓的索引（绘制单个轮廓时才用到索引，若要绘制所有轮廓，可将索引值设为 -1）；color 是绘制线条的颜色，使用 RGB 三原色定义，如（0，255，0）表示绿色。方框内的参数包括线条厚度和线型等，当用户省略不写时会自动调用默认值。函数用法如图 4-43 所示。

```
1    import cv2
2
3    original_img = cv2.imread('C:/Users/stq/Desktop/original.png')
4    # 转为灰度图（二通道）
5    imggray = cv2.cvtColor(original_img, cv2.COLOR_BGR2GRAY)
6    # 灰度图转为二值图
7    ret, thresh = cv2.threshold(imggray, 127, 255, 0)
8    # 查找轮廓
9    contours, hierarchy = cv2.findContours(thresh, cv2.RETR_TREE, cv2.CHAIN_APPROX_SIMPLE)
10   cv2.imshow('original', original_img)
11   # 在原图（三通道图像）上绘图
12   draw_img = cv2.drawContours(original_img, contours, -1, (0, 255, 0), 5)
13   cv2.imshow('draw_img', draw_img)
14   cv2.waitKey(0)
15   cv2.destroyAllWindows()
16
```

图 4-43　查找、绘制轮廓

（6）**计算轮廓面积**　轮廓包含了很多特征，包括有轮廓面积、轮廓周长、轮廓凸包、最小闭合圆等。其中轮廓面积是常用的轮廓特征，可以由函数 cv2. contourArea（contour）得出，该函数所需参数即为单个轮廓的点位数据集。具体使用方法如图 4-44 所示。

```
1    import cv2
2
3    original_img = cv2.imread('C:/Users/stq/Desktop/original.png')
4    imggray = cv2.cvtColor(original_img, cv2.COLOR_BGR2GRAY)
5    ret, thresh = cv2.threshold(imggray, 127, 255, 0)
6    contours, hierarchy = cv2.findContours(thresh, cv2.RETR_TREE, cv2.CHAIN_APPROX_SIMPLE)
7    # 计算轮廓1的面积
8    size1 = cv2.contourArea(contours[0])
9    # 计算轮廓2的面积
10   size2 = cv2.contourArea(contours[1])
11   print("轮廓1的面积为：", size1)
12   print("轮廓2的面积为：", size2)
13   cv2.imshow("img", original_img)
14   cv2.waitKey(0)
15   cv2.destroyAllWindows()
```

```
D:\软件\Python\python.exe D:/文档/python/code1/01.软件安装/test.py
轮廓1的面积为：   1108.5
轮廓2的面积为：   6192.0
```

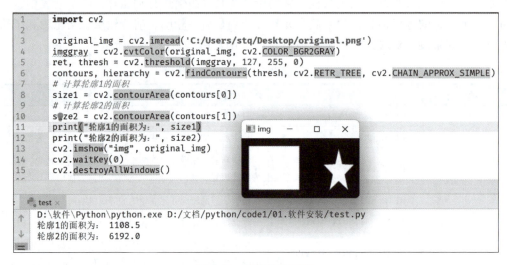

图 4-44　计算轮廓面积

（7）**绘制图形**　为了便于观察图像数据，如识别时得到的目标位置，可以使用 OpenCV 的图形绘制函数，根据给出的点位数据在原图中绘制线条，标出结果，从而判断算法的准确性与可靠性。

cv2. line（img,（x,y）,（x2,y2）,color[,thickness = 1,lineType = LINE_8,shift = 0]）函数能绘制彩色线条，cv2. rectangle（）函数用来绘制矩形。两者的参数相同，分别为（彩色）待绘制的图像，线条的开始位置、结束位置和线条颜色（用 RGB 数值来表示）。

cv2. circle（）函数可以绘制圆形，参数和绘制直线类似，但线条的始末位置改成了圆心位置和半径大小，当参数 thickness 值为−1 时会将图形填充。

cv2. ellipse（img, center, axes, Angle, startAngle, endAngle, color［, thickness = 1, lineType = LINE_8, shift = 0］）函数能绘制椭圆，参数 axes 为椭圆的轴长（包含长轴与短轴），angle 表示椭圆沿水平方向逆时针旋转的角度，startAngle 和 endAngle 分别表示圆弧沿长轴顺时针方向开始和结束的角度。

cv2. putText（img, text, org, font, fontScale, color［, thickness［, lineType［, bottomLeftOrigin］］］）函数用于给图像添加文本，text 即为要添加的文本字符串，org 是指文本左下角在图像中的坐标（包含 x 和 y 值），font 表示字体类型（表 4-22），fontScale 为字体大小，bottomLeftOrigin 是可选参数，默认为 False，为 True 时将文字翻转。该函数的使用方法如图 4-45 所示。

表 4-22 字体类型

参数值	对应类型	参数值	对应类型
cv2. FONT_HERSHEY_SIMPLEX	正常大小的无衬线字体	cv2. FONT_HERSHEY_COMPLEX_SMALL	小尺寸的衬线字体
cv2. FONT_HERSHEY_PLAIN	小尺寸的无衬线字体	cv2. FONT_HERSHEY_SCRIPT_SIMPLEX	手写风格的字体
cv2. FONT_HERSHEY_DUPLEX	正常大小的较复杂无衬线字体	cv2. FONT_HERSHEY_SCRIPT_COMPLEX	复杂的手写风格字体
cv2. FONT_HERSHEY_COMPLEX	正常大小的衬线字体	cv2. FNOT_ITALIC	斜体字体
cv2. FONT_HERSHEY_TRIPLEX	正常大小的较复杂衬线字体		

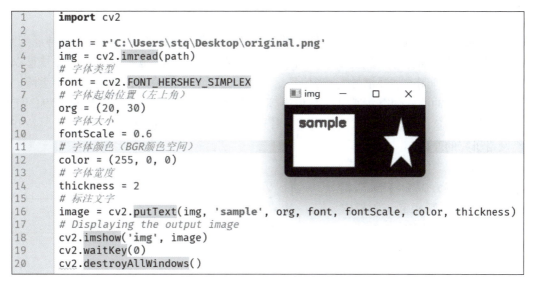

```
1   import cv2
2
3   path = r'C:\Users\stq\Desktop\original.png'
4   img = cv2.imread(path)
5   # 字体类型
6   font = cv2.FONT_HERSHEY_SIMPLEX
7   # 字体起始位置（左上角）
8   org = (20, 30)
9   # 字体大小
10  fontScale = 0.6
11  # 字体颜色（BGR颜色空间）
12  color = (255, 0, 0)
13  # 字体宽度
14  thickness = 2
15  # 标注文字
16  image = cv2.putText(img, 'sample', org, font, fontScale, color, thickness)
17  # Displaying the output image
18  cv2.imshow('img', image)
19  cv2.waitKey(0)
20  cv2.destroyAllWindows()
```

图 4-45 文本标注

OpenCV 中很多函数都有大量的参数选项，有些参数必须给定数据，有些则可以跳过（即使用默认值）。不同的参数能达到不同的效果，编程人员可根据自身能力和使用习惯去掌握这些参数。

2. 深度学习算法简述

提到深度学习时，离不开机器学习和人工智能，它们之间的包含关系如图 4-46 所示。深度学习（Deep Learning，DL）是一种机器学习（Machine Learning，ML）方法，会根据输入数据进行分类或者递归，在 2006 年由 Hinton 等人首次提出。而机器学习则是人工智能（Artificial Intelligence，AI）中的一个研究领域，它是指机器人或计算机等机器从已知的数据中获得规律，并利用规律来处理未知数据的方法。

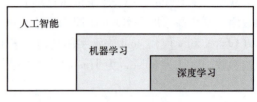

图 4-46　三者关系

机器学习涉及概率论、统计学、逼近论、凸分析和算法复杂度理论等多门学科，是一种统计学习方法，需要使用大量数据进行学习。按照学习方式，可以将机器学习分为有监督学习和无监督学习两种。有监督学习时人会同时给机器以训练数据及其期望输出，也就是在机器完成学习后，告诉它正确的结果。例如，让机器学习辨认猫和狗时，会告诉它某个图像对应的是猫还是狗，而无监督学习则仅给出训练数据。

以往的机器学习都需要人类手动设计特征值。例如，分类图像时，要事先确定颜色、边缘或者范围，再进行机器学习。而深度学习则能自动确定需要提取的特征信息，其中有些信息甚至是人类无法理解的。深度学习的使用突破了机器学习原有的性能极限，特别是在数据量庞大的情况下，能使识别性能大幅提高。出色的表现证明了深度学习方法的优越性和有效性，并使得深度学习席卷了语音、文字和图像识别等领域，引领了第三次人工智能的浪潮。2016 年 Alpha Go 打败人类顶级围棋棋手李世石，正式确立了深度学习在机器学习领域中的重要地位。

（1）神经网络简述　深度学习发展的基础是神经网络，而神经网络是对生物神经细胞/系统的模拟。神经细胞的状态（激活与否）取决于从其他神经细胞收到的输入信号量以及突触的强度（能抑制或加强信号）。当信号量总和超过了某个阈值时，细胞体就会激活，产生电脉冲。电脉冲沿着轴突并通过突触传递到其他神经元，最终实现视觉感知。1943 年的时候，人们根据这一神经行为首次提出了一种形式神经元模型（也称为 M-P 模型），拉开了神经网络研究的序幕。

M-P 模型原理如图 4-47 所示，多个输入 x_i（值为 0 或 1）乘以相应的连接权重 w_i 后求和，所得值再与阈值 h 相比较得到输出 y。这个比较的过程通过激活函数 f 来实现，如式（4-19）所示。如果总和超过阈值，则 y 为 1，否则 y 为 0，即 M-P 模型使用的激活函数为阶跃函数。

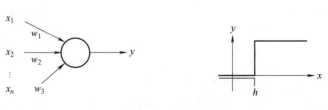

图 4-47　M-P 模型

$$y = f\left(\sum_{i=1}^{n} w_i x_i - h\right) \qquad (4\text{-}19)$$

然而，M-P 模型无法通过对样本的训练来确定参数 w 和 h，只能人为事先计算。为了解决这一问题，罗森布拉特提出了感知器模型。感知器（感知机）采用有监督学习的训练方式，使用误差修正学习算法，能根据实际输出和期望输出的差值调整参数 [式（4-20）、式（4-21）]，直至误差收敛得到最优解。

$$w_i = w_i + \alpha(r - y)x_i \qquad (4\text{-}20)$$
$$h = h - \alpha(r - y) \qquad (4\text{-}21)$$

式（4-20）和式（4-21）中，r 是期望输出，α 是学习率（能控制参数的调整速度）。可见，当 $y = 0$ 而 $r = 1$ 时（未实现激活），这时机器会自动减少阈值，并增大 $x_i = 1$ 的权重（$x_i = 0$ 的权重不变），使得相同输入的情况下更容易激活。而当 $y = 1$ 而 $r = 0$ 时，表明激活过度，应当增大阈值，降低 $x_i = 1$ 的权重。此外，学习率的大小也要根据实际问题进行考虑。如果学习率过大，可能会使得修正过头，导致误差无法收敛，最后训练得到的神经网络效果不佳；如果学习率过小，误差收敛速度会很慢，又导致训练时间过长。

感知器能解决线性可分问题，但线性不可分问题则需要用到多层感知器（即组合得到的多层结构的感知器）。多层感知器通常包括了输入层、中间层（也叫隐藏层）和输出层，如图 4-48 所示。输入层（Input Layer）是一种从外部源接收信号的人工神经元层，隐层（Hidden Layer）是不直接和外部系统通信的人工神经元层（可以有多层），而输出层（Output Layer）是把信号送给外部系统的人工神经元层。信息的传播不在各层内，而通常发生在相邻的层之间，并且一路向前传播（从输入到输出），因此它是一种前馈网络（或称正向传播网络）。

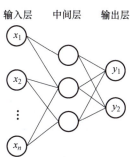

图 4-48　多层感知器

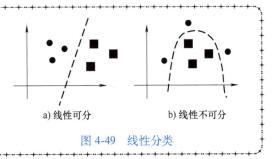

线性可分是指能够用直线完成分类；线性不可分就是不能用直线完成分类，但是可以用曲线完成分类，如图 4-49 所示。

a) 线性可分　　　b) 线性不可分

图 4-49　线性分类

如图 4-48 所示输出层的每个神经单元都与上一层的所有神经单元相连，这种连接方式称为全连接，能提取到全局的特征信息，但在数据运算过程中，也会需要庞大的参数量。而图 4-48 中的中间层不一样，它的连接方式称为局部连接或者稀疏连接，这时只能学习到局部特征，但减少了很多参量。

误差修正学习不能跨层调整，故而多层感知器用到了新的训练方法——误差反向传播算法，它能将误差信号逐层传播，实现各层权重的调整。为了让误差传播，多层感知器使用 Sigmoid 函数作为激活函数，当然，也可以选用其他的函数。激活函数按其导数值可以分为饱和与非饱和两大类。饱和激活函数包括 Sigmoid 和 tanh 函数等，非饱和激活函数有 ReLU

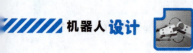

和 Leaky Relu 函数等，具体见表 4-23。

表 4-23　常用激活函数

函数名称	公式表达	图像	备注
Sigmoid	$\sigma(x) = \dfrac{1}{1 + e^{-x}}$		将一个实值输入压缩至 $[0, 1]$ 的范围，也可用于二分类的输出层
tanh	$\sigma(x) = \tanh(x) = \dfrac{e^x - e^{-x}}{e^x + e^{-x}}$		将一个实值输入压缩至 $[-1, 1]$ 的范围
ReLU	$\sigma(x) = \max(0, x)$		最常用，与 Sigmoid 或者 tanh 函数相比，收敛更快
Leaky Relu	$\sigma(x) = \max(0, x) + leak * \min(x)$		保留了一些负轴的值，使负轴的信息不会全部丢失，让神经元可以学习

除了感知器外，还有一类基本的神经网络——玻尔兹曼机（Boltzman machine，BM），它是一种相互连接型的网络，其单元之间相互连接，并不分层，如图 4-50 所示。这种连接结构具有联想记忆的功能，例如提起"诗仙"会想到"李白"，提起"斑马"会想到它毛皮上的条纹。如果输入模式和输出模式一致，就是自联想记忆，否则属于异联想记忆。通过联想记忆，玻尔兹曼机可以见微知著，从而达到去除噪声的效果。但是当需要记忆的模式之间较为相似，或者需要记忆的模式太多时，各模式之间会相互干扰，使玻尔兹曼机

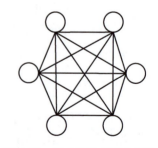

图 4-50　相互连接型网络结构

的分辨出错。例如，人们通常无法分清双胞胎中谁是谁；又比如，当老师任教多个班级时，可能会叫错某位同学的名字。为了防止此类情况出现，记忆的模式数量要少于网络单元数。

深度学习起源于这两种结构，并在此基础上发展出了卷积神经网络、深度信念网络、深度玻尔兹曼机和自编码器等，都是非常重要的技术。

（2）**卷积神经网络** 卷积神经网络（Convolutional Neural Networks，CNN）要从两位神经科学家托斯坦·维厄瑟尔（Torsten Nils Wiesel）和大卫·休伯尔（David Hunter Hubel）的研究说起。他们发现猫脑中的神经细胞可以分为两类，一类叫简单神经细胞，对视野中特定朝向的线条有反应；另一类叫复杂神经细胞，对特点朝向的线条移动有反应。该项研究获得了 1981 年的诺贝尔医学奖。在此基础上，福岛邦彦提出了神经认知机模型（在神经认知机中提出了第一个卷积神经网络）。他认为人类大脑的视皮层是分级的——大脑先根据所视内容（各像素点）识别出一些边缘信息，进而提取得到物体的特征轮廓（如人脸中的眼睛和鼻子等），最后再将整个物体抽象出来，如图 4-51 所示。此后在神经认知机的基础上，人们又设计了卷积神经网络模型 LeNet-5，该模型在一些模式识别任务上得到了优越的性能。至今，基于卷积神经网络的模式识别系统是最好的实现系统之一，尤其在手写体字符识别任务上表现出非凡的性能。

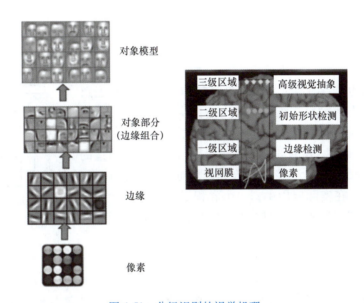

图 4-51 分级识别的视觉机理

为了对应大脑的分级机制，典型的卷积神经网络由输入层、卷积层、池化层、全连接层和输出层组成，如图 4-52 所示。卷积层用来提取特征，池化层对特征数据量进行压缩，全连接层根据特征数据完成识别等任务。

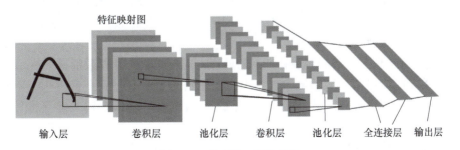

图 4-52 卷积神经网络结构

1）卷积层。卷积层主要使用了卷积核对输入样本进行内积运算，运算所得经过激活函数计算后作为特征图的数值，该过程如图 4-53 所示。卷积核的尺寸一般是 1×1、3×3 或 5×5，它就像一把粉刷墙壁的刷子，会从左至右且从上到下依次扫过输入样本，图 4-53 所示卷积核运动的步长为 1（每次向右或向下移动一格），输入样本大小为 5×5，因此最后得到的特征图大小为 3×3。若要使得特征图的大小与输入样本一致，可以事先对输入样本进行扩充，一般是用 0 去填充样本的边界，填充大小 $P=(F-1)/2$，其中 F 表示卷积核的尺寸。

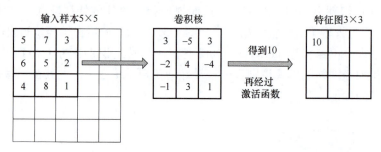

图 4-53　卷积操作

当输入样本为彩色图像时，输入图像有 RGB 三个颜色通道（图 4-54），样本的尺寸是三维的。对应的，卷积核的尺寸也变成三维的形式。在 $m×n×1$ 尺寸的卷积核作用下会生成三个通道的特征图，而在 $m×n×3$ 尺寸的卷积核作用下只生成一个通道的特征图。第二种尺寸的卷积核能够起到降低通道维度的作用，减少输出数据量。在实际应用中，一个卷积层内还会设计使用多个不同的卷积核来提取同一图像的不同特征，以此达到更好的效果。

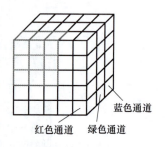

图 4-54　三通道图像样本

2）池化层。池化是指将特征图分成众多的小区域，并得到每个区域的代表特征，最后这些代表特征一起形成一个新的特征图。较为常用的有 Lp 池化、混合池化、随机池化和谱池化。当 Lp 池化在区域内取均值时，被称为均值池化；当 Lp 池化在区域内取极大值时，被称为极大池化或最大池化。混合池化是均值池化与极大池化的线性组合，而随机池化是在区域内按特定的概率分布随机选取一值，确保部分非极大的特征进入特征图。谱池化是基于快速傅里叶变换的方法，它会对特征图进行离散傅里叶变换，并从频谱中心截取一定的大小，再经过离散傅里叶逆变换得到池化结果。

池化层一般在卷积层之后，能够减少卷积层给出的特征图数据量，因此也被称为下采样层。在一个神经网络中，卷积层和池化层可以多次出现，有效采集并过滤数据信息，为最后的全连接层的运算做铺垫。

3）全连接层。全连接层和多层感知器的处理方式一样，先计算激活值，然后通过激活函数计算各单元的输出值。激活函数包括了前面提到的 Sigmoid、tanh 和 ReLU 等函数。全连接层的输入是卷积层或池化层的输出（二维的特征图），因此需要对二维特征图进行降维处理，如图 4-55 所示。

为了提升卷积神经网络的效率，出现了分组卷积以及用小尺寸卷积核代替大尺寸卷积核等方法。分组卷积是指把任务分配给多个 GPU 进行运算，最后将结果融合，使处理速率倍

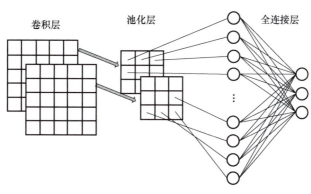

图 4-55　降维

增，这种方式产生了深远的影响。而小尺寸卷积核代替大尺寸卷积核的方法能够减少运算过程的参数量和计算量。以两层 3×3 的卷积核与一层 5×5 的卷积核为例：一个 5×5 卷积核的参数量为 25，两个 3×3 的卷积核参数量为 2×9=18。当样本的宽和高为 d，卷积计算的步长为 1 时，可以得到第一层 3×3 卷积核输出的特征图尺寸为 $(d-2)×(d-2)$，第二层输出的特征图尺寸为 $(d-4)×(d-4)$，每个特征图上的值都经过 9 次卷积计算得到；而 5×5 卷积核输出的特征图尺寸为 $(d-4)×(d-4)$，每个特征值经过 25 次卷积计算得到。因此，可以得到两种卷积核的总计算量为

$$9×(d-2)^2+9×(d-4)^2=18d^2-108d+180 \tag{4-22}$$

$$25×(d-4)^2=25d^2-200d+400 \tag{4-23}$$

比对式（4-22）和式（4-23）可以发现，当 d 大于 10 时，两层 3×3 卷积核的计算量更小，且当尺寸更大时，小尺寸卷积核的优势会更加明显。

卷积神经网络虽然强大，但在处理诸如文字、语音和股票价格等序列数据时却非常乏力，难以适用。因此，发展出了循环神经网络（RNN），它能够将前一次的输出结果带到下一次的隐层中一并训练，如图 4-56 所示。但 RNN 也存在一些问题，继而又发展出长短时记忆单元（LSTM）、双向 RNN 和双向 LSTM 等。随着人们对深度学习的深入研究，神经网络结构将会变得更加灵活奇特和高效实用。

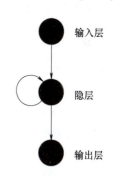

图 4-56　RNN 训练原理

（3）**深度信念网络及自编码器**　深度信念网络（Deep Belief Nets，DBN）提出于 2006 年，是由受限玻尔兹曼机（RestIlcted Boltzmann Machine，RBM）叠加组成的。受限玻尔兹曼机由可见层和隐藏层构成，其中可见层又是输入层。这两层内分别是可见变量（用 v 表示）与隐藏变量（用 h 表示），如图 4-57 所示。受限玻尔兹曼机由于层数少，故又被称为浅层神经网络。它名称中的"受限"二字就是指"层内单元之间无连接"这一限制，这解决了玻尔兹曼机网络中含有隐藏单元时训练困难的问题。

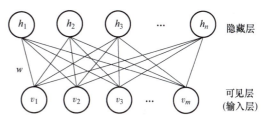

图 4-57　受限玻尔兹曼机结构

尽管改进了结构，在训练受限玻尔兹曼机时还是会有很多迭代次数，计算量很大，因此人们发明了对比散度算法用于训练神经网络。这是一种近似算法，能用较少的迭代次数求出参数调整值。深度信念网络和卷积神经网络最大的区别就在于他们的训练方法不同。在训练卷积神经网络时，用到误差反向传播算法，将误差不断反向传播回前一层，进而调整所有的参数。而深度信念网络的训练是逐层向后的，先训练输入层和隐藏层之间的参数，再将训练得到的参数输入下一层并训练两层间的参数，直至完成所有的训练。

自编码器最基本的结构形式和受限玻尔兹曼机一样，都是两层，但它也可以变成多层的结构。自编码器是一种基于半监督学习和无监督学习的神经网络，它能够压缩数据维度，重构输入样本并进行特征表达，也可以用于其他神经网络参数初始值的预训练。以三层结构的自编码器为例（图 4-58），它会先对输入层进行编码，得到压缩后的特征数据，这部分数据保存在中间层（即隐藏层）。从图 4-58 中可以看到，中间层的单元数量要少于输入层，这样就能够用较少的特征去表征输入数据。然后再对中间层进行解码，重新解构出原始的数据。

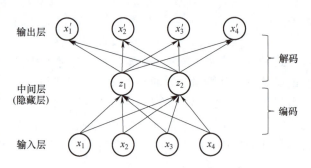

图 4-58　三层自编码器结构

在自编码器的基础上，发展出了降噪自编码器、稀疏自编码器和变分自编码器等变体。降噪自编码器就是对干净的数据样本中加入噪声得到受损的样本，然后将受损的样本送入传统的自编码器中训练。训练完成后的神经网络能够将受损的样本重建回原来的样本（略有损失），实现去噪、降噪的效果，增强了神经网络的鲁棒性。普通自编码器的中间层单元数量难以把控，单元数量越少，压缩效率就越高，但是较少的特征数据可能使得解码过程出错，无法重构原始数据。稀疏自编码器应运而生，它不限制中间层的神经元数量，而是限制其中一部分神经元的活性。在训练网络时，不需要人为指定哪些神经元被抑制，仅需给出一个稀疏性参数，它代表了中间层神经元的平均活跃程度。例如，当该参数为 0.1 时，表示中间层神经元中 5% 被激活，剩余 95% 被抑制。前面各类自编码器都是希望输出要与原始的样本尽可能相似，最好是完全一样，是一种"种瓜得瓜、种豆得豆"的思想，但是变分自编码器不同，它是一种主要用于数据生成的自编码器变体，能够得到与原有的数据相似但不同的东西，同时还可以控制变化的程度。此外，变分自编码器还可以用于检测和清洗异常数据。

深度神经网络种类众多、用途广泛，有着逢勃发展的生命力，读者可以灵活地进行选择和设计创造，将之与视觉系统结合起来，提升视觉任务的完成效果。至今，深度学习技术已经被应用于诸多实际问题和有趣的事情中。例如机器人聊天程序 Chat-GPT 本质上就是一个由浮点数参数表示的深度神经网络大模型，属于深度学习的框架。又比如视频换脸、网络安全开发、预测地震和 AI 绘画等，都是深度学习的灵活运用。AI 绘画中比较有意思的一个功能是艺术风格迁移。在深度学习的帮助下，AI 可以对某一幅画的风格、色彩和明暗等元素进行学习，然后将这幅画的风格转移到另一幅画上，效果如图 4-59 所示。

a) 原画　　　　　b) 毕加索风格　　　　　c) 梵·高风格　　　　　d) 动漫风格

图 4-59　艺术风格迁移

【设计案例】

轮式机器人视觉系统设计

介绍完机器人视觉系统的硬件设备、软件算法之后，再辅以 RoboMaster 机甲大师赛作为应用案例，从方案设计、系统构建和算法实现三方面展开，帮助读者了解机器人视觉系统设计开发的基本流程，如图 4-60 所示。

1. 视觉需求分析

机器人操作员进行比赛时，通过官方给定的相机，能够在显示屏上以机器人视角看到比赛的实时画面，如图 4-61 所示。该相机安装于发射管上，有利于操作员控制机器人及其发射管的位置。这对于新队伍而言是一个有利的条件，他们仅靠研发机械和电控就能够经过审核进入正式比赛，减少了研发视觉所需的人力、物力和财力。参赛门槛的降低使得更多年轻工程师报名参与，促进了赛事的发展。

然而，队伍想要取得更多、更稳定的胜利，单靠操作员对机器人的人工控制是不够的。在大部分 RoboMaster 比赛中出现的机器人、前哨站、基地和早期的能量机关等都带有装甲模块，是官方允许机器人用弹丸攻击的唯一目标。基地和前哨站这些固定的目标容易击打，但是各种机器人尤其是灵活机动的轮式机器人（体积小、移速快）在较大的场地范围内

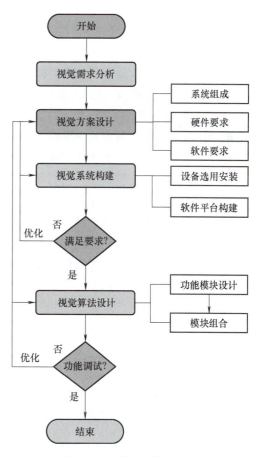

图 4-60　视觉系统设计流程

移动时没有规律、难以预测，而且经常出现远距离交战的情况，因此难以用弹丸命中它们。

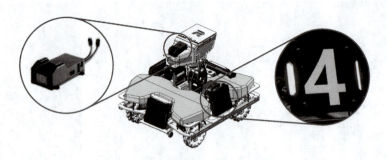

图 4-61　图传相机及装甲模块

随着赛事的不断发展，工程师们研究出许多新式方法。例如，"陀螺仪模式"能让机器人底盘既实现快速自转又完成全向移动。该模式下敌方弹丸的命中概率进一步降低，对抗难度升级。此外，赛场中的能量机关也非常考验弹丸的准度。只要用弹丸激活能量机关，就能为全队机器人提供可观的增益（加强攻击和防御等），改变整体节奏和攻守策略。而一段时间内，最多只能有一方获取这种增益，是极具竞争性的重要资源。还有用于保护基地的哨兵机器人被要求自动运行。因此给机器人加入视觉系统是必然选择。

机器人视觉系统能提高机器人的自动化程度。针对 RoboMaster 比赛来讲，我们要求机器人视觉系统以极低的延迟，快速准确地定位目标物体并告知机器人，让机器人实现自动瞄准。定位目标的过程涉及两项基本的视觉功能，一是目标识别，二是坐标变换。由于战况复杂且迅速变化，故而机器人视觉的性能要足够强，运算速度要足够快。

2. 视觉方案设计

在设计机器人视觉系统的方案时，要充分收集信息，理清任务的条件和需求，才能减少出错，提升任务效率。根据赛事规则，观察分析目标（装甲模块）时，不难发现最吸引眼球的是位于两侧的红蓝色灯条，它们相互平行、色彩鲜明且形状固定。这些特征正好能够用计算机方便地提取出来，因此成为了识别装甲模块的重要依据。

从视觉系统的硬件方面来讲，由于灯条目标的特殊性，已经不需要再使用额外的光源来强化目标特征。同时，光源所需的能源问题也随之消失了。再看软件算法方面：随着长时间的技术开源与交流分享，在使用传统视觉方法识别装甲模块的过程中，一些简易有效的方法成为了大家的普遍选择。例如，将相机的曝光时间减少，能够凸显出灯条，并改善图像中灯条中心发白的情况，使灯条显示为全蓝或全红，如图 4-62 所示。接下来将图像的红蓝颜色通道相减，就能得到灯条清晰的灰度图，相比于普通的彩色图转灰度图，还能够减少图像中白色光源等的干扰。

a) 正常曝光

b) 较低曝光

c) 低曝光

图 4-62　曝光时间

确定待识别的目标特征后，就可以挑选视觉系统的硬件设备，并搭建好算法的开发平台，最后将算法设计、调试完成即可投入使用，具体方案见表 4-24。

表 4-24　机器人视觉方案设计

系统组成		要求	理由
硬件	相机	全局曝光、输出彩色图像、满足分辨率和帧率	机器人运动速度较快，全局曝光不会产生拖影，此外帧率够高才能及时判断机器人的运动情况。分辨率影响定位精度，进而影响弹丸击打精度。算法中要利用灯条的颜色来简化图像处理
	镜头	与相机配套、满足焦距和分辨率	接口类型等与相机配套才能使用；合适的焦距与分辨率才能使相机获取清晰的图像
	控制器	性能强、体积小、功耗低	为了更快判断目标的运动情况，需要在短时间内接受并处理较多图像，因此控制器的性能要够强、处理速度要够快。由于机器人的电池容量和体积有限制，所以对控制器也有相应要求
软件开发平台	编程语言	Python	语法简洁、易于编程，是一种高级的面向对象语言，相比于 C 和 C++ 等语言更直观、更易理解。在机器学习等领域非常高效，对于新手而言更为友好
	编译器	PyCharm	Python 的一种集成开发环境，支持多种语言同步在线编译，带有一整套可以帮助用户在使用 Python 语言开发时提高其效率的工具，例如调试、语法高亮、项目管理和代码跳转等
算法模块	预处理算法	去除干扰、使目标轮廓完整	简化灯条识别算法并增强其鲁棒性
	识别算法	准确识别目标	装甲模块的识别和定位以灯条的轮廓为基础

装甲模块的识别只是基础，为了实现精准击打，还可以加入轨迹预测和弹道解算的技术作为补充。在轨迹预测方面，很多参赛队伍使用了卡尔曼滤波（Kalman Filter，KF）或扩展卡尔曼滤波（Extended Kalman Filter，EKF）。自行改进后的算法配合高帧率相机，能够达到一定的预期效果。而在解算弹道时，除了补偿重力的影响之外，空气阻力等因素也非常重要。此外，坐标变换和数据通信的算法也是必要的，但这两个功能用代码实现起来较为简单，这里不再赘述。

3. 视觉系统构建

（1）视觉设备选用安装

1）相机选用。查阅官方文件可知，轮式机器人装甲模块的大小为 135mm×125mm。为了便于相机搜寻目标，应当留有一定的视野范围，并且赛事规定的机器人最大初始尺寸为 0.6m×0.6m×0.5m，据此取视野大小为 1000mm×1000mm。为了使击打更精确，图像识别的数据要尽可能准确，故而灯条的轮廓应当清晰。灯条宽度约为 8mm，因此取测量精度为 0.8mm。在此条件下，计算得到相机分辨率为

$$\frac{1000\text{mm}}{0.8\text{mm}} \times \frac{1000\text{mm}}{0.8\text{mm}} = 1562500$$

为了兼顾实用性与经济性，选择海康威视工业相机 MV-CA016-10UC，如图 4-4 所示。相机的主要参数见表 4-25，能够满足分辨率、帧率和尺寸规格等需求。

表 4-25　相机参数

参数名称	参数值	参数名称	参数值
像素	160 万	数据接口	USB3.0，兼容 USB2.0
靶面尺寸	1/2.9″	供电	12V DC，支持 USB3.0 供电
分辨率	1440×1080	像素格式	Mono 8/10/12 Bayer RG 8/10/10p/12/12p YUV422Packed YUV422_YUYV_packed RGB 8，BGR 8
曝光时间	正常曝光模式： 15μs~10s		
	超小曝光模式： 1~14μs		
像元尺寸	3.45μm×3.45μm	外形尺寸	29mm×29mm×30mm
最大帧率	249.1fps@1440×1080	重量	约 56g
传感器类型	CMOS、全局快门	工作温度	0~50℃

2) 镜头选用。打击距离（近似目标与镜头的距离）越远，误差的影响越加显著，使得命中难度增加。因此，打击距离在 2~3m 的范围内较为合适，本案例取 2.2m。由相机的像元尺寸和分辨率可以计算出传感器的短边长度为

$$3.45μm×1080≈3.73mm$$

建立成像模型，如图 4-63 所示。视野高度为 1000mm，打击距离为 2200mm，传感器短边长度为 3.73mm，根据式（4-3）计算出焦距 f 为

$$2200mm×3.73mm/1000mm=8.2mm$$

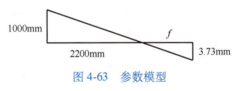

图 4-63　参数模型

常用焦距一般是 6mm 或者 8mm，故选择与相机配套的 NPX1408-5MP 定焦镜头，如图 4-7 所示。该镜头的主要参数见表 4-26，能够满足使用需求。

表 4-26　镜头参数

参数名称	参数值	参数名称	参数值
像素	500 万	焦距	8mm
像面规格	2/3″	畸变率	<1.0%
工作温度	−20℃~+60℃	光圈范围	F1.4
外形尺寸	39.3mm×40mm	重量	130g

根据相机的像元尺寸能够计算出相机的像元密度为

$$\frac{1}{3.45μm}≈290/mm$$

镜头的像素为 500 万，因此对应的像面宽高为 8.8mm 和 6.6mm，计算其像元密度为

$$\sqrt{\frac{5000000}{8.8\text{mm}\times6.6\text{mm}}}\approx293/\text{mm}$$

比对发现，相机和镜头的像元密度接近，不会浪费两者的分辨率，符合经济性原则。

3）控制器选用。控制器选用英伟达公司研发的 Jetson Xavier NX（图 4-64），其尺寸小于信用卡（70mm×45mm）、可提供 21TOPS 算力（功耗 15W 或 20W）或 14TOPS 算力（功耗 10W）、能并行运行多个现代神经网络，满足完整 AI 系统需求。此外，也可以选用 Jetson TX2 和 Intel 的 NUC。

4）设备安装。完成硬件选型之后，需要及时与机械设计人员交流设备的尺寸参数，与电控设计人员交流线路的连接，以便于后续机器人视觉系统的安装和布线。

图 4-64　Jetson Xavier NX

（2）算法开发平台构建

1）Python 解释器安装。

① 下载可执行安装程序。进入 Python 官网（在浏览器中输入网址 https://www.python.org），在网站的 Downloads 栏目中选择 Windows 系统，进入包含各类 Python 版本的下载界面，如图 4-65、图 4-66 所示。

图 4-65　官网界面

图 4-66　64 位可执行安装程序

选择一个所需的 Python 版本并单击含有"executable installer"的蓝色字体行，会自动下载 Python 解释器的可执行安装程序（exe 文件）。不推荐使用非常新的 Python 版本，以免出现不必要的错误，推荐选用 Python3.7.2 的版本。在选择下载器时，可根据计算机情况选择下载 32 位或者 64 位的版本（推荐使用 64 位版本）。

② 运行可执行安装程序。下载完成后双击运行，在弹窗中勾选部分选项，如图 4-67 所示，使其自动将 Python 的相关路径添加到环境变量中，能够简化后续环境配置的操作，再选择用户自定义安装。

若无特殊使用需求，后续均按照默认勾选项即可。在单击"Install"按钮安装 Python 之前，建议更换安装路径至其他计算机盘符，如图 4-68 所示。安装完成后需重启系统以使环境配置生效。

2）Python 编译器安装。进入 PyCharm 官网（网址：https://www.jetbrains.com/pycharm/

download/#section＝windows）后能看到下载区域，选择 Community 版进行下载，如图 4-69 所示。

图 4-67　安装选项　　　　　　　　　　　　　　　　图 4-68　更换安装路径

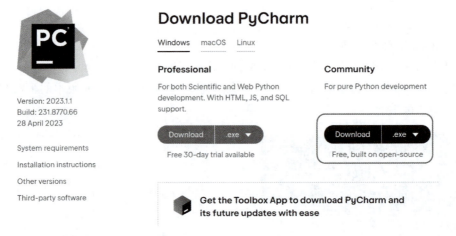

图 4-69　PyCharm 下载界面

在安装 PyCharm 时同样建议更换安装路径。具体的安装选项按照用户需求进行勾选，如图 4-70 所示，其余安装步骤勾选默认选项即可。安装完成后会提示重启，使环境配置生效，默认选择稍后重启。

3）编译器环境配置。打开 PyCharm 软件，打开/新建 Python 文件后，依次单击"File"→"Settings"，进入 PyCharm 软件配置界面。单击左侧栏目中的"Project Interpreter"，之后下拉右侧界面中的"Project Interpreter"栏目，会显示计算机已经安装好的 Python 版本的解释器，选择解释器后即完成 PyCharm 与 Python 的配置（图 4-71）。

最后使用 Python 自带的 pip（通用的 Python 包管理工具）实现 OpenCV 的安装。pip 会自动查找适配当前 Python 版本的 OpenCV 版本进行安装，具体操作方法为：

① 进入命令行解释器窗口（同时按下<win>和<R>键，输入"cmd"并回车）。

② 切换路径为 Python 安装目录下的 Scripts 文件夹（图 4-72）。

③ 输入代码"pip install opencv-python"并回车。

④ 输入代码"pip install opencv-contrib-python"并回车。

图 4-70　PyCharm 安装界面

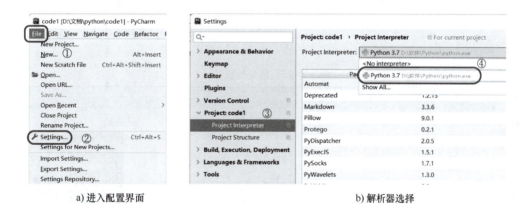

a) 进入配置界面　　　　　　　　　　　　　　b) 解析器选择

图 4-71　PyCharm 与 Python 配置

　　pip 会默认访问国外的网站并下载各类 Python
包，但速度非常慢。而在 cmd 中用 pip 下载时又不
支持断点传输，因此经常会出现各种错误。建议使
用国内镜像源（与国外网站的资源一致）以提高速
度。例如，将原代码改为"pip install opencv-python-i
https：//pypi. tuna. tsinghua. edu. cn/simple"。这是清

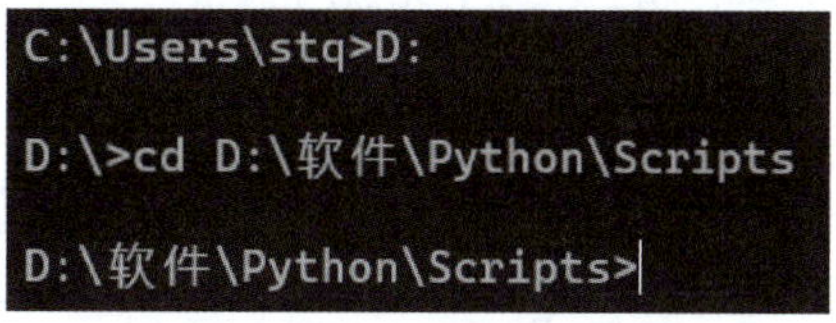

图 4-72　路径切换示例

华大学的镜像源，国内还有很多其他的镜像源，读者可以自行查找。当使用某一镜像源失败
时，可换用其他镜像源尝试。安装完成后通过 Python 调用 OpenCV 打开任意图像，如果图像
正常显示则表明配置成功。

4. 视觉系统编程与调试

　　视觉系统整体算法流程如图 4-73 所示，从读取图像开始，经过一系列处理操作，识别

装甲模块并进行检验。得到目标的位置等数据后传输信息给机器人主控板，然后继续处理下一张图像。这些操作循环往复，直至机器人主控板发出中断指令或由于断电、系统错误等非人为原因才结束程序运行。根据此流程，可以将整个视觉算法分为不同的功能模块或子程序，逐个进行设计与调试，最后编写主程序整合所有功能。

（1）视觉算法编写

1）预处理算法。在实际比赛中，地面会反射红蓝色的灯光，因此，仅使用色彩通道相减得到的灰度图及二值图效果欠佳。但相对于灯条而言，地面反射的光强度较弱，为了排除这一干扰，可对原图使用常规方法得到第二个二值图（该二值图中不包含地面的反射光），之后再将两个二值图相与即可得到较为理想的图像。预处理算法详见表4-27。

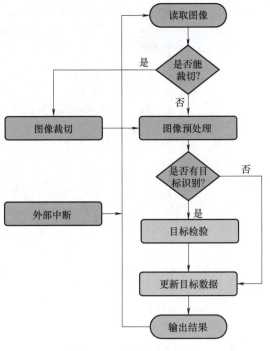

图4-73　整体算法流程

表4-27　预处理算法

代码	备注	图示
def PreProcess(src):	定义函数	original：
if(len(src)= =0 or src. shape[2]！=3): return False	判断是否接收到彩色图像	
gray=cv2. cvtColor(src,cv2. COLOR_BGR2GRAY)	转为灰度图	
ret,gray_binary=cv2. threshold(gray,50,255,cv2. THRESH_BINARY)	灰度图二值化	gray_binary：
b,g,r=cv2. split(src)	将原图色彩通道分离	

if(enemyColor= =RED):
    temp_binary=cv2. subtract(r,b)
    ret,temp_binary=cv2. threshold(
    Temp_binary,RED_threshold,255,
    cv2. THRESH_BINARY)
 if(enemyColor= =BLUE):
    temp_binary=cv2. subtract(b,r)
    ret,temp_binary=
 cv2. threshold(
	色彩通道相减得到另一灰度图，并将其二值化	Temp_binary：

180

（续）

代码	备注	图示
binary = temp_binary & gray_binary	两个二值图相与	dilate:
Kernel = cv2. getStructuringElement(cv2. MORPH_ELLIPSE,(5,5))	定义形态学操作卷积核	
binary = cv2. dilate(binary, Kernel)	形态学膨胀	
return binary	返回二值图	

2）图像切片算法。在识别目标（装甲模块）前，甚至是在预处理之前，可以根据是否已经得到前一时刻目标的位置数据来选择感兴趣区域（Region of Interest，ROI），也就是对图像进行裁剪（切片）。一方面，在切片得到的新图像中，装甲模块所占面积比例较大，干扰信息少，更容易进行识别；另一方面，图像面积减少后运算速度能够提高，从而实现更高的帧率。图像切片算法见表 4-28。

表 4-28　图像切片算法

代码	备注
def setImage(src,_res_last) :	_res_last 含有目标的中心、宽高数据
_size = src. shape[:2]	原图的宽高尺寸
if(last_result[0] = = 0 or last_result[1] = = 0) : 　_src = src 　_dect_rect = [0,0,src. shape[0],src. shape[1]]	判断目标是否失踪 复制原图 ROI 为整幅图像
else : 　w = _res_last[1][0] 　h = _res_last[1][1]	取出目标的宽和高
scale_w = 2 　scale_h = 2 　w = int(w * scale_w) 　h = int(h * scale_h)	定义 ROI 的宽和高
center = last_result 　xl = max(center[0] -w,0) 　yl = max(center[1] -h,0) 　xr = min(center[0] +w,src. shape[0]) 　yr = min(center[1] +h,src. shape[1])	目标的中心点 左上角点 x 值 左上角点 y 值 右下角点 x 值 右下角点 y 值
_dect_rect = [xl,yl,xr,yr] 　_src = src[int(yl) :int(yr),int(xl) :int(xr)]	得到 ROI 尺寸图像 切片
_binary = PreProcess(_src) return(_binary,_dect_rect)	图像预处理 返回二值图(ROI 区域)和 ROI 尺寸

原图：

切片所得：

3）目标识别算法。得到 ROI 的尺寸之后，对目标（装甲模块）区域进行定位，主要通过灯条轮廓的相关判断来实现。具体算法见表 4-29。

表 4-29　目标识别算法

代码	备注
def findTargetInContours(binary):	定义函数,输入二值图(ROI 区域)
contours_max,hierarchy=cv2.findContours(binary,cv2.RETR_EXTERNAL, cv2.CHAIN_APPROX_SIMPLE)	查找轮廓,返回轮廓及其层级
RectFirstResult=[ ] match_rects=[ ]	定义初筛列表和装甲模块匹配列表
for i in range(len(contours_max)): 　　rrect=cv2.minAreaRect(contours_max[i]) 　　max_rrect_len=max(rrect[1][0],rrect[1][1]) 　　min_rrect_len=min(rrect[1][0],rrect[1][1]) 　　if1=bool(math.fabs(rrect[2])< 　　　　　45.0 and rrect[1][1]>rrect[1][0]) 　　if2=bool(math.fabs(rrect[2])> 　　　　　60.0 and rrect[1][0]>rrect[1][1]) 　　if3=bool(max_rrect_len>min_light_height) 　　if4=bool((max_rrect_len/min_rrect_len>=1.1) 　　　　and(max_rrect_len/min_rrect_len<30))	遍历轮廓 最小外接矩形 宽高中的大者 宽高中的小者 条件 1: 矩形左倾及倾角 条件 2: 矩形右倾及倾角 条件 3:矩形长度 条件 4: 矩形宽高比
if((if1 or if2)and if3 and if4): 　　RectFirstResult.append(rrect)	筛除不合条件(如横着的)的矩形,其余(即为疑似灯条)加入初筛列表备用
if(len(RectFirstResult)<2): 　　match_rects=[0] 　　return match_rects	轮廓数量不足 无匹配的装甲模块 返回数据
RectFirstResult.sort(key=getcenterx)	按轮廓中心点的 x 值大小排序(getcenterx 为自定义函数)
for i in range(len(RectFirstResult)-1): 　　rect_i=RectFirstResult[i] 　　center_i=rect_i[0] 　　xi=center_i[0] 　　yi=center_i[1] 　　leni=max(rect_i[1][0],rect_i[1][1]) 　　anglei=math.fabs(rect_i[2])	遍历初筛列表 取出疑似灯条1(在装甲模块左侧) 灯条 1 中心点 中心点 x 值 中心点 y 值 灯条 1 的长度 灯条 1 的倾角

（续）

代码	备注
for j in range(i+1,len(RectFirstResult))： 　　rect_j = RectFirstResult[j] 　　center_j = rect_j[0] 　　xj = center_j[0] 　　yj = center_j[1] 　　lenj = max(rect_j[1][0] ,rect_j[1][1]) 　　anglej = math. fabs(rect_j[2]) 　　delta_h = xj-xi 　　lr_rate = leni/lenj if leni>lenj else lenj/leni	寻找疑似灯条 2(在装甲模块右侧) 取出数据 灯条 2 中心点 中心点 x 值 中心点 y 值 灯条 2 的长度 灯条 2 的倾角 灯条 1 与 2 的水平距离 灯条 1 与 2 的长度之比

代码	备注	

if(anglei>45. 0 and anglej<45. 0)：
　　angleabs = 90. 0-anglei+anglej
elif(anglei<=45. 0 and anglej>=45. 0)：
　　angleabs = 90. 0-anglej+anglei
else：
　　if(anglei>anglej)：
　　　　angleabs = anglei-anglej
　　else：
　　　　angleabs = anglej-anglei
	两灯条呈八字
	两灯条角度差
	呈倒八字
	角度差
	倾斜方向一致
	灯条 1 倾角大
	角度差
	灯条 2 倾角大
	角度差	

| condition1 = delta_h>min_light_delta_h
　　　　and delta_h<max_light_delta_h
condition2 = abs(yi-yj)<166 and abs(yi-yj)
<1. 66 * max(leni,lenj) if max(leni,lenj)
>=113 else abs(yi-yj)<max_light_delta_v
and abs(yi-yj)<1. 2 * max(leni,lenj)
condition3 = lr_rate<max_lr_rate
condition4 = angleabs<15 | 条件 1：
两灯条水平距离差
条件 2：
两灯条竖直距离差
条件 3：
两灯条长度比
条件 4：
两灯条角度差 |

| if(condition1 and condition2 and
　　condition3 and condition4)：
　　mat_rect_rect = boundingRRect(
　　　　　　rect_i,rect_j)
　　w = mat_rect_rect[1][0]
　　h = mat_rect_rect[1][1]
　　wh_ratio = w/h | 满足四个条件：
夹在灯条间的矩形

取出宽度
取出高度
宽高比 | 自定义函数得到中心、宽高、角度：
 |

| if(wh_ratio>max_wh_ratio or
　　wh_ratio<min_wh_ratio)：
　　continue | 条件：
宽高比不达标
结束本次循环 |

（续）

代码	备注	
mat_rect_points = boundingRPoints(rect_i, rect_j)	疑似击打区域的四个角点	自定义函数得到角点： 角点2　角点3 角点1　角点0
mat_rect_lr_rate = lr_rate mat_rect_angle_abs = angleabs mat_rect = [mat_rect_rect, 　　mat_rect_lr_rate, 　　mat_rect_angle_abs, 　　mat_rect_points]	赋值，集合为一组数据	
match_rects. append(mat_rect)	加入装甲模块匹配列表	

4）目标检验算法。根据装甲模块仅灯条发光，中间部分较暗的特点，设计了检验算法，能够计算区域内部像素的均值与方差，具体见表 4-30。若均值超过一定阈值（阈值可由实验得到），说明区域内较亮，可能是外界灯源等干扰区域而非装甲模块，应当排除。该算法可根据需要加入到视觉整体算法中。

表 4-30　均值、方差算法

代码	备注	
def meanStdDev(src, rect):	输入原图和区域数据[(x, y), (w, h), θ]	
screen_rect = [rect[0], (rect[1][0] * 0.88, rect[1][1])]	防止灯条干扰，新区域的宽度减少	
size = src. shape[:2]	获取图像的宽高尺寸	
x1 = int(screen_rect[0][0]-screen_rect[1][0]/2) y1 = int(screen_rect[0][1]-screen_rect[1][1]/2) p1 = (x1, y1) x2 = int(screen_rect[0][0]+screen_rect[1][0]/2) y2 = int(screen_rect[0][1]+screen_rect[1][1]/2) p2 = (x2, y2)	新区域的左上角点 x 值 新区域的左上角点 y 值 左上角点 p1 新区域的右下角点 x 值 新区域的右下角点 y 值 右下角点 p2	
roi_rect = [x1, y1, x2, y2]	ROI 尺寸	
if(makeRectSafe(roi_rect, size)):	用自定义函数处理尺寸，使之在图像范围内	
src_roi = src[x1 : x2, y1 : y2] 　mean, stdDev = cv2. meanStdDev(src_roi) 　avg = mean[0][0] 　stddev = stdDev[0][0] return avg, stddev	切片得 ROI 计算均值、方差 取出均值 取出方差 返回数据	均值 方差 检测区域

至此，目标识别算法的雏形已然建立。为了更好地应对一些突发事件，可以充分考虑算法的逻辑性以及赛事可能出现的情况（包括环境情况等），改进算法，增强程序的鲁棒性和

应用性。例如，在比赛中，当敌方多个机器人靠得比较近时，机器人视觉可能识别到多个符合条件的目标。在此情况下，可以比对目标，选择面积更大、灯条更为竖直的进行击打。当然，也可以根据目标的宽高，识别出是大装甲模块还是小装甲模块，按策略击打。

将识别所得数据进行坐标变换，并结合云台上的陀螺仪数据，就可以计算得到云台电动机的旋转角度，实现机器人自瞄。算法功能的增强固然有很多好处，但也应当考虑到程序的运算量和算法开发的时间问题等，把握效率。

（2）视觉功能调试

取不同的环境光源、不同的曝光时间、不同的敌方机器人位置与速度等条件，调用程序进行测试，调整程序的参数，观察图像 ROI 的选取及目标的识别情况。当整体算法体量庞大时，程序出现的问题不容易查找、排除，这时可以使用 PyCharm 的 Debug 模式进行断点调试。该模式下，程序运行时可以暂停在用户自定义的位置，并提供此时所有变量的实时数值，方便用户判断程序的运行状况。具体使用方法如下：

1）在希望暂停的代码行左侧，用鼠标左键单击就能打上红色断点（再次单击则取消）。

2）在代码区域单击鼠标右键后，单击"Debug+程序名称"的选项进入断点调试模式。或者直接单击界面中的绿色图标进入，如图 4-74 所示。

3）使用快捷键<F8>逐行运行代码或者<Alt+F9>直接运行到下一断点处，也可以单击代码下方的相应图标，如图 4-75 所示。

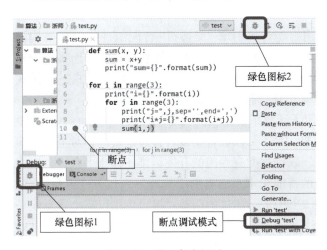

图 4-74　进入断点调试

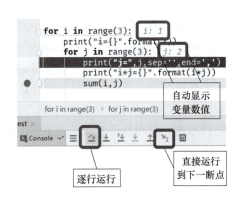

图 4-75　运行代码

断点调试还有其他的一些操作方法，例如在运行代码时，可以选择进入函数查看运行状态或者直接跳过函数得出函数处理结果。

经过调试，如果发现 ROI 位置和识别效果均稳定，说明参数适合、算法的鲁棒性尚可且算法逻辑暂无问题。如果 ROI 出现问题，那么识别也会出现相应的问题，根据实际情况查找并修改算法直至正确。至此，视觉系统的算法设计调试完成。

【本章小结】

传感器尤其是视觉传感器能帮助机器人获取多种信息，是机器人自动运行的关键。将视觉传感器与镜头、控制器等结合起来，再配合算法，就形成了机器人视觉系统。

机器人视觉系统经过坐标系标定后，能够与机器人及其执行机构进一步产生关联，实现"手""眼"联动的效果，使视觉系统具有导引的功能。

视觉技术发展至今，有两种主流方式，一种是传统的机器视觉；还有一种基于深度学习。两种方式各有所长：传统的机器视觉简单易用，效果稳定；深度学习更适合复杂的任务。两种方式也可以结合起来使用，形成优势互补。

【拓展阅读】

"天智二号"D星升空，我国卫星"智能化"加速

机器视觉和机器人的设计初衷是代替人类劳动，因此不便于人类生存和劳作的太空自然就成为了它们的应用场景之一。2023年1月15日11时14分，由中国科学院软件研究所牵头研制的"天智二号"D星搭载长征二号丁运载火箭在太原卫星发射中心发射升空，成功进入预定轨道。该星采用完全自主知识产权的天基超算平台，可实现卫星功能软件化、智能化，支持卫星上载和更新各种APP，以及提供各类定制化服务。

"天智二号"D星体积小、重量轻，整星仅19kg重，但星载算力却高达每秒40万亿次，可支持星上超分相机，实现米级对地分辨率。得益于如此高的星载算力，"天智二号"D星不再单设星务、姿控和数管等分系统，而是首次实现统一微云计算平台上的全部署，进而驱动智能调度和运算。

"天智二号"D星在硬件方面首次采用智能计算引擎+交换机+智能组件的创新架构设计，结构紧凑、集成度高。交换机作为"枢纽"，对上连接各种计算引擎，对下连接超分相机、宽视场相机、测控磁棒和惯性测量单元等组件，形成"联控联用"的新模式，该模式不但降低了接口设计复杂度（有助于数据共享），而且提高了存算资源利用率。

在软件设计上，"天智二号"D星采用了开放系统架构的天智软件栈，其核心是承担星上资源综合集成与编配管控功能的治理框架，对下可以综合集成各种底层资源，对上可以编配管控各种应用软件，具有良好的开放性。软件栈配有专门的开发运维一体化平台，可快速迭代、持续演进，从而不断提升在轨卫星的智能化水平，有助于构建下一代智能卫星生态。此外，软件栈大大降低了卫星应用上载到太空中进行测试的门槛：卫星应用仅需上载至该系统，就可根据拍摄任务自动调整卫星姿态，利用人工智能技术对图像数据进行在轨实时处理，自动选取地面站并建立连接，然后将数据第一时间下传到地面。

"天智二号"D星入轨后将首次在轨开展新一代智能卫星架构与天基智能软件栈验证试验，评估多方算法及模型的在轨应用效能，并持续进行天地联合智能软件栈能力验证。

【知识测评】

一、填空

1. 传感器可以分为两种，其中_____可以测量机器人内部状态，而用于测量机器人所处环境状态或机器人与环境交互状态的是_____。常用的视觉传感器就属于_____。

2. 机器人视觉系统的组成部分包括_____、_____、_____、_____和_____。图4-76所示的物体叫作_____，请列举出它的两个重要参数_____、_____。

3. 靶面尺寸通常是指相机传感器的_____，图 4-76 所示的物体上标有的数字 2/3″也是类似的概念，这个数字表明像面宽为_____，高为_____。

图 4-76　题图一

二、选择

1. 如图 4-77 所示的光源由许多单个 LED 灯组成，按照类别，它属于（　　）

A. 环形光源
B. 条形光源
C. 点光源
D. 同轴光源

图 4-77　题图二

2. 在进行机器人视觉系统的坐标系标定时，涉及的坐标系包括（　　）

①世界坐标系；②工件坐标系；③视觉单元坐标系；④工具坐标系

A. ①②③　　　　　B. ①③④　　　　　C. ②③④　　　　　D. ①②③④

3. 以下数字图像处理操作中属于图像几何变换的是（　　）

①平移；②缩放；③镜像；④旋转；⑤仿射投影

A. ①②③　　　　　B. ①②③④　　　　　C. ①②③⑤　　　　　D. ①②③④⑤

三、判断

1. 机器学习是人工智能的核心，是使计算机具有智能的根本途径。而深度学习是机器学习领域中一个新的研究方向。（　　）

2. 深度学习的主流类别包括有卷积神经网络、深度置信网络和自编码神经网络，卷积神经网络中必定会有卷积层。（　　）

3. 图像预处理一般会包括畸变矫正、灰度化、平滑与去噪、图像增强和二值化等操作。图像预处理对于深度学习也同样适用。（　　）

4. cv2. imread( ) 函数可以读取指定路径的图像文件，并返回读取结果。若图像的路径错误，则无法正确读取图像，程序会报错。（　　）

5. 镜头的畸变分为径向畸变、切向畸变和桶形畸变三类。（　　）

6. 常用的相机标定方法有传统相机标定法和主动视觉相机标定法等，著名的张氏标定法属于主动视觉相机标定法。（　　）

第 **5** 章

Chapter

机器人系统联调

　　机器人系统联调是确保系统有效运行并满足预期功能需求的关键阶段。此阶段不仅包括硬件之间的连接与配置，还涉及软件的集成及数据流的协调。准确的联调能够显著提高系统的稳定性与可靠性，缩短调试时间，降低开发成本。此外，高质量的联调也有助于实现系统的高级功能。

　　机器人系统联调不仅涵盖机器人本身的技术集成，还涉及与周围环境、其他设备及控制程序的无缝协作。本章将探讨机器人系统联调的核心步骤，从理论到实践，阐明每个关键环节的重要性及其实现路径。同时，我们将讨论如何引入标准化流程与最佳实践策略，以优化联调流程、提升效率，并确保系统在复杂多变的环境中实现高效、稳定且无缝的协作运行。

 【学习目标】

知识学习

　　1）能够理解机器人系统联调的组成，掌握机器人安装与布线的原理和规则，并认识不同接线方式的特点及其作用。

　　2）能够了解机器人人机交互界面的开发环境，以及机器人人机交互界面的设计要素。

能力培养

　　1）能够根据实际应用场景及安全操作规程进行机器人安装，并对各个模块进行联合调试。

　　2）能够熟悉机器人安全操作规程，并掌握在机器人联调过程中确定故障及解决问题的方法，特别是熟练使用万用表。

素养提升

　　1）深入理解机器人系统联调的技术要求，提升自主创新能力，寻求技术突破，从而实现目标的超越。激发创造力与创新意识，培养解决问题的能力。

　　2）通过对复杂设备系统的联调，以及人机交互界面的设计、嵌入式程序的编写、机器人与外围设备的集成调试，能够显著提升对嵌入式应用技术、视觉检测技术和物联网技术等核心技术的掌握与应用能力。同时，在机器人安装过程中严格遵循规范与原则，培养良好的安全意识与职业素养。

【学习导图】

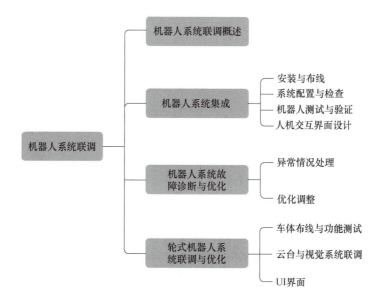

【大国重器】

巡检机器人：智能守护的科技先锋

在当今科技迅猛发展的时代，巡检机器人凭借其独特优势，正逐渐成为各行业领域的重要守护者。这些充满科技感的智能设备正在革新传统的巡检方式，无论是在大型工业工厂，还是电力变电站、石油化工园区等关键基础设施中，巡检机器人都发挥着不可替代的作用。

在工业应用场景中，工厂设备种类繁多且复杂，传统人工巡检不仅效率低下，还存在一定的安全隐患，巡检机器人的引入彻底改变了这一局面。它们可以按照预设路线进行全天候巡检，依靠先进的传感器技术，如高清摄像头、红外热成像仪、气体传感器等，准确检测设备的运行状态、温度变化和潜在的泄漏风险。一旦发现异常情况，巡检机器人会立即发出警报，提醒相关人员及时处理，从而大幅提升生产的安全性和稳定性。

例如，在某大型汽车制造工厂中，巡检机器人穿梭于车间，对生产线设备进行实时监测。红外热成像仪能够快速识别设备的过热部位，防止因温度过高导致的设备故障。同时，高清摄像头提供设备外观的清晰图像，便于工作人员远程检查设备的损坏或松动情况。

在电力变电站中，巡检机器人更是不可或缺。它们能够在高压、强电磁场等危险环境中灵活穿梭，对电力设备进行细致检查。通过监测设备的外观、温度、声音等参数，巡检机器人能够及时发现潜在故障，为电力系统的稳定运行提供坚实保障，同时减少人工巡检的工作量，降低人力成本，提高巡检效率。

例如，在某城市的重要电力枢纽变电站，巡检机器人每日对站内的变压器、开关柜等设备进行定时巡检。机器人能够准确检测到设备的温度异常，并通过数据分析判断潜在故障。

巡检机器人的优势不仅体现在其先进的技术上，还表现在其灵活性和适应性。它们可以根据不同环境和任务需求进行定制化设计，适应各种复杂地形和工作条件，无论是狭窄的通道、崎岖的路面，还是极端温度环境，均能胜任任务。此外，巡检机器人具备数据采集与分析能力，能够实时将巡检数据传输至后台管理系统，通过大数据分析和人工智能算法，对设备运行状态进行评估和预测，为设备维护和管理提供科学依据。

随着科技的不断进步，巡检机器人的功能也在持续完善和升级。展望未来，巡检机器人将在更多领域中发挥更为重要的作用，为生产和生活提供更高的安全性和便利性。

【知识讲解】

190

5.1 机器人系统联调概述

机器人系统（Robot System，GB/T 12643—1997）包括机器人，末端执行器，还有为使机器人完成任务所需的全部设备装置或传感器。机器人系统联调的目的是确保各组件、模块及软件在集成后能够稳定、可靠地运行，实现预期功能。联调过程涉及将机器人本体、传感器、执行器、控制系统各部分集成，通过一系列测试与调整，使系统整体性能达到最佳状态。机器人系统联调流程通常包括以下几个关键步骤，如图 5-1 所示。

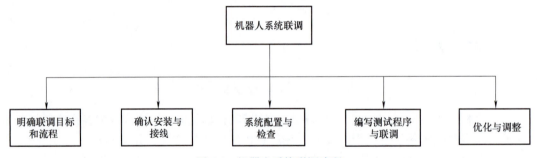

图 5-1　机器人系统联调流程

（1）明确联调目标和流程　在开始联调前，需明确联调的目标与具体流程，包括机器人功能、性能要求及环境规则条件限制等，以确保整个联调过程能够按照既定计划顺利进行。

（2）确认安装与接线　确认机器人的电源电压稳定，避免因电压波动导致设备损坏或性能下降。核查各硬件设备及关键组件的连接，确保所有设备正确安装在指定位置，各类连接线路（如电源线、信号线、数据线等）符合规范要求。

（3）系统配置与检查　检查机器人及系统的硬件设备和软件功能，包括电子控制系统、通信协议、控制方式等，确保所有组件均符合设计要求。同时，依据系统的软硬件配置，评估机器人在实际应用中的可靠性和稳定性。

（4）编写测试程序与联调　编写测试程序模拟机器人工作情况，测试内容应涵盖机器人运动、传感器数据、控制信号等各个方面，以确保机器人正常运行。按照测试程序逐步开展联调，每个步骤需进行严格测试和验证。在此过程中，密切监控机器人的运行状态和各项性能指标，及时发现并解决问题。

（5）优化与调整　根据联调结果对机器人系统进行优化和调整，以提升系统性能和稳定性。这可能包括调整控制参数（如速度、加速度、位置精度等），引入更先进的控制策略，增强算法的鲁棒性和自适应性，以及改进硬件设计（如提升关键部件性能、优化布局、减少干扰、增加冗余设计以提高系统可靠性）等。

5.2　机器人系统集成

1. 安装与布线

机器人安装与布线是机器人电气安装的重要组成部分，也是一项基础技术，只有进行了良好的安装与布线才能保证机器人能够正常运行，发挥其作用。机器人布线一般指机器人线路连接。机器人安装布线主要涉及的是信号线的接线（如串口通信线、CAN 通信线等）以及电源线路的连接。主要包括：电源线路的接线与连接；信号线路的接线与连接；硬件模块的安装。

（1）电源线路的接线与连接　电源连接部分是最重要的部分，根据机器人的功率需求和使用环境，选择合适的电池类型，如铅酸电池、锂电池、镍镉电池等。锂电池因其高能量密度、长循环寿命和低自放电率而被广泛使用。

1）识别电源线。电源通常有不同颜色的电线，用于区分不同的功能。一般来说，红色或棕色线为正极（+），黑色或蓝色线为负极（-）。在进行接线之前，务必仔细识别这些电线，以确保正确连接。

2）剥线。使用剥线钳将线的绝缘层剥开一定长度，露出内部的金属导线。剥线的长度应根据具体的连接方式和要求来确定，但要注意不要剥得过长或过短，也要注意不要损坏导体里面的电线导致分叉（图 5-2），以免影响连接的稳定性和安全性。

　　a) 良品1　　　　　　b) 剥皮不净　　　　　　c) 良品2　　　　　　d) 开断导体

图 5-2　剥线导线

3）连接电源线。根据设备的连接要求，将电源线的金属导线与设备的接线端子进行连接。常见的连接方式有螺钉固定、插接等。在连接时，要确保导线与接线端子紧密接触，没有松动或间隙。如果使用螺钉固定，要拧紧螺钉，以确保连接牢固。

4）检查连接。在完成接线后，要仔细检查连接是否正确、牢固。可以轻轻拉动电源线，检查是否有松动或脱落的情况。同时，还要检查电线的绝缘层是否完好，没有破损或裸露的金属导线。

5）整理线路。将连接好的电源线整理整齐，避免杂乱无章。可以使用扎带或线管将电源线固定在合适的位置，以防止线路松动或被拉扯。电源接线对比如图 5-3 所示。

另外还应注意以下几点：

1）电源的线径要尽可能大，以保证线路稳定。

2）电源线与电源连接时必须加装绝缘胶布或用热熔胶枪进行打胶（或挤胶）处理，以免漏电或短路，同时对电路板接口或线路打胶还能增强防振防水性能。

a) 整理前的电源线

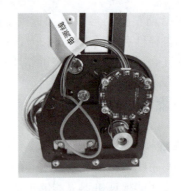

b) 整理后的电源线

图 5-3　电源接线

3）在有两种以上不同型号的电源时，应按额定电压进行选择。

（2）**信号线路的接线与连接**　机器人信号线的连接是确保机器人能够准确执行各种动作和任务的关键步骤。不同品牌的机器人在信号线连接方面可能有所不同，但通常都遵循一些基本的原则和方法。

以工业机器人（图 5-4）为例，其信号通信导线（图 5-5，2P/4P 端口线）负责将机器人的控制器与各个电动机等末端执行设备连接起来，确保机器人能够准确地执行各种动作和任务。这种通信端口线通常由多根导线组成，不同通信线负责传输特定的信号。一旦信号线出现故障，就可能导致机器人不能正常工作。因此要设计机器人布线以提高机器人的性能和稳定性。

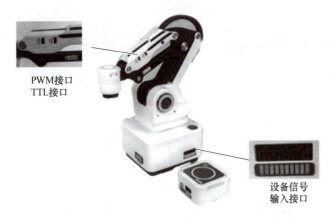

PWM接口
TTL接口

设备信号
输入接口

图 5-4　工业机器人信号接口

图 5-5　端口线

走线规则如下：

1）走线应尽可能短，采用直走和斜走相结合的方式，转弯时应尽量少弯。如无法避免时，应保证走线角度小于 45°。走线时应尽量避免出现折线，如果无法避免，则应该保持水平状态。

2）遵循相关标准，对机器人本体电缆的线径、长度和接口等提出明确要求。

3）尽量避免不同类型的线交叉，如果实在无法避免时，必须确保所有的线交叉间距都大于 1mm。

4）对于电源线和信号线，应尽量使它们保持一定的距离。信号线不得与电源线交叉布线，否则会产生干扰；电源线则应尽量与信号线平行布线，且尽量靠近电源端走线。

走线方法见表 5-1。

表 5-1　走线方法

走线方法	优缺点	图片展示
平行走线	平行走线指在布线过程中，线路的走向平行于布线走向，一般为直线走线。这种方式的优点是布线后比较整齐，缺点是不易控制线的长度，弯曲半径小，容易造成线断裂	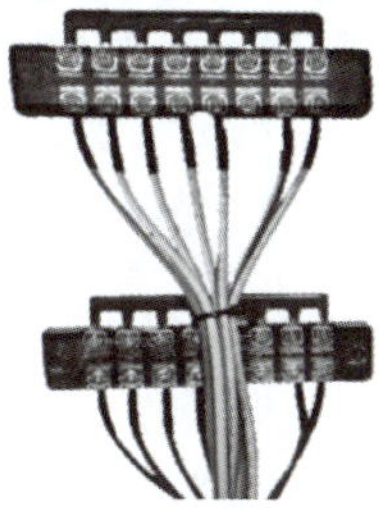
交叉走线	交叉走线是指两条线路在电气布线中采用交叉的方式进行连接。交叉走线时，线路要走在前一条的前面，后一条线的后面。这样做可以使电缆能够紧密地相互连接起来，缺点是线路比较杂乱，不容易控制电缆长度，不易控制电缆质量和弯曲半径等	
点对点走线	点对点走线指在布线过程中，对电缆线进行点对点的连接。点对点走线时，要确保电缆线不能打结和出现太多的弯头和弯曲半径等现象，同时还要注意不能将线对到一起或接触到一起	

布线技巧见表 5-2。

表 5-2　布线技巧

布线技巧	作用	图片展示
强弱电分开	电源线、电动机线应与驱动信号线、编码器信号、I/O 信号线分开走线，确保最短路径，减少信号干扰	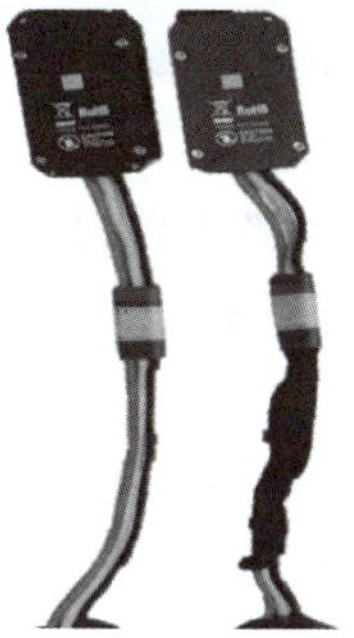

193

（续）

布线技巧	作用	图片展示
使用合适的布线型式	根据机器人的应用场景和需求选择合适的布线型式，如使用拖链、蛇皮管、软排线等。对于执行部分有转动超过360°或连续转动的机器人，则需要使用集电环等特殊部件	
标记与记录	要考虑到维修的方便性，如设置便于拆卸和更换的接口、预留足够的空间等，对线缆进行清晰的标记和记录，以便在日后维护和维修时能够快速识别和定位问题	

PWM 信号的尖峰干扰可以通过环路辐射，因此需要尽量减小构成这一环路的各段连线的感性耦合，并且电容器的引线要短以减小引线电感。此外，非平衡传输方式比平衡传输方式更容易受到干扰，因为非平衡传输电路和传输线存在内阻，一旦有干扰信号，就可能在这些内阻上形成干扰电压。

如何正确隔离动力线与信号线以减少 PWM 噪声对信号线的干扰呢？可以采取以下措施：

1）物理隔离。将动力线和信号线严格分开布线，避免它们相互平行或交叉。如果必须交叉，则应尽量垂直交叉。

2）使用双绞线。对于输入输出线，采用双绞线可以有效减少电磁耦合引起的干扰。

3）增加屏蔽措施。在传输线之间增加屏蔽层，如金属屏蔽罩，以减少交变磁场和电场的影响。

4）滤波电路设计。在 PWM 信号的输入和输出端添加低通滤波器，以滤除高频噪声，降低电磁干扰。此外，在电源线上也应添加电源滤波器，以减少电源线上的噪声。

5）合理布局。不相容的信号线应相互远离，并分布在不同的层上，走向互相垂直，以减少线间的电场和磁场耦合干扰。

（3）硬件模块的安装

1）机械结构的安装。这是机器人最基础的部分，是机器人硬件组装过程中的关键环节，它涉及将各种机械部件按照设计要求准确、稳固地连接在一起。并进行一系列的测试，如空载测试在没有负载的情况下，让机器人的各个关节和运动部件进行全范围的运动，检查是否有异常噪声、振动或卡滞现象。负载测试，在有负载的情况下进行测试，模拟实际工作条件下的运动，确保机器人在承受预期负载时仍能平滑运动。

2）驱动模块的安装。驱动系统是使机器人能够移动和执行任务的关键部分，它包括伺服电动机、编码器等。要使机器人运动起来，需要各个关节即每个运动自由度具有驱动系统。驱动系统可以是液压传动、气压传动、电动传动，或者把它们结合起来综合应用，可以是直接驱动或者通过同步带、链条、轮系、谐波齿轮等机械传动进行间接驱动。

3）传感器模块的安装。传感器用于感知周围环境，如视觉、温度、位置等信息。常见的传感器有磁导航传感器、超声波传感器、激光校准传感器和陀螺校准传感器等。

4）控制系统的安装。控制系统是机器人的"大脑"，负责处理来自传感器的信息并发出指令给执行器。常见的控制组件包括中央处理器（CPU）、控制面板等。控制系统的任务是根据机器人的作业指令程序以及传感器反馈回来的信号控制机器人的执行，从而完成规定的运动和功能。

5）执行器的安装。执行器是实现机器人动作的部件，例如马达、液压活塞和气动活塞等。

6）其他辅助组件。包括触摸屏、工控机等，这些组件帮助机器人更好地与外部系统交互。

轮式运输机器人（图 5-6）包含了大部分硬件模块的安装。

a)　　　　　　　　　　　　　b)

图 5-6　轮式运输机器人

2. 系统配置与检查

系统配置与检查包括了硬件配置与检查、软件配置与检查、通信与接口检查、安全配置，其中将重点对硬件配置与检查的电源管理进行详细的阐述。

（1）硬件配置与检查

1）传感器检查。确保所有传感器（如激光雷达、摄像头、IMU、GPS 等）工作正常，

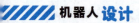

数据读取无误。

2）执行器检查。检查电动机、舵机等执行器的工作状态，确认动作反馈是否准确。

3）电源管理。检查电池电量、供电电压和电流是否在正常范围内，以防止因电源问题导致系统故障。

（2）软件配置与检查

1）操作系统。确认机器人运行的操作系统（如 ROS、Linux 等）是否配置正确，并且各个必要的驱动和依赖项已经安装好。

2）网络配置。检查网络连接是否稳定，特别是在多机器人系统中，确保各个节点可以相互通信。

3）启动脚本。确认启动脚本的配置正确，确保在系统启动时，各个模块能够按照预期顺序启动。

（3）通信与接口检查

1）通信协议。检查机器人内部以及与外部设备之间的通信协议是否配置正确，例如 TCP/IP、CAN 总线、I2C 等。

2）数据传输。确认数据传输的速率和稳定性，确保没有数据丢失或延迟问题。

（4）安全配置

1）紧急停止功能。检查紧急停止按钮或软件功能是否有效，能够在出现问题时快速停止机器人。

2）故障检测与报警。确保系统能够实时检测故障并发出报警信号，便于及时排查和处理问题。

ROS 机器人（图 5-7）包含了主控制器、控制器通信、传感器、电动机和驱动器、电源管理、通信模块、安全和紧急停止装置等。

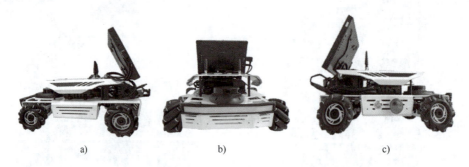

a)　　　　　　　　　b)　　　　　　　　　c)

图 5-7　ROS 机器人

在系统配置与检查中，电源的接入与检查是至关重要的环节。正确的电源接入和定期的电源检查不仅能确保机器人的稳定运行，还能有效预防故障和安全事故的发生。以下将详细介绍机器人电源的接入步骤以及检查方法。

（1）机器人电源接入步骤

1）确认电源电压和规格。在接入机器人电源之前，首先需要确认机器人所需的电源电压和规格。这通常可以在机器人的技术手册或标签上找到。确保所使用的电源与机器人要求的电压和规格相匹配，以避免损坏设备或造成安全隐患。如图 5-8 所示为 TB48S 智能电池，电压为 22.8V，搭配电池架（图 5-9）使用，采用 XT60 电源输出接头。

图 5-8　TB48S 智能电池

图 5-9　电池架

2）准备电源线和插头。使用原装或符合规格的电源线和插头，确保它们能够承载机器人所需的电流，并且具有良好的绝缘性能。如图 5-10 与图 5-11 所示为针对不同的电流电压要求，采用不同的导线与插孔，同时需要检查电源线和插头是否有磨损、裂纹或损坏，如有必要，及时更换。

3）连接电源线。将电源线的插头插入机器人的电源插座中，确保插头与插座紧密连接，无松动或接触不良的情况。同时，注意电源线的布局，避免过度弯曲或拉扯，以防止电线损坏。

4）通电前检查。使用万用表等工具检查电源线路是否通电，有无断路或短路现象。在接通电源之前，再次检查所有电源连接是否正确、牢固，以及机器人系统是否处于关闭状态。确保没有遗漏或错误的连接，以防止通电时发生短路或故障。

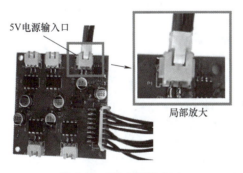

图 5-10　5V 电源输入口

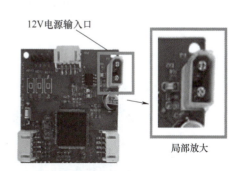

图 5-11　12V 电源输入口

（2）机器人电源检查方法

1）定期电压测量。使用电压表定期测量机器人电源的电压，确保电压值在机器人要求的范围内。如发现电压异常，应及时调查原因并采取措施解决。

2）电源线检查。定期检查机器人的电源线，包括插头、插座和电线本身。检查是否有磨损、裂纹、裸露的导线或损坏的绝缘层。如发现问题，应立即更换电源线。

3）电源开关检查。测试机器人的电源开关，确保它能够正常控制电源的通断。观察开关在操作时是否有异响或异常行为，如有必要，进行更换或维修。

机器人电源的接入与检查是确保机器人稳定运行和安全的重要环节。通过遵循正确的接入步骤和定期的电源检查，可以有效预防故障和事故的发生。机器人操作和维护人员应重视这一环节，确保机器人的电源系统始终保持良好的工作状态。这不仅有助于延长机器人的使用寿命，还能提高生产率和安全性。

示波器（图5-12）是一种用于观察电信号波形的仪器，广泛应用于电子工程、物理实验和工业测试等领域。它能用于观察电信号的波形、频率、幅度等特性，帮助工程师进行电路的调整和优化。当电路出现故障时，示波器可以用来检测电路中的信号和波形，以确定故障的位置和原因。它也用于分析各种信号，包括模拟信号和数字信号，以便进行信号处理和优化。在通信系统中，示波器用于观察信号的特性，以确定通信系统的性能和可靠性。

以下是示波器的基本操作步骤：

1）开机与校准。打开示波器电源，并等待其预热完成。将探头连接到示波器的相应端口上，确保连接牢固。

2）设置亮度和聚焦。调节亮度和聚焦旋钮，使屏幕上显示一条亮度适中、聚焦良好的水平亮线。

3）输入信号。将被测信号通过无源探头输入到示波器的通道（CH1或CH2）。确保输入电压不超过示波器的最大承受值，避免损坏设备。

4）选择耦合方式和灵敏度。根据被测信号的频率选择Y轴耦合方式（AC、DC或地）。选择合适的Y轴灵敏度，根据信号峰-峰值进行调整。

5）触发设置。设置触发源，可以选择内部方波校准信号或外部信号作为触发条件。调整触发电平旋钮，使屏幕上显示稳定的波形。

6）调整时间基准。使用时间基准控制，调整波形在屏幕上的显示时间长度。

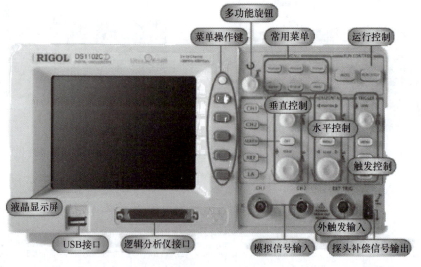

图5-12 示波器

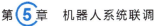
7）保存和分析数据。可以将屏幕图像以 BMP 或 PNG 格式保存到存储设备中，方便后续分析。使用示波器的逻辑分析、波形录制等功能进行更深入的数据分析。

注意事项：

在操作过程中，确保正确接地，防止电击和电路损坏。

避免在高电压下使用非衰减探头，以免损坏示波器。

示波器的电子元件对静电敏感，要注意避免静电干扰。

3. 机器人测试与验证

机器人测试与验证在机器人技术的研发、生产、部署及后期维护过程中具有极其重要的意义。编写程序与联调这一环节不仅关乎机器人的性能表现、安全性、可靠性，还直接影响到其在各种应用场景中的效率和效果。在机器人测试与验证中系统拥有不同的控制方式（Control Mode），也就是控制移动机器人运行的方式，一般包括手动模式、自动模式、半自动模式。

（1）自动模式（Automatic Mode，GB/T 12643—2013）　机器人控制系统按照任务程序运行的一种操作方式。

（2）手动模式（Manual Mode，GB/T 12643—2013）　通过按钮、操作杆以及除自动操作外对机器人进行操作的操作方式。

（3）半自动模式（Semi-autonomous Mode）　设备在某些操作环节需要人工干预，而在其他环节则可以自动运行的模式。

同时测试程序中应该包含的内容对于确保机器人系统的正常运行和性能优化至关重要，测试内容见表 5-3。

表 5-3　测试内容

测试内容		测试与验证方法
功能测试	基本功能验证	测试机器人是否能够执行其设计的基本功能，如抓取、搬运、装配等
	特定任务测试	针对机器人将要执行的具体任务进行测试，确保其在特定场景下能够正常工作
性能测试	运动性能测试	测试机器人的运动速度、加速度、精度等性能指标，确保其满足生产要求
	负载能力测试	测试机器人在不同负载下的表现，确保其能够承受预期的工作负载
传感器测试	传感器数据验证	测试机器人上安装的各种传感器（如位置传感器、力传感器、视觉传感器等）的数据准确性和稳定性
	传感器反馈测试	验证传感器数据是否能够被机器人控制系统正确接收和处理，以实现闭环控制
通信测试	通信协议验证	测试机器人与控制系统、其他设备之间的通信协议是否稳定可靠
	数据传输测试	验证数据传输的实时性、完整性和准确性，确保机器人能够及时接收和执行控制指令
安全性测试	安全功能验证	测试机器人的安全功能（如紧急停止、碰撞检测等）是否有效
	安全防护测试	验证机器人系统的安全防护措施（如安全围栏、安全门等）是否到位且有效

（续）

测试内容	测试与验证方法	
稳定性与 可靠性测试	长时间运行测试	模拟机器人长时间运行的情况，测试其稳定性和可靠性
	故障恢复测试	在机器人发生故障时，测试其是否能够自动恢复或通过人工干预快速恢复正常运行
兼容性测试	软件兼容性测试	测试机器人控制系统与不同版本的软件之间的兼容性
	硬件兼容性测试	测试机器人与不同型号、不同厂家的设备之间的兼容性
边界条件测试	极限条件测试	测试机器人在极限条件下的表现（如最大负载、最快速度等），以评估其性能和可靠性
	异常条件测试	模拟各种异常情况（如断电、通信中断等），测试机器人的应急响应能力和恢复能力
调试与优化	参数调试	根据测试结果调整机器人的参数设置，以优化其性能和稳定性
	逻辑优化	优化机器人的控制逻辑和算法，以提高其工作效率和准确性
记录和报告	测试记录	详细记录测试过程中的各项数据和观察结果
	测试报告	编写测试报告，总结测试结果和发现的问题，并提出改进建议

4. 人机交互界面设计

机器人交互界面作为人与机器人之间沟通的桥梁，扮演着至关重要的角色。这一界面不仅影响着用户与机器人的交互效率，还直接关系到用户的使用体验和满意度。它承载着用户指令的输入、机器人状态的显示以及用户与机器人之间交流的功能。一个优秀的机器人交互界面能够使用户更加便捷、高效地与机器人进行交互，从而提升整体的用户体验。

（1）**机器人交互界面开发环境**　在机器人交互界面开发环境中，ROS（Robot Operating System）和 Qt 是两个主要的工具。ROS 是一个开源的机器人操作系统，它提供了一系列工具、库和规范，用于机器人软件的开发、模拟和部署。ROS 支持多种编程语言，如 C++、Python 等，并提供了丰富的功能包和社区支持，方便开发者进行机器人系统的构建和扩展。Qt 是一个跨平台应用程序框架，提供了丰富的图形界面和功能库，广泛用于创建图形用户界面（GUI），支持 Windows、Linux 和 macOS 等多个操作系统，具有高度的可移植性和灵活性。可以与 ROS 结合使用来开发人机交互界面。

具体来说，开发者可以在 Linux 操作系统上安装 ROS 和 Qt，并在 Qt Creator 中创建项目。通过配置 Qt 环境，可以设计人机交互界面，并使用 ROS 节点类中的函数将 Qt 界面与 ROS 节点连接起来，从而实现基于 ROS 和 Qt 的人机交互界面。此外，还可以利用 librviz 组件开发方法来增强 ROS 人机交互界面的功能，如图 5-13 和图 5-14 所示。

（2）**机器人交互界面的设计要素**　界面设计需要保持信息的精简和核心功能的突出，避免不必要的元素干扰用户的操作。简洁明了的设计可以让用户更快地找到所需的功能，提高使用效率。界面不仅要实用，还要有良好的视觉效果。合理运用色彩、字体和布局等视觉元素，提升用户体验，使界面既美观又易于使用。用户应能直观地理解和操作界面中的各个元素。这包括合理的菜单设置、明确的标签和图标以及一致的反馈机制。

此外，减少用户的认知负荷和输入工作量也是关键（图 5-15）。保持界面的一致性，包括颜色、字体、图标和按钮样式等，有助于用户建立对界面的熟悉感，并提供一致的用户体

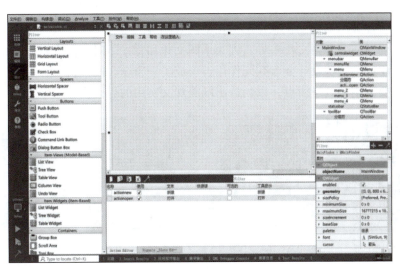

图 5-13　Qt 开发界面

验。一致性原则也强调了执行特定任务时结果的可预测
性，从而提高学习效率和用户满意度。合理的布局可以使
不同任务的元素之间形成良好的联系，增加美感并提高使
用率和熟练度。屏幕应划分为多个区域，分别用于不同的
目的，如命令和导航、信息输入或输出以及状态信息等。

（3）机器人交互界面的技术创新　在设计交互界面
时，不要过于依赖常规模式，要大胆创新，采用一些新的
想法，从而为用户带来更加独特的体验。保持界面的状态
可见、变化可见、内容可见，让用户始终清楚地了解自己

图 5-14　开发效果图

在系统中的位置和正在显示的信息。设计时应尽量减少用户的认知负荷，通过自动填充、下

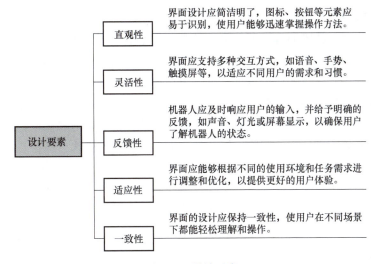

图 5-15　设计要素

拉菜单和默认选项等方式简化表单及输入过程。提高用户参与度可以通过提供明确和及时的反馈来实现，例如弹出消息、状态指示器和动画效果等。

在设计界面时还应考虑文化差异，因为不同文化和背景下对图标、符号、单词或颜色的解释可能有所不同。这些设计要素共同作用，形成了一个全面的人机交互界面设计框架，同时需要在这些要素中找到平衡点，以创造出既美观又实用的界面设计（图5-16）。

 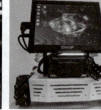  

a) LCD显示屏　　　b) ROS机器人操作界面　　c) 服务机器人交互界面　　d) 网页交互界面

图 5-16　交互界面

1）多模态交互。结合语音识别、手势识别、触摸屏等多种交互方式，实现更加自然、流畅的交互体验。

2）个性化定制。根据用户的偏好和使用习惯，提供个性化的界面设计和交互方式，提升用户满意度。

3）情感交互。通过面部表情识别、情感分析等技术，实现机器人与用户之间的情感交流，增强用户的沉浸感和信任感。

4）增强现实与虚拟现实技术。将 AR/VR 技术应用于机器人交互界面，为用户创建更加沉浸式的交互环境。

5.3　机器人系统故障诊断与优化

1. 异常情况处理

电路故障是机器人故障的常见原因之一，其可能由电路元件损坏、电路板破损、焊接不良等引起。处理电路故障时，首先应检查电路连接是否正常，然后使用测试仪器进行测量，确定具体故障位置。机械故障包括各种部件的损坏或失灵，如电动机异常、关节卡死、传动系统故障等。对于机械故障，需要仔细检查机器人各个部件的工作状态，排除可能出问题的部件，并进行必要的修复或更换；机器人的传感器在感知外部环境和获取数据方面起着重要作用。如果传感器故障，机器人无法正常获取数据，也无法准确执行任务。排除传感器故障是维修机器人的重要环节，需要对传感器进行校准和调试。

机器人的各个模块在异常情况下的表现与处理方式因机器人的具体类型、品牌及设计差异而有所不同。但一般来说，故障模块、异常情况和处理方式可以参考表5-4。

2. 优化调整

根据任务需求和环境情况，对机器人的机械结构进行优化设计，包括零部件选型、结构布局、材料选择等，选用高精度、高强度的零部件；优化结构布局，提高稳定性和刚性；选用轻质材料，降低机器人自重。如从材料性能来看：碳纤维板（图 5-17b）的抗拉强度范围为 2000~3400MPa，远高于玻璃纤维板（图 5-17a）的抗拉强度，这使得碳纤维板在承受高载荷和冲击的应用中表现出色。因此使用碳纤维板替代部分金属材料用于制造车身、底盘等部件，可实现轻量化。

表 5-4 异常情况处理

故障模块	异常情况	处理方式
通信模块	1. 通信中断：机器人无法与外部设备（如控制器、传感器等）进行数据传输。 2. 通信延迟：数据传输速度变慢，导致机器人响应迟缓。 3. 通信错误：数据在传输过程中出现错误，导致机器人执行错误动作	1. 检查通信线路：确保通信线路连接正确，无损坏或松动。 2. 检查通信协议：确认机器人与外部设备的通信协议一致，包括波特率、数据位、停止位等参数。 3. 重启通信模块：尝试重启通信模块或整个机器人系统，以恢复通信功能。 4. 排查干扰源：检查是否存在电磁干扰等外部因素影响通信质量
控制模块	1. 控制程序错误：控制程序出现逻辑错误或语法错误，导致机器人无法正确执行指令。 2. 控制信号异常：控制信号不稳定或受到干扰，导致机器人动作失控。 3. 控制模块故障：控制模块硬件损坏或软件崩溃，无法正常工作	1. 检查控制程序：重新检查并调试控制程序，确保无误后重新上传至机器人。 2. 重启控制模块：尝试重启控制模块，以恢复其正常工作状态。 3. 替换控制模块：如控制模块硬件损坏严重，需更换新的控制模块
驱动模块	1. 电动机故障：电动机过热、噪声大、无法启动或停止等。 2. 驱动器报警：驱动器检测到过流、过压、欠压等异常情况并报警。 3. 传动系统故障：齿轮、带等传动部件磨损严重或断裂	1. 检查驱动电动机：重新检查并调试驱动电动机，确保无故障后重新安装至机器人。 2. 调整驱动模块：尝试调整驱动模块，以恢复其正常工作状态。 3. 替换驱动模块：如驱动模块硬件损坏严重，需更换新的相应硬件
执行模块	1. 执行器动作不精确：执行器（如机械臂、夹爪等）无法准确执行指令。 2. 执行器损坏：执行器部件磨损严重或断裂	1. 调整执行器参数：检查并调整执行器的参数设置，如位置、速度、力度等。 2. 维修或更换执行器：如执行器损坏严重，需进行维修或更换新的执行器
电源模块	1. 电源电压不稳定：电源电压波动大，影响机器人正常工作。 2. 电源模块故障：电源模块硬件损坏或软件崩溃，无法为机器人提供稳定电源	1. 检查电源线路：确保电源线路连接正确，无短路或断路现象。 2. 维修或更换电源模块：如电源模块损坏严重，需进行维修或更换新的电源模块。 3. 配备稳压设备：在电源电压波动较大的情况下，可配备稳压设备以确保机器人获得稳定电源
传感器模块	1. 传感器读数不准确：传感器检测到的数据与实际不符。 2. 传感器损坏：传感器部件磨损严重或断裂	1. 清洁传感器：定期清洁传感器表面，去除污垢或杂质。 2. 校准传感器：对传感器进行校准，确保其读数准确。 3. 更换传感器：如传感器损坏严重，需更换新的传感器

a) 玻璃纤维板   b) 碳纤维板

图 5-17 纤维板

（1）**算法参数优化** 它是提高机器人性能的关键步骤之一。选用先进的控制算法，如 PID 控制、模糊控制、神经网络控制等，针对特定任务，开发或优化相应的算法，如路径规划算法、目标检测算法、避障算法等。例如开发智能避障算法，确保机器人在复杂环境中的安全运行。引入机器视觉技术，提高目标检测的准确性和鲁棒性。又如在机器学习中，梯度下降法和最小二乘法是常用的无约束优化方法。此外，改进的遗传算法（GA）和粒子群优化（PSO）算法被广泛应用于多机器人系统中的行为参数优化，以解决"早熟"收敛和局部最优解的问题。如图 5-18 所示为不同的算法参数对系统响应曲线的影响。

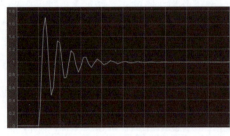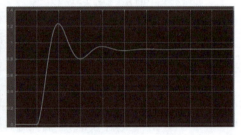

a) 未调整的参数系统响应曲线   b) 调整后的参数系统响应曲线

图 5-18 不同的算法参数对系统响应曲线的影响

（2）**运动参数优化** 其中包括速度、加速度、转角动作等的调整。例如，医用机器人通过 D-H 方法建立连杆坐标系，并运用数值优化技术实现运动学参数的误差补偿，从而提高重复精度。足球机器人通过对转角动作函数的优化，提升了动作的精度和稳定性。四足机器人则通过模仿蜘蛛来改进步态参数，降低能量消耗并提高运动稳定性。

（3）**程序优化** 程序优化主要集中在路径规划和控制策略上，设计高效、稳定的控制系统，包括传感器配置、控制算法选择等，集成多种传感器，提高环境感知能力。例如，移动机器人采用参数优化法进行平面运动轨迹规划，以提高效率和准确性。工业机器人通过合理规划运动路径，减少空闲时间，提高工作效率。此外，基于深度学习的方法可以自动生成和控制各种行为，使机器人更加灵活地适应不断变化的环境。

（4）**工作范围的优化** 工作范围通常涉及机器人的工作空间匹配度和运动拟合模型。例如，踝关节康复机器人通过遗传算法对运动学参数进行优化，以匹配工作空间模型。此外，全向移动智能轮椅机器人通过粒子群算法优化横向、纵向和姿态运动参数，提高了运动预测的精度。

最后依靠不断收集机器人运行过程中的数据，包括性能参数、故障记录等，进行分析和挖掘。通过数据分析结果，识别机器人系统中存在的问题和瓶颈。针对识别出的问题和瓶颈，进行针对性的优化和改进，不断提升机器人的性能和可靠性。

 【设计案例】

轮式机器人系统联调与优化

下面以轮式机器人（以下简称"机器人"）作为案例，说明系统联调与优化的过程。

首先是系统准备，检查并确认机器人各子系统的硬件连接无误。加载必要的软件程序和固件到各个子系统。其次是单系统调试，对机器人各子系统进行单独调试，如传感器系统、控制系统、执行机构等。确保每个子系统都能正常工作，并达到预定的性能指标。之后进行子系统间通信测试，测试机器人各子系统之间的通信功能，确保信息能够准确、及时地传递。验证通信协议的兼容性和可靠性。然后将多模块整体联调，将所有子系统连接起来，进行整体联调，模拟实际工作场景，测试机器人的整体性能和稳定性。最后根据测试结果调整系统参数和配置，优化系统性能。最后针对联调过程中发现的问题进行逐一解决。对系统进行优化，提高机器人的运行效率和稳定性。轮式机器人系统联调与优化流程如图 5-19 所示。

1. 车体布线与功能测试

（1）**集成布线** 轮式机器人系统的集成布线可大致分为，底盘的集成布线与云台的集成布线，其中针对不同的需求，需要采用合适的硬件接口以及通过需求配置合适的硬件资源。

1）底盘硬件接线逻辑。以下是轮式机器人系统底盘硬件架构，在底盘硬件接线中，包含了底盘主控板、分线板、电滑环、底盘驱动电动机四大部分。底盘主控板负责对底盘驱动电动机进行控制，以及与云台主控通信。分线板则是为驱动电动机以及底盘主控板进行供电，同时也通过电滑环对云台主控供电。电滑环则是可以通过其特殊的内部结构，使两相对旋转的部件的信号线和电源线能始终保持连接，底盘驱动电动机则负责机器人的动力输出。底盘硬件架构如图 5-20 所示。

在确定底盘主控板硬件接线图时，为了能实现各个执行机构的运行以及拥有良好的人机交互，统计了各个硬件资源的需求，见表 5-5。

图 5-19 轮式机器人系统
联调与优化流程

表 5-5 底盘主控板硬件资源需求

资源名称	数量	用途
CAN	2 路	底盘主控板与底盘电动机及云台通信，电动机通信
24V 电源接口	1 个	主控板供电

资源名称	数量	用途
5V 电源接口	1个	串口供电
CAN2 接口	1个	云台模块通信
CAN1 接口	1个	底盘电动机通信
LED 灯	1个	人机交互
按键	若干	人机交互
SWD 下载接口	1个	程序下载
DBUS	1个	连接控制器

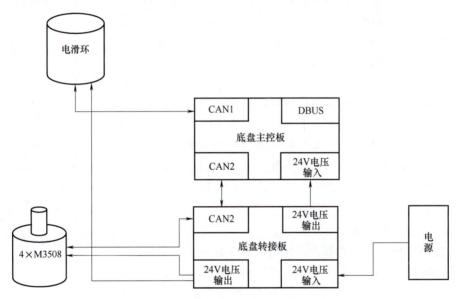

图 5-20　底盘硬件架构

2）云台硬件接线逻辑。以下是轮式机器人系统云台硬件架构，在云台硬件接线中，包含了云台主控板、分线板、电滑环、驱动电动机、MiniPC 五大部分，其中云台主控板负责提供系统多硬件的供电分配，特别是 MiniPC，因此要从云台主控板引出 24V 电压输出口对云台电动机和 MiniPC 进行供电。分线板则是从电滑环引出的电源线，对主控板以及电动机供电。驱动电动机则负责发射机构中拨弹盘以及摩擦轮、弹舱盖的动作执行，以及云台的二自由度运动。MiniPC 是处理视觉数据的主控，通过串口与云台主控板通信。云台硬件架构如图 5-21 所示。

在确定云台主控硬件接线图时，由于不同模块需要不同的通信方式，为了能实现各个执行机构的控制，统计了各个硬件接口资源的需求，见表 5-6。

对于比赛而言，通常主控板选用大疆创新专为 RoboMaster 比赛研发的 RoboMaster 开发板 C 型作为云台与底盘主控板。如图 5-20 和图 5-21 所示进行接口配置便可完成轮式机器人的接线，机器人实际接线效果如图 5-22 所示。

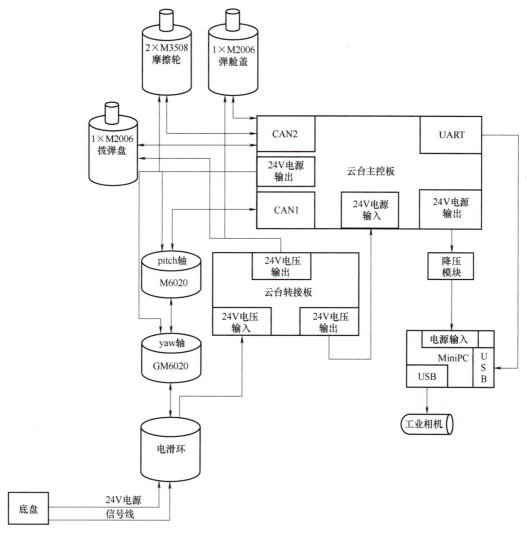

图 5-21　云台硬件架构

表 5-6　云台硬件接口资源的需求

资源名称	数量	所需外设接口
云台电动机	2 个	CAN 通信接口
拨盘电动机	1 个	CAN 通信接口
摩擦轮电动机	2 个	CAN 接口
控制器	1 个	UART 接口
MiniPC	1 个	UART 接口
陀螺仪	1 个	SPI 接口
LED 灯	若干	GPIO 口
24V 电源输出输入口	若干	电源接口
SWD 下载接口	1 个	SWD

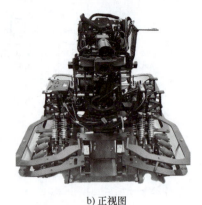

a) 侧视图　　　　　　　　　b) 正视图

图 5-22　机器人实际接线

（2）功能测试

1）云台独立功能测试。在完成轮式机器人接线，检查线路完毕后，要对轮式机器人的云台初始位置进行调试。首先使用下载器导入程序，并对机器人上电进入 debug 模式。在程序中，找到轮式机器人的云台任务，pitch 轴和 yaw 轴的数据读取处，对两个云台电动机的编码器数据进行读取，找到下列结构体数据（图 5-23），将其摆正到初始位置处，并记录编码器值。

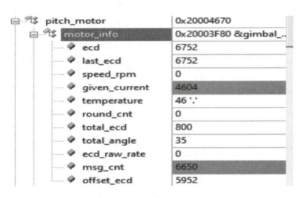

图 5-23　pitch 轴云台电动机编码器读取

将要初始化的编码器数据填写到 gimbal_handle. pitch_motor. offset_ecd 与 gimbal_handle. yaw_motor. offset_ecd 处（下划线处），程序如下所示。

```
void GimbalAppConfig(void)
{
    gimbal_handle. console    =Console_Pointer();
    gimbal_handle. imu   =IMU_GetDataPointer();
    gimbal_handle. gimbal_can   =&can1_obj;
    gimbal_handle. ctrl_mode=GIMBAL_INIT;
    gimbal_handle. yaw_motor. motor_info=GimbalMotorYaw_Pointer();
    gimbal_handle. pitch_motor. motor_info=GimbalMotorPitch_Pointer();
    gimbal_handle.yaw_motor.offset_ecd=3120;
    gimbal_handle.pitch_motor.offset_ecd=2975;
    gimbal_handle. yaw_motor. ecd_ratio=YAW_MOTO_POSITIVE_DIR * YAW_REDUCTION_RATIO/ENCODER_ANGLE_RATIO;
    gimbal_handle. pitch_motor. ecd_ratio=PITCH_MOTO_POSITIVE_DIR *
```

```
PITCH_REDUCTION_RATIO/ENCODER_ANGLE_RATIO;
        gimbal_handle.yaw_motor.max_relative_angle=90;
        gimbal_handle.yaw_motor.min_relative_angle=-90;
        gimbal_handle.pitch_motor.max_relative_angle=27;
        gimbal_handle.pitch_motor.min_relative_angle=-20;}
```

之后便可重启，看云台是否能够复位到测试的初始化位置处。接下来就要对云台的最大俯仰角进行软件上的限制，也是使机器人上电进入 debug 模式，设定云台电动机的最大机械俯仰角。同样是在 Gimbal_handle 的结构体（图 5-24）中手动将云台转动的最高与最低进行设定，找到 gimbal_handle.pitch_motor.max_relative 与 gimbal_handle.pitch_motor.min_relative 的数值进行修改。由于采用滑环

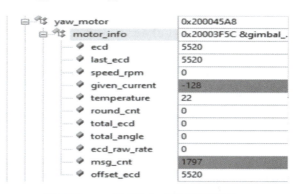

图 5-24　yaw 轴云台电动机编码器设定

的设计，yaw 轴可以进行 360°的旋转，不必要进行限位。

考虑到误差与安全，分别对俯仰角的最大最小值范围进行适度缩减。程序如下所示（下划线处）。

```
void GimbalAppConfig(void)
{
    gimbal_handle.console    =Console_Pointer();
    gimbal_handle.imu   =IMU_GetDataPointer();
    gimbal_handle.gimbal_can   =&can1_obj;
    gimbal_handle.ctrl_mode=GIMBAL_INIT;
    gimbal_handle.yaw_motor.motor_info=GimbalMotorYaw_Pointer();
    gimbal_handle.pitch_motor.motor_info=GimbalMotorPitch_Pointer();
    gimbal_handle.yaw_motor.offset_ecd=3120;
    gimbal_handle.pitch_motor.offset_ecd=2975;
    gimbal_handle.yaw_motor.ecd_ratio=YAW_MOTO_POSITIVE_DIR * YAW_
REDUCTION_RATIO/ENCODER_ANGLE_RATIO;
    gimbal_handle.pitch_motor.ecd_ratio=PITCH_MOTO_POSITIVE_DIR *
PITCH_REDUCTION_RATIO/ENCODER_ANGLE_RATIO;
    gimbal_handle.yaw_motor.max_relative_angle=90;
    gimbal_handle.yaw_motor.min_relative_angle=-90;
    gimbal_handle.pitch_motor.max_relative_angle=27;
    gimbal_handle.pitch_motor.min_relative_angle=-20;}
```

将云台的初始化位置与软件限位完成后，需用控制器进行转动测试，并且具体观测云台结构体里的电动机参数，看是否还要对初始化位置与限位进行修改。将这两方面测试好后，

再将云台电动机运动参数调整到合适的数值即可。

2）底盘独立功能测试。在底盘运动测试中，将对轮式机器人底盘的运动进行调试，主要内容包括底盘的运动与功率限制的测试。首先，在上述云台运动测试中确定底盘方向，在此要根据麦克纳姆轮的安装方式，以及电动机的初始转动方向，来确定每一个底盘驱动电动机的动力分配。在底盘任务的 chassis_function.c 程序模块中，通过修改正负号可以修改电动机的输出方向，程序如下所示。

```
wheel_rpm[0]=(chassis_vx+chassis_vy-chassis_vw * rotate_ratio_fl) *
wheel_rpm_ratio;
wheel_rpm[1]=(-chassis_vx+chassis_vy-chassis_vw * rotate_ratio_fr)
* wheel_rpm_ratio;
wheel_rpm[2]=(chassis_vx-chassis_vy-chassis_vw * rotate_ratio_bl) *
wheel_rpm_ratio;
wheel_rpm[3]=(-chassis_vx-chassis_vy-chassis_vw * rotate_ratio_br) *
wheel_rpm_ratio;
```

在完成底盘电动机运动的调试后，为满足规则要求，将对机器人的底盘运动功率进行闭环控制。通过裁判系统的功率数据读取，以及修改最大的功率运行参数，进行动力限制。最后对轮式机器人进行前后左右移动、上下坡、飞坡等进行一系列的项目测试，见表 5-7。

表 5-7 底盘通用项目测试

项目名称	影响因素
最大速度测试	车重、电动机 PID 的运动参数、最大功率限制的峰值
向前运动 10m 时间测试	
达到最大功率限制时间	

不同功率下机器人底盘对相同坡度的通过测试效果见表 5-8。

表 5-8 不同功率下机器人底盘对相同坡度的通过测试效果（坡长度为 1.5m）

功率/W	坡度/(°)	通过时间/s
50	16	无法通过
60	16	3.4
70	16	2.4
80	16	2
100	16	1.5
120	16	1.4

3）通信功能测试。在分别对云台与底盘进行多模块联动的测试后，将对云台与底盘以及各个模块的通信进行测试。其中最直接的方式，是看在各个任务中的函数回调，是否能够有数据。在 detect.task 程序模块中已经将各个通信测试的代码编写完毕，根据指示灯以及蜂鸣器的提示，只需添加检测项目即可，见表 5-9。

表 5-9　通信模块检测

电动机通信	
OFFLINE_CHASSIS_MOTOR1	OFFLINE_CHASSIS_MOTOR2
OFFLINE_CHASSIS_MOTOR3	OFFLINE_CHASSIS_MOTOR4
OFFLINE_GIMBAL_PITCH	OFFLINE_GIMBAL_YAW
OFFLINE_GIMBAL_TURN_MOTOR	OFFLINE_FRICTION_WHEEL_MOTOR1
OFFLINE_FRICTION_WHEEL_MOTOR2	
主控板、视觉、控制器、裁判系统数据通信	
OFFLINE_REFEREE_SYSTEM	OFFLINE_CHASSIS_INFO
OFFLINE_GIMBAL_INFO	OFFLINE_VISION_INFO
OFFLINE_DBUS	

4）手动击打装甲板集成测试。最后的集成测试包含了发射机构、云台机构、底盘运动还有与裁判系统通信的联合测试。通过该项综合测试便可基本实现轮式机器人的一系列功能。测试后可统计数据进行分析，并对各个参数进行调整。流程如图 5-25 所示。

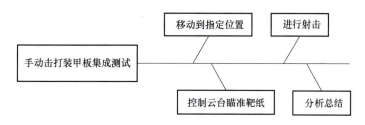

图 5-25　测试流程

在射击过程中，发射机构重点关注射速、射频，云台机构重点关注发射管稳定性。对此应该针对不同的距离，进行量化测试，以复写纸和白纸作为靶纸，最后对纸上的弹道分布（图 5-26）进行统计与分析。仅根据当前测试机器人发射 200 发弹丸，实际测试的数据见表 5-10。

表 5-10　数据表

射速/（m/s）	射频/Hz	距离/m	命中率
30	8~10	3	98%
30	15~17	3	92%
30	8~10	5	87%
30	15~17	5	78%

2. 云台与视觉系统联调

云台与视觉系统的联调首先是实现静止状态下识别装甲板击打，轮式机器人需要自瞄算

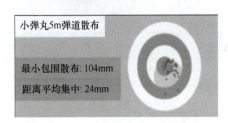 

图 5-26　弹道分布

法，以供机器人精准打击敌方装甲板，同时也需要能量机关瞄准算法，以供机器人有效打击比赛场地中的能量机关，在此基础上还需要电控或是视觉的移动预测。在云台与视觉系统联调中主要是实现机器人的视觉摄像头对装甲板识别，并通过串口发送数据给主控板进行自动打击。视觉信号经过 MiniPC 处理，将数据发给下位机主控板，主控板控制执行机构进行响应。关键步骤如下。

1）使用 cvSplit 方法对图像进行通道分离，根据目标颜色对通道相减，得到相减后的图像 tempBinary（筛选灯条轮廓）。

2）采用阈值法（Thresholding），对图像 tempBinary 进行二值化。

3）进行形态学操作，使用 cvDilate 方法对图像进行膨胀，将图像 tempBinary 的高亮区域或白色部分进行扩张，使得运行结果图比原图的高亮区域更大。

4）依据目标装甲的灯条特征，得到高置信度的轮廓与低置信度轮廓（装甲拟合）。

5）依据目标装甲板的外观特征，将高置信度的灯条轮廓互相匹配，得到匹配成功的目标检测框。

6）依据物体近大远小的原理，对于匹配成功的目标检测框，筛选距离最近的目标，得到最终目标检测框。

7）依据使用小孔成像原理的 PinHole 算法，对最终目标检测框进行角度解算得到云台角度。

其流程如图 5-27 所示。

视觉系统对静止的发光装甲板的识别如图 5-28 所示。

找到了装甲板的位置，还需要告诉相机应当如何移动才能让发射机构指向敌方装甲板的中心。这里的如何移动，其实就是角度的偏移，左右旋转多少度（yaw 角），上下旋

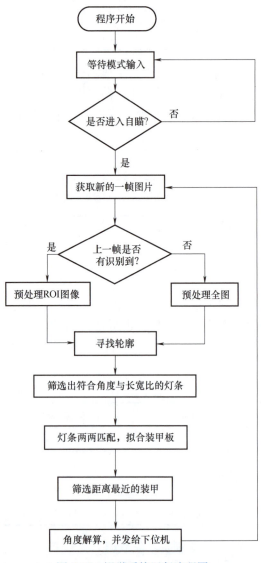

图 5-27　视觉系统运行流程图

a) 原始图像　　　　　　　　　　　　　　b) 处理后图像

图 5-28　视觉系统对静止的发光装甲板的识别

转多少度（pitch 角），以及相机距离装甲板的距离是多少。需要将这些数据发送给下位机。在此还要根据距离数据进行运动补偿，这也是测试中工作量较大的地方。

弹丸是具有初速度和重力加速度的，距离击打目标越远，初速度越小，则因重力下坠越多。因此在较远距离，初速度较低的情况下，可以考虑做抬头补偿，即让发射机构往上仰，在该测试中需要不断地调整装甲板的距离并击打，对于弹丸的落点，通过 pitch 轴进行补偿。在弹丸初速度为 30m/s 时，所需添加的补偿数据见表 5-11。

表 5-11　补偿数据

击打距离/m	补偿数据/(°)	命中率（%）
0~1	0	100
1~2	0.2	100
2~3	0.5	95
3~4	1	93
4~5	1.7	87
5	2	84

3. UI 界面

（1）UI 界面设计　在机器人对战的过程中，一个优秀的 UI 设计界面，能够让操作员更容易地操作机器人，并且界面清晰易懂，能够在对抗中了解自己机器人的性能状态，增强瞄准精度。同时通过 UI 界面上的伤害提示，能够快速发现敌方的位置。

如图 5-29 所示，通常的 UI 界面拥有计分板、经济显示、中心增益点机制、机器人状态等众多信息；还可在设置面板（图 5-30）中进行登录设置，选择操作的机器人，设置发射弹丸的类型，设置适宜的灵敏度等。在此基础上，为了使操作员能够更多地了解机器人的情况，可以通过在操作界面上自主设计 UI 界面来辅助控制。如图 5-31 所示，便在 UI 屏幕中央自主增加了吊射辅助瞄准线与弹道上下分布界线。在机器人进行对战与吊射时能够快速校准。

不仅可以做到上述的 UI 界面显示，还可以做到数字的动态显示，如摄像头可以测距，将距离显示到操作员的 UI 界面上，以及电池充电百分比、电池状态、陀螺仪状态、云台状态、底盘状态、摩擦轮状态的显示。UI 界面可拥有多层界面，显示丰富的信息。RoboMaster 选手客户端 UI 本质上是裁判主控与服务器之间数据传输的体现，通过串口与机器人主控板进行串口通信来实现数据交换。

哨兵机器人　基地血条　红方机器人　校徽校名　当前局次　经济　比赛倒计时　比分　　蓝方机器人　　哨兵弹量

血包数量　能量条　冷却倒计时　能量值

跑马灯提示区

模块状态　　当前机器人状态　　　血包增益　辅助射击准心　发射机构实时射速与已发弹量/最大可发弹量

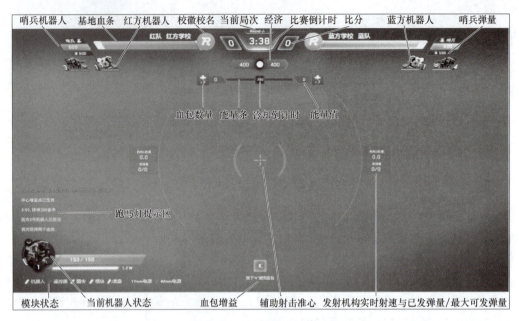

图 5-29　原始 UI 界面

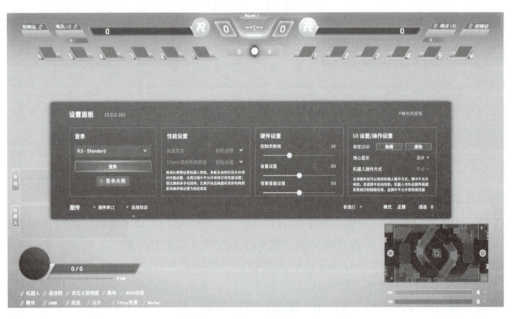

图 5-30　UI 设计面板界面

（2）UI 界面调试　为了完成上述 UI 界面显示功能（操作界面的辅助划线，机器人状态，数据的动态显示），必须使控制器连接到计算机，并且接入服务器进行调试。具体调试方式可参考机器人控制器说明书。

UI 界面效果如图 5-31 所示。

当完成上述所有调试后，便完成了机器人的系统联调。比赛中控制轮式机器人的详细步骤，如图 5-32 所示。

图 5-31　增添后的 UI 界面

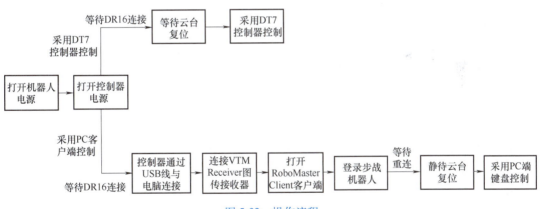

图 5-32　操作流程

【本章小结】

　　本章以轮式机器人为案例，详细介绍了系统联调与优化的组成与流程，主要内容包括：机器人安装与布线的规范和原则，机器人测试与验证的方法，以及系统的优化等。通过系统联调，机器人之间的通信、信息共享和协作机制得到优化，从而提高了整体系统的协同工作能力和效率。各个智能部件的性能和参数得到调整和优化，使得整个系统的智能化水平得到提升。通过本章的学习，可以较为全面地了解系统联调与优化的知识，同时提升对机器人系统的调试能力，增强了解决问题的能力，提高了安全意识，熟悉了人机交互、协同控制等多方面的实际功能。

215

【拓展阅读】

人形机器人

人形机器人，又称仿生人或类人机器人，是指具有人的形态和功能的机器人。它是综合运用机械、电气、材料、传感、控制和计算机等多学科技术，实现拟人化功能的机器人。

从技术角度来看，人形机器人是一种集成了人工智能、高端制造和新材料等先进技术的仿生机器人，它们不仅具备拟人的肢体、运动与作业技能，还具备一定程度的认知和决策智能。这些机器人需要配备多种传感器以感知非结构化场景，并根据不同的情况做出相应的反应。此外，人形机器人还依赖于复杂的运动控制、智能感知和人机交互能力。

应用领域方面，人形机器人主要应用于工业制造、商用服务和家庭陪伴等领域。例如，在工业制造中，人形机器人可以进行检查、维护和操作任务；以及在生产线上执行重复性高、劳动强度大的任务，提高生产率和安全性。在服务行业中，它们可以在酒店、餐厅和商场等场所接待客人、提供信息和引导方向。同时也可作为家庭助手，完成家务劳动、陪伴老人和儿童等任务。在教育娱乐行业中，提供教学辅助，在娱乐领域提供表演和互动体验。在医疗健康行业中，作为康复助手或护理机器人，辅助患者进行康复训练或提供日常护理。此外，人形机器人还可以用于救援救灾、以及水下探索等特殊场景。

【知识测评】

一、填空

1. 机器人测试与验证的内容包括_____、_____、_____和_____。

2. 机器人布线的走线方法可以分为_____、_____和_____。

3. 机器人交互界面设计大致要满足_____、_____、_____、_____和_____等要求。

二、选择

1. 在机器人系统联调过程中，如果传感器数据异常，以下哪种排查步骤最为合理?（　　）。

A. 更新传感器固件

B. 直接重启整个系统

C. 逐步检查传感器的连接、供电和参数设置

D. 更换控制器并重新配置

2. 系统联调时，发现机器人的行为与预期不符，可能的主要原因是（　　）。

A. 系统文档未及时更新

B. 联调过程中存在传感器和执行器之间的通信错误

C. 硬件未定期维护

D. 控制代码未进行版本管理

3. 在联调过程中使用仿真工具时，下列哪种情况最不可能导致仿真结果与实际调试结果不一致?（　　）。

A. 仿真中的环境模型与实际环境有较大差异

B. 控制算法在仿真中和实际中使用不同版本

C. 机器人的传感器噪声在仿真中未考虑

D. 仿真软件的版本更新后未重新校准传感器数据

4. 在进行机器人系统联调时，为了优化控制器的性能，应优先解决下列哪个问题？（　　）。

A. 提高执行器的功率

B. 降低传感器的灵敏度

C. 优化控制器的计算效率和实时性

D. 增加更多的调试日志输出

5. 机器人联调过程中常见的参数调优方法中，哪种方法适用于多变量联动的复杂控制器调试？（　　）。

A. 手动调整每个参数直至性能满意

B. 使用遗传算法或粒子群优化进行参数自动调优

C. 通过经验公式直接设定所有参数

D. 逐个禁用控制器功能，测试性能差异

6. 在机器人系统联调过程中，如果机械臂末端轨迹偏离目标，优先考虑以下哪个排查方向？（　　）。

A. 调整机械臂的速度和加速度参数

B. 检查末端执行器的重量是否过大

C. 校准机器人各关节的零位和精度

D. 更换机械臂的材料以减少振动

7. 在机器人系统联调中，哪些措施可以提高系统的鲁棒性？（　　）。

A. 增加冗余传感器和故障检测机制

B. 提高执行器的响应速度

C. 优化机器人外形以减少风阻

D. 使用高速处理器以减少计算延迟

8. 在多机器人系统联调中，发现机器人之间存在严重的通信延迟，下列哪种解决方案最合适？（　　）。

A. 使用更高带宽的通信协议

B. 减少每个机器人的通信频率

C. 优化网络拓扑结构以减少通信瓶颈

D. 将所有机器人集中控制在一个服务器上

三、判断

1. 在机器人的安装与布线过程中，电源输入处应加装滤波器或采取屏蔽措施，信号线应加屏蔽层。　　　　　　　　　　　　　　　　　　　　　　　　（　　）

2. 对于强电和弱电之间的布线，应根据具体情况采取不同的方法，强电与弱电之间不能使用屏蔽线，强电与弱电之间不能使用双绞线。　　　　　　　　（　　）

3. 在不确定电源电压和规格时，便可直接连接电源线上电测试。　　　（　　）

4. 当系统的驱动模块发生异常时，应直接快速更换驱动模块。　　　（　　）

5. 在系统联调的优化中，包含机器人的机械结构和算法、运动参数、程序结构及工作范围的优化。　　　　　　　　　　　　　　　　　　　　　　　（　　）

参 考 文 献

［1］兰虎，鄂世举. 工业机器人技术及应用［M］. 2版. 北京：机械工业出版社，2020.

［2］兰虎，王冬云. 工业机器人基础［M］. 北京：机械工业出版社，2020.

［3］谢然，高常进，张清鹏，等. 永磁同步电动机控制技术综述［J］. 中国特种设备安全，2023，39（01）：7-11.

［4］曹奇. RoboMaster 步兵机器人控制系统设计［D］. 南昌：南昌大学，2022.

［5］傅彩芬. 线性自抗扰控制分析与设计［D］. 北京：华北电力大学，2018.

［6］冯涛. 线性多智能体系统的一致性及其全局最优性研究［D］. 沈阳：东北大学，2016.

［7］姚建伟. 基于 STM32 的服务机器人的集成通信系统研制［D］. 武汉：武汉工程大学，2014.

［8］李树勇. PLC 控制系统及其通信技术在大型机床设备改造中的应用［D］. 青岛：中国海洋大学，2009.

［9］邓康一. 气动机械手的结构设计及伺服控制研究［D］. 西安：西安建筑科技大学，2008.

［10］刘其峰，朱世强，刘松国，等. 开放式移动机器人嵌入式控制系统的设计与实现［J］. 机电工程，2007，（09）：56-58，66.

［11］燕文. 基于倍福光导总线的 BO 包装机控制系统的研究［D］. 南京：南京航空航天大学，2007.

［12］马志朋. 基于嵌入式机器学习的楼内服务机器人设计与实现［D］. 武汉：华中科技大学，2021.

［13］付凯艳. 六轴工业机器人喷釉及应用系统的研究与设计［D］. 唐山：华北理工大学，2018.

［14］王凯. 谐波齿轮传动在工业机器人领域的应用分析［J］. 装备制造技术，2017（10）：3-5.

［15］熊亚兰. PWM 开关稳压电源尖峰干扰的分析与抑制［J］. 火控雷达技术，2003（03）：43-46，68.